ライブ講義

大学1年生のための
ための
力学入門

物理学の考え方を学ぶために

Kenlo Nasahara
奈佐原顕郎

講談社

はじめに

物理学はみんなのもの

　本書は物理学を専門としない大学生のための物理学（力学）の教科書です。

　物理学とは何でしょうか？ それを専門としない私達がそれを学ぶのはなぜでしょうか？

　物理学は宇宙や素粒子のような難しい研究のことで，自分には無関係だと思う人もいるでしょう。しかしそれは物理学の一面に過ぎません。物理学は全ての自然現象を貫く基礎的・普遍的な法則を対象とする学問です。必然的に広い対象をカバーするので，物理学は全ての人の身近にあり，生活や仕事場にもあるのです。たとえば台所でどのような形状・素材の調理器具を使い，どう加熱すれば上手に卵焼きができるか工夫するのは物理学です。サッカーで強いキックを蹴るために踏み込みや上半身の回転をどうすべきか考えるのも物理学です。物理学は専門家だけのものではなく，みんなのものなのです。

物理学は実用的

　私は農学部（筑波大学生物資源学類）で物理学を教えています。農学にも勿論，物理学はたくさん登場します。作物の吸水特性・温度特性，農業用水の配分，有機物の構造解析，光合成の機構，人工衛星による森林計測，生体内の生化学反応など多くの話題に物理が出てくるし，多くの技術系の資格試験（測量，電気，通信，工事，危険物管理，気象予報，…）にも物理学に関連する問題がたくさん出ます。「農学部には物理って関係なくね？」と言っていた学生も，じきに物理学は実用的で潰しの利く学問だと気づくのです。

物理学は人を育てる

　もっと重要なのは，「物理学は人を育てる」という

ことです。物理学は学び方や世界認識の大きなアップデート（内面的な革命）を学習者に迫るのです。我々は普通に生きる中で，社会や自然についてまあこんな感じの仕組みで動いているのだろう，という慣れや常識をなんとなく獲得しています。それらの中には物理学的には的外れな思い込みで，役に立たないばかりか物理学の学びを邪魔するものがあります。それに気づき，考え方を見直すことで，首尾一貫した理屈で自然や世界の仕組みを理解できるようになるのです。その体験が，我々に学ぶことの大切さを教え，我々の中の好奇心・謙虚さ・素直さ・注意深さを育ててくれるのです。物理学は若者を大人にし，大人を永遠の若者にするのです（どこかで聞くような言葉ですね笑）。

2冊の推薦図書

　私が出会った学生の多くは，物理学のごく最初の段階でつまずいていました。一例は物体に力をかけるとどう動くかについてです。多くの人は，力をかけると物体は動き，力を抜くと物体は止まると思っています。それが誤りだと気付いて，首尾一貫した法則を見出したのが17世紀頃のガリレオ・ガリレイやニュートン達です。それは革命的な考え方であり，天体現象を含めた多くの現象を正確に予言できる，魔法のような理論です。ところがそのような話を「ふーん，まあどうでもいいや」と適当にかわしてしまうと，その後の話がわからず，問題の解法暗記だけになってしまって「物理学はつまらない」と言うようになるのです。それに気づかせてくれる本が**関口知彦・鈴木みそ『マンガ 物理に強くなる 力学は野球よりやさしい』（講談社ブルーバックス）**です。これはただの学習漫画ではありません。とある学生は，「この本に高校2年生で出会っていたら私は物理選択になっていた」と言いました。高校物理基礎くらいの内容ですが，初心者に優しいだけで

なく，高校物理既習者にも多くの気づきを与えて，物理学の根本的な考え方や学び方を根本から再考させてくれる本です（物理既習者の中には，問題は解けるけど理屈はわかってないという人はたくさんいます）。

　また，人は何かを読んだり聞いたりする時，丁寧に向き合わず，つまみ食いし，ありがちな文脈や先入観で隙間を埋め，浅い不正確な理解に留まることがあります。それが物理学の理解を妨げます。例を挙げましょう。多くの学生は「慣性の法則を述べなさい」と言われると「動くものは動き続け，静止しているものは静止し続けるという法則」のように答えます。しかし現実世界では動く車は止まるし，止まった車も動き出します。彼らは教科書の中の「物体に働く力がつり合っていれば」という大切な条件を読み飛ばし，不正確な言葉で「わかったつもり」になっているのです。物理学は言葉の意味（定義）を把握し，話の辻褄を確認しながら，時には直感や常識を封印して，丁寧に正確に読解・理解する国語力が必要なのです。それを育ててくれる本が**西林克彦『わかったつもり 読解力がつかない本当の原因』（光文社）**です。当書は「わかった」と思うことの多くが「わかったつもり」にすぎないと気づかせてくれ，その恐ろしさと，そこから逃れる方法を考えさせてくれます。それは物理学の効率的・本質的な学びの基盤になるでしょう。

学びのアップデート

　前節で2冊の本とともに説明したようなことを，私は「学びのアップデート」と言っています。本質的な理解を伴った深い学びをするために，従来の学び方を振り返り，意識と手法を変えていく作業です。物理学を理解するには学びのアップデートが必要なのです。言い換えれば，物理学を通して学びのアップデートができるのです。例を挙げましょう。以下は物理学の授業を受けた大学1年生のコメントです。

　「これまで私は，物体が動いているのは力がはたらいているからだと思い込んでいた。しかし今では，いったん動き出した物体は力をかけなくても動き続けることを知っている。ボールを斜め上に投げた時のボールにかかる力も，ボールの進行方向ではなく

鉛直下向きの重力であるというのもはじめはイメージがつかなかったが今では理解できている」

　これは物理学の初歩の初歩であり，わかっている人は「なんだそんなこと」と思うでしょう。でも大事なのはそのようなことではありません。この人は内面的な革命に成功したのです。単に「物体が動いているのは力がはたらいているからですか？」というテストに「いいえ」と答えることができるようになった，というのではないのです。理論と経験と直感をすり合わせ，自問自答を深めた結果，誤った思い込みに気づき，真理に到達したのです。大学の学びはそのような内面的な革命の積み重ねなのです。それに気づき，実践できるようになるのが学びのアップデートなのです。

　本書があなたの学びのアップデートのきっかけになることを願っています。

よくある質問

よくある質問1　物理って必要ですか？ 私の志望分野では物理学は不要だと先輩から聞いたのですが… そのようなことは，物理を理解していない人ほど言いがちです（笑）。

よくある質問2　物理って，公式覚えて数値を入れるだけでは？… 違います。物理学は基本法則と数学で組み立てられた，論理的な理論体系であり，それを通して自然現象の成り立ち・仕組みを我々は根本から理解するのです。

よくある質問3　でも，ボールとかバネとか，ものの動きを考えるだけでしょ？… 「ものの動き」は物理学の対象のごく一部ですが，それがわかるだけでも凄いことです。地震も津波も台風も，魚が泳ぐのも鳥が飛ぶのも，全部「ものの動き」です。化学反応も分子や原子というものの動きです。ボールの軌跡やバネの振動はそのような森羅万象の「ものの動き」を説明するモデルなのです。

よくある質問4　数学を使わないで物理を勉強できないのですか？… 数学抜きの物理学は，むしろしんどいですよ。数学を学びながら物理を学ぶことで，楽に楽しく，本質的に物理を理解できるし，そのおかげで数学

も理解しやすくなりますよ。

基本方針

本書は「物理学のための物理学」ではなく，農学や環境科学で活用できる物理学を目指します。力学が中心ですが，必要に応じて量子力学や電磁気学，熱力学への入り口にも触れます。特に熱放射について丁寧に述べました。これは熱放射が農学や環境科学で非常に重要な物理現象であるにもかかわらず，日本の現在の小学校～大学初年次の物理学教育ではそれを学ぶ機会がほとんど無いからです。

前提知識として前半は高校数学 III，後半は大学 1 年次春学期程度の数学を必要とします。その補足説明に，

拙著『ライブ講義 大学 1 年生のための数学入門』を参照します。発展的な内容では，

拙著『ライブ講義 大学生のための応用数学入門』も参照します（いずれも講談社）。

高校の「物理基礎」「物理学」の知識は無くても（忘れていても）構いません。中学理科（1 分野）の物理（特に力，運動，エネルギー）は必要です。

脚注（ページ下部の欄外のコメント）は補足説明や発展的な内容を書いています。本文だけで理解できていれば脚注は読み飛ばしても OK ですし，脚注が理解できなくても OK です。

ところどころに「学びのアップデート」というボックスを設けました。物理学だけでなく大学の学びに適応するための心構えとして大事だけど，新入生が気づきにくいものを挙げています。

「受講生の感想」は主にこれまでの受講生のリアクションペーパーなどから抜粋したものです。「よくある質問」は受講生から実際出てきた質問もあるし，私が「こういう質問がありそうだな」と想像し

て作ったものもあります。

各章末などにある（発展）と付けられた節は発展的な内容なので，とばしても OK です。興味があれば取り組んでみてください。

熱力学，量子力学は「おまけ」です。新入生は早いうちに他の科目（特に化学）でこれらの話題に触れる機会があるので，それをサポートするためにつけました。

各章末の問題解答は一部，省略しています。そのような問題は本書をしっかり読めば自然に解答が見つかるでしょう。

誤植訂正等の情報は以下のウェブサイトに掲載します：

2024 年 1 月 12 日　奈佐原 顕郎

目次

第1章

物理学とは

1.1 物理学のわかりにくさと抽象性

物理学は科学の一分野だが，化学や生物学や地学に比べて「何をやっているのかわかりにくい」と感じる人が多いのではないだろうか。化学は物質の反応や性質，生物学は生き物，地学は岩や気象や海というふうに，対象が具体的でわかりやすい。では物理学は？　運動？　光？　熱？　電気？　それらに共通するのは何？　いずれも他の科学に比べて対象が漠然としているように感じる。実は物理学はそれらの全ての自然科学を貫く基礎的・普遍的な法則が対象なのだ。

たとえば電気現象の法則の解明・検証・記述は物理の範囲だ。そしてそれはミトコンドリア内部の電子伝達から雷雨に伴って起きる稲妻，太陽からやってくる荷電粒子と地球磁場が起こす北極圏・南極圏のオーロラなど，ミクロな生物学から地球・宇宙レベルの話まで，幅広く様々な現象を扱うことができる。

なぜそんなことが可能なのか？　それは物理学の理論が抽象的だからなのだ。抽象的なものは対象を限定しないから普遍的になり得るのだ。

ところが我々は抽象的なものはわかりにくいので良くない，具体的なものほどわかりやすくて良い，と考える傾向がある。まずその考え方をアップデートしよう。

学びのアップデート
抽象的な話は悪いことではなく，むしろ必要でもある。

しかし，物理学の抽象論だけで世の中の仕組みが

わかると思ってはいけない。それを用いて具体的な様々な現象を説明・解明・予測するためのスキルや工夫，アイデアも必要であり，それも学ぶことで物理学の強い力を活用できるのだ。

1.2 物理学の論じ方

物理学がどうやって抽象的な法則で具体的な現象を説明するか，その例をこの問でご覧に入れよう：

最初の問
手に持ったボールを手放すとボールは地面に落ちるのはなぜか？

ありがちな答は「万有引力があるから」だ[*1]。しかしこれは物理学としては不十分だ。まず万有引力が何に対してどのように働いてるか述べていない。そして万有引力がどのようにボールの落下につながるのか説明していない。説明が欠落しすぎているのだ。

物理学は次のように論じる（今はこの詳細はわからなくてよい。雰囲気だけ感じ取れば十分である）：

まずボールと地球をそれぞれ，大きさを無視して質量だけを持つ点状物体とみなす。このような単純化は物理学の法則を適用するのに必要な操作であり，**モデル化という**[*2]。そして「大きさを持たない

[*1]　物理学では万有引力を重力ということも多い。しかし後述するように地球科学では重力は万有引力に地球の自転による遠心力を加えたものと定義する。本書は農学・環境科学など「地球」を相手にする実務家・学習者を対象とするので後者の立場をとる。

[*2]　1.13 節で詳しく述べる。

質量だけを持つ点状物体」を質点という*³。これは質点の**定義**である。つまりボールと地球をそれぞれ質点とみなすのだ。質点同士には互いに引き合う力が働き，その大きさは双方の質量に比例し距離の2乗に反比例するという**基本法則***⁴がある（万有引力の法則*⁵）。これを使ってボールと地球の間に互いに引き合う力が求まる。次に，質点に力がかかると質点にはその力に比例し質量に反比例する加速度が生じるという**基本法則**がある（運動の第二法則*⁶）。それを元に「ボールが地球から受ける力」からボールの加速度を求め，加速度の定義に基づいて**数学**（微積分学）を適用すると*⁷ボールの位置は時刻の関数として表現され，それは時刻が増えるほど地球に近づいていくという性質をもつことが数学的に示される。これが「ボールを手放したら地面に落ちる」ことの物理学的な説明である！

よくある質問6　直感的にわかる簡単なことを難しく言い換えただけでは？… 違います。この論法を使えば月や火星でボールが落ちることをその速さも含めて予測できるし，宇宙の彼方の小惑星に探査機を飛ばして着陸し地球に帰還させることもできるのです。直感が通じないような未知の世界の現象まで予測・説明できるのです。

よくある質問7　上の説明だと地球がボールに向かって落ちていくことにもなりますよね？ それでもよいのですか？… はい。実際にそうなのです。想像しにくいですが，僅かだけど地球もボールに向けて動くというのが物理学の結論です。

よくある質問8　そんな常識や直感に反する話を信じろというのですか？… 常識や直感が常に正しいなら学問は不要です。学問は常識や直感からいったん離れて確実な根拠を積み上げることで真実に迫るのです。その結果が常識に反するならば，それは学問と常識のどちらか（または両方）が間違っているのです。ところが物理学は基本法則と数学で積み上げていますので，現象

＊3　1.13 節で詳しく述べる。
＊4　すぐ後で詳しく述べる。
＊5　2.4 節で詳しく述べる。
＊6　5.6 節で詳しく述べる。
＊7　5.3 節で詳しく述べる。

を上手にモデル化すれば間違う余地は大変に小さいのです。

学びのアップデート
物理学は，常識や直感で済みそうな話も丁寧に理屈を積み重ねて論じる。

よくある質問9　地球を点状の物体とみなすというのが怪しいと思います！… そうそう。そういうふうに考えるのが物理学の思考パターンです。何か変だな？と思ったら，議論の細部を点検してどこがおかしいかを考え，それを検証するのです。ちなみに上の問で地球を点状の物体とみなすのは妥当です。その根拠はちょっとめんどくさいので今はスルーして先に進みましょう。

　この論考では「基本法則」「定義」「モデル化」「数学」が重要な働きをしていることがわかるだろう。今後，君が物理学を学ぶ中ではいつもこれらが登場する。この4つを上手に扱うことができるようになると，物理学はわかりやすく，活用しやすくなる。ぜひこの4つを意識しながら学んで頂きたい。
　ここではその中でも基本法則について説明を加えておく。
　科学は様々な自然現象中に見られる規則性，すなわち法則を探求する。その中でも特に物理学は，多くの法則の基盤となる強力な法則を突き詰めて探求する。そして「それ以上突き詰めるのは無理だ」と思われるような少数の普遍的な法則によって，他の法則とあらゆる自然現象を演繹的に説明できるはずだと考える。
　そのような法則を「基本法則」*⁸という。いわば「最強の法則」だ。物理学は基本法則を発見し，基本法則に基づいて自然現象を解明することを目指す。したがって，物理学を学ぶにはまず基本法則を重視しなければならない。

よくある質問10　演繹って何ですか？ どう読むのですか？… 「えんえき」です。あらかじめ認められたルールを元に論理的に論ずることです。その反対が帰

＊8　「基本原理」「第一原理」などとも言う。

納です。実例を多く集めて観察し，それらに共通する性質をルールとみなす考え方が帰納です。

1.3 物理学の中の分野

物理学は入門的な段階ではおおまかに言って以下のような分野に分けられる：

- ニュートン力学
- 熱力学
- 電磁気学
- 相対論
- 量子力学

この中で本書は主にニュートン力学（単に力学ともいう）を学ぶ[*9]。ニュートン力学は日常的な時空間スケールでの物体の運動，たとえば球技のボールの飛び方，地球の周囲をまわる月の軌道，交通事故の衝撃，津波や地震波の伝播，建築物の強度・構造等が解析できる。運動の三法則とよばれる法則（慣性の法則・運動方程式・作用反作用の法則）が基本法則である。

熱力学は熱や温度が関与する現象を扱う[*10]。本書では第 13 章でざっくり学ぶ。熱力学の三法則とよばれる法則（エネルギー保存則・エントロピー増大の法則・絶対エントロピーの法則）が基本法則だ。気体の状態方程式（温度・圧力・体積の関係），比熱，化学反応の向き，相転移（融解・蒸発等），電池の活性などは熱力学で解析できる。これらは化学の題材でもある。

また，熱力学は後述する量子力学と組み合わさって威力を発揮する。たとえば太陽が明るく光り，光としてエネルギーを四方八方に放射するのは「物体はその温度に応じた波長と強さの光を放つ」という法則[*11]の実例であり，そのような現象を熱放射（または熱輻射）という。熱放射は地球温暖化に大きく関わる現象でもある。熱放射は熱力学と量子力学を組み合わせて説明できる。

電磁気学は電気や磁気が関与する現象を扱う。普通はニュートン力学の後に学ぶ。マクスウェル方程式というのがその基本法則だ。中学校で習ったオームの法則は電磁気学と熱力学との境界に位置する法則だ。身近な電気製品はもちろん電磁気学の対象だ。分子や原子の間で働く力の大部分は電磁気力なので，物質の構造や性質を理解するためにも電磁気学は必要だ。空間の電磁気的な性質が波として伝わる現象が電磁波すなわち光だ（光と電磁波は本質的に同じ現象である）。光を電磁気学で解析する中で次に述べる相対論が生まれた。

相対論は高速運動に関する物理学である。そのはじまりは，**光は誰から見ても一定の速さで飛ぶ**という事実である（これを光速不変の原理という）。これは上述のマクスウェル方程式から理論的に予測され，実験とも矛盾しないのだが，我々の直感や日常経験に反する不思議な話である。というのも，たとえば速さ 100 km/h で走る自動車 A を速さ 80 km/h で走る自動車 B が追いかけている場合，自動車 B から見たら自動車 A は時速 20 km/h で遠ざかっていく。これは小学校で習うし直感的にも納得できる。

ところが光の場合は違うのだ。真空中での光速（光の速さ）はどのような観点でも $c = 299792458$ m/s という定数なのだ（したがって c は物理学では重要な量であり様々な理論に顔を出す）。たとえば速さ c で宇宙を飛んでいく光を速さ $0.8c$ で追いかける宇宙船の中から見たら，光は速さ $0.2c$ で遠ざかっていくのではないか？ と直感的に思えるが，実際はそうではなく，なんと速さ c で遠ざかっていくように見えるはずなのだ。ということは，光をどんなに頑張って追いかけても常に光は速さ c で遠ざかるのだから，光に追いつくことはできない。つまりどんな**物体も光以上に速くは動けない**のだ[*12]。

よくある質問11　そんなバカな。証拠はあるのですか？… あります。光の速さが一定だと考えることで辻褄が合う現象が多く観測されています。たとえば光の速さを地球の自転の向きや逆向きに測る実験（マイケルソ

[*9] ニュートン力学を数学的に洗練した解析力学という分野もあるが，それは本書の対象外。

[*10] 同じ対象を統計学の手法を使って解析する統計力学というのもあるが，熱力学との区別は明瞭ではない。そこで，両者を一緒にして「熱力学」とか「熱・統計力学」とよぶこともある。

[*11] プランクの法則という。

[*12] 「タキオン」という光速を超える物体の存在を考える物理学理論もあるらしいが，実証されていないのでここでは考慮しない。

ン・モーリーの実験）では差が検出されません。

　そこでこの奇妙な現象を説明する理論が作られた。それによると，**高速で飛ぶ物体（宇宙船など）にとっては時間はゆっくり進み**，なおかつ先を行く光との距離がより長く見えると考える。そう考えると辻褄が合うのだ。その辻褄合わせの結果，著しい法則がもうひとつ見つかった。それは，質量 m は次式で表されるエネルギー E を持っているということだ（c は光速）：

$$E = mc^2 \tag{1.1}$$

これによると物体の質量は物体の持つエネルギーによって増減する。高校化学で学んだ「質量保存の法則」に反するが事実である。実際，化学反応によって物体（原子や分子）のエネルギーは増減するから，物体の質量も増減するのだ。ただし普通の化学反応ではそのような質量変化は極めて微量なので，化学反応の前後で質量は変化しないと**近似的に**みなせるのだ。しかし核分裂や核融合などの高エネルギー反応では原子の質量が顕著に減って，その結果として式 (1.1) に対応するエネルギーが解放される。それが核兵器や原子力発電などの原理である。

　これらをまとめる理論を特殊相対論とよぶ。ニュートン力学は高速の現象では特殊相対論によって修正される。また，特殊相対論を包含し，さらに万有引力を説明する理論を一般相対論とよぶ。これらをあわせて相対論とよぶ。天文学には相対論が必要である。

　相対論は本書ではこれ以上扱うことはできないし，大学 1 年生で改めて学ぶ授業もほとんど無いだろう。そのためここでは少し詳しく述べた。特に上記の「光速不変の原理」と式 (1.1) は現代の市民の教養・常識として大切なものである。なぜなら現代物理学とそれを応用した科学技術はこれらが関係するものが多く，大きなイノベーションの可能性を秘めると同時に，それが関係する研究には巨大な公的予算や施設を必要とするものが多いからである。

> ### 学びのアップデート
> 科学には「光速不変の原理」のように直感や常識を覆す考え方がある。理解できなくてもそういうことがあることは知っておこう。

　原子，分子，電子といったミクロな現象にはニュートン力学は通用しない。そこで活躍するのが量子力学である（量子論とも言う）。大学 1 年次の化学の授業で出てくるので，ほんのさわりを本書第 14 章で説明する。量子力学の基本法則は高度に抽象的・数学的で，微積分・線型代数（ベクトルや行列の理論）・複素数・確率などの考え方が複合的に活躍する。筑波大学の前身だった東京文理科大学で，朝永振一郎教授がノーベル物理学賞をとったが，それは量子力学の一分野（量子電磁力学）を開拓した功績によるものである。

　量子力学は量子計算機や量子暗号通信など，大きなイノベーションの可能性を秘めた先端技術の基礎である。したがってその基本的な概念を理解しておくことは（簡単ではないが）現代の市民の重要な教養である。

　量子力学や相対論を突き詰め，原子よりもずっと小さい様々な粒子を発見し，それによって物質や力に関する様々な基本法則を統一的に理解しようとする物理学が素粒子物理学である。湯川秀樹，南部陽一郎，益川敏英，小林誠，小柴昌俊，梶田隆章といった日本人物理学者がノーベル物理学賞を受賞したのはこの分野である。

　問1　力学・熱力学・電磁気学のそれぞれの基本法則の名前を述べよ（内容はまだ理解しなくてよい）。

よくある質問 12　さっきの「最初の問」で出てきた万有引力の法則はどの分野の基本法則ですか？…これは力学の基本法則と一緒にニュートンが発見したのですが，その後，相対論から導出されることがわかりました。したがって現在の物理学ではこれはもはや基本法則ではありません。しかしそれを理解するには高度な数学が必要であり，本書の程度を大きく超えるので，本書ではニュートン当時に戻って，これをニュートン力学の基本法則とみなします。このように教育レベルや状況に応じて便宜的に「これは本当は基本法則ではないが，とりあえずこの場では基本法則ということにしておこう」という立場をとることがよくあります。そうしないと話が際限なく長くなってしまうのです。

1.4 物理学は科学の基盤

物理学は様々な科学の基盤になっている。たとえば化学物質の構造や化学反応の仕組は分子や原子の集合に物理学を当てはめることで理解できる。したがって化学の理論は物理学に広く深く立脚している[*13]。その物理学的な理論を元に生体内の化学物質の様子を予測・説明できる。現代の薬学（創薬）はそのような手法に発展している。

生物学は化学（生体内の化学反応）を通じて物理学に依存するが，直接的に物理学を必要とすることもある。たとえば鳥や魚の体の構造や彼らの運動能力や環境適応能力（暑さ・寒さ・乾燥等への対応）の解析にはニュートン力学や熱力学が必要だ。植物の光合成は量子力学的な現象だ。生体内には様々な電気信号が発生し，それが刺激や情報を伝達するが，それは電磁気現象だ。

こう考えればほとんどの科学は物理学に支えられていることがわかるだろう。その様子を図 1.1 に示す。物理学は数学に支えられ，化学や生物学を支え，それらを応用する多くの科学技術を支えているのである。

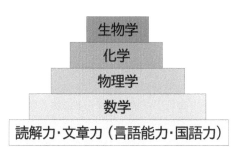

図1.1　科学の階層構造。下の学問は上の学問を支える。

それだけではない。これらの科学はさらに様々な応用科学を支えており，物理学はその根幹にあるのだ。

たとえば気象学は大気や海洋での空気・水・エネルギーの動きを物理学，特にニュートン力学と熱力学を主に使って予測する。それが天気予報の根幹で

ある。

土木工学・建築工学は橋やダムやトンネルや建物を安全に設計し建造する。どのような部材をどのように組み立てればどのくらい強く安定するかは全て物理学（ニュートン力学）に基づく計算で確認されている。川の水を安全に流したり津波や高潮から町を守るための堤防の設計は，水に関するニュートン力学（水理学という）を応用して行われる。

航空工学・船舶工学は飛行機や船を安全かつ効率よく動かすために流体（空気や水）に関するニュートン力学（流体力学）を使って研究開発や設計を行う。

電子工学・材料工学は量子力学を使って物質内の電子や光などを精密にコントロールすることで小さくて高性能な電子機器を作る。たとえば「半導体」はコンピュータの頭脳である集積回路（CPU）や記憶装置（DRAM）の元である。太陽電池は光を電気に変換できる。「発光ダイオード」は電気を高い効率で光に変換できる。レーザーは高品質で強力な光を生み出せる。中村修二・赤崎勇・天野浩の 3 人の日本人学者が 2004 年にノーベル物理学賞を受賞したのはこの発光ダイオードやレーザーに関する研究である。

原子力工学は原子核や中性子，放射線などの物理学を使って原子力エネルギーを安全に制御する。

地理学・地質学では火山噴火や地震の発生・伝播を岩石の物理学的な性質に基づいて研究する。地球の形や地球上の場所の緯度・経度・標高は GNSS（全地球航法衛星システム；Global Navigation Satellite System）という，人工衛星からの電波によって地上の位置を高精度で計測するシステムで測定する。そこでは人工衛星の運動とそこからやってくる電波の制御・解析に相対論が使われている。

医学では診断・治療に高度な物理学が使われている。CT（コンピュータ断層撮影）や MRI（磁気共鳴画像法）は X 線や量子力学を使って生体内部を 3 次元的に観察できる。超音波検査では出生前の胎児の様子がわかる。重粒子線治療は人体の他の部分に悪影響を及ぼさずに悪性腫瘍を破壊できる。

[*13] 新入生は入学してまずここに驚くのだ。「化学の講義なのにほとんど物理学じゃん‼」「自分の好きで得意だった化学と違う‼」となるのだ。ついでに言えば「物理学の講義なのにほとんど数学じゃん‼」「統計学の講義なのにほとんど数学じゃん‼」というのも新入生にありがちな驚きである。

よくある質問13　図1.1のピラミッドでいちばん下に読解力・文章力（言語能力・国語力）があるのはなぜですか？…　人は言葉で思考・理解・表現するからで

す。学問が高度化すると，事実関係が複雑化し理論体系が巨大になるので，素朴な直感や想像や記憶では手に負えなくなります。そこで最も役立つのは言葉（とそれを洗練した記号）です。言葉を丁寧に論理的に使うことで物事を客観的に記録・検討でき，記憶や想像力の限界を乗り越えられるのです。だから言語能力・国語力が基盤なのです。書かれた文章を正確に読みとる力がないと，どんなに時間をかけて勉強しても誤解だらけで成長しません。事実やアイデアを適切に言語化する力が無いと自問自答によって考えを深めることができず，人にも質問できないのです。

> **学びのアップデート**
> 言語能力・国語力は全ての学問の基盤。

1.5　スポーツ・芸術と物理学

スポーツには物理学が凝縮している。テニスで速いサーブを打つには？ サッカーでボールのスピードを上げるために芝に水を撒くのはなぜ？ 相撲で小さな力士が大きな相手に押し負けないようにするには？ などなど多くの工夫やスキルは物理学で裏付けや説明ができる。だからスポーツ用品メーカーの開発部門はまるで物理学の研究室だ。アスリートも物理学がわかるとフォームやスキルの改良すべきことに気付きやすくなるだろう。

芸術，特に音楽も物理学に大いに関係がある。そもそも楽器は音波という物理現象を制御する装置である。良い音色を出す楽器の構造は？ 気温や湿度が変わると楽器のチューニングが狂うのはなぜ？ 良い音でレコーディングするにはどんな工夫が必要？ 野外ライブでは電源や機材をどのように配置・配線すればよい？ などの検討にも物理学は役立つ。

1.6　文学・歴史・経済・エンターテインメントと物理学

文学やエンターテインメント，歴史，経済，文化なども物理学と関係がある。夏目漱石の小説には物理学の話題が多く登場する。映画やゲームで使われ

るコンピュータ・グラフィクスは物体や光の動き・様子を物理学の法則に基づいて数値計算して表現する。歴史や経済は科学技術のイノベーションに大きく影響される。産業革命は物理学の発達から始まった。火山噴火・氷河期・温暖化などの地球科学的現象は食糧難や社会の動乱につながることはよくあるが，その状況を理解するには物理学が必要である。

> **学びのアップデート**
> 物理学は体育・芸術・文学・歴史・経済にも関わっている。

問2　フランスの科学者パスツールは 1848 年，分子の光学異性体を発見した。そのとき彼は光の「偏光」という物理学現象を利用した。そのときの様子について調べ 100〜400 字程度で述べよ。

1.7　だまされないための物理学

ところで世の中にはオカルト的な科学がたくさんある。物理学はそのようなものへの耐性を我々に与えてくれる。

例1.1　水を凍らせる際に水にやさしい言葉をかけるときれいな氷の結晶ができるという話がある。これについて物理学は懐疑的である。物理学（熱力学）では物体の結晶成長に関する精密な理論ができており，結晶のできる様子は温度や圧力，湿度（過飽和度），不純物の存在などによって決まることがわかっている。

例1.2　テレポーテーションやテレパシーという超能力に対して物理学は懐疑的である。物理学では「いかなる物体も情報も光よりも速く移動することは無い」と考えられている（相対性理論）。それを否定する事実はひとつも見つかっていない。

オカルト科学は科学が苦手な人をいかにも科学的な裏付けがありそうな言葉でだます。彼らが物理っぽい言葉を特によく使うのは，多くの人が物理が苦手だからだろう。我々は物理を理解してオカルト科

学にだまされにくくなろう。

問3 上に例示したものも含めてオカルト的な科学の1つについて調べ，君はそれをどう思っていたか合計 200 字〜400 字程度で述べよ。

1.8 危機管理・安全のための物理学

生命を脅かす危機（ピンチ）の多くは物理現象だ。交通事故，飛行機の墜落，船の沈没などはニュートン力学で解析できる現象である。自動車の運転免許をとる人は，車の構造や交通法規の背景にたくさんの物理学があることを意識しよう。理由や仕組みがわかれば交通規則を守る気になり，安全なカーライフを送ることにつながる。

自然災害（津波や台風，地震，落雷，火山噴火など）も多くは物理学（地球物理学）で扱われる。事故による落下や感電，窒息なども物理現象である。これらを事前に予防したり対策したりするにはやはり物理学の考え方が重要だ。

家庭用電気製品は，一般消費者が乱暴に使っても事故を起こしにくいように慎重に設計・検証して作られる。しかしそれでも老朽化すると故障するし，事故や火事を起こしかねない。それを防ぐのは使用者の判断であり，管理である。それには機械の動作原理の理解，つまり物理学が必要である。特に研究・業務用の機械は「プロ仕様」なのでしばしばパワーが大きく，しかも家電製品ほど徹底した安全対策や検証はされていない。したがってそのような機械を扱うときには，慎重さと判断力，スキルが必要で，そのために多くの資格がある。そのような資格試験の問題の多くは物理学である。

1.9 農学と物理学

農業の効率化に農業機械や情報機器は不可欠だが，それらを低コストで効率よく働かせるには物理的に最適な設計と配置が必要だ。機器・機械は我々の気持ちには無関係に，あくまでも物理学の法則にしたがって働くのだ。我々がそれらを手足のように自在に使いたいならば，その原理，つまり物理学を理解しなければならない。原理を知らなくてもマニュアルのとおりにやればとりあえず機械は使える

が，マニュアルには間違いもあり得るし，不十分でわかりにくい記述もあるだろう。それらを補って正しく読んで理解・判断するスキルが必要なのだ。特に，多くの機械は電気で動くので電気の知識は重要である。

乾燥地農業で塩類集積が問題になるが，その予測・制御には土壌水分と塩類の移動を物理学でモデル化する必要がある。

食品の保存や加工，微生物の培養，作物や家畜の育成管理には温湿度の制御が必要である。家畜を逃がさず野生動物を侵入させない為に，牧場や農場のまわりに電気柵を張り巡らすが，それを安全に扱うには電気の知識が必要だ。伝統的な農法や漁法（霞ヶ浦の帆引き船など）には物理学的な工夫が随所にある。それらを理解しないと伝統の継承や発展は難しい。

地球環境を保全するには人工衛星で地球を観測する必要があるが，そこでは衛星の軌道制御や観測装置の設計などで膨大な物理学的知識が使われている。土砂災害を防ぐには地すべりや土石流の発生と移動を予測し制御する必要があるが，その中心は物理学だ。物理学を駆使して災害の起き方や規模を事前に想定できれば，コンパクトで効率的なダムや堤防を作ることができ，経費の節約や環境保全になる。

生物の理解にも物理学は役立つ。昆虫が固い殻（外骨格）を持っていることには物理学的な理由がある。植物は光合成で獲得した炭素を根・幹・葉・生殖器官に最適に分配しているが，その戦略は物理学的な事情（根から水を効率的に吸い上げる・風などの外力で倒れたり折れたりしない・多くの光を葉に受ける・種子を風に乗せて遠くに飛ばすなど）で決まる。

問4 以下の課題において物理学はどのように役立つか？
(1) 森林の伐採と伐採木の搬出における，安全性と作業効率の両立。
(2) 野菜・果樹の遅霜被害への低コストで効果的な対策。

このように物理学は多くのものごとの基盤なのだ。だから大学の多くの学部（農学部を含む）で物理学は重要な科目なのだ。「私は○○に興味がある

から物理学は関係ない」と言うのは，サッカー選手や野球選手になりたいのに筋トレや走り込みは無用だと言うのと同じくらいズレている。

学びのアップデート

うちらは○学部だから物理は必要ない，というのは偏った考え方。

1.10　物理学は陳腐化しない

　以上のように物理学はあらゆる場面に登場する。しかし仕事や研究の個々の場面では物理学の法則まで立ち返って検討しなくても，既にあるマニュアルやノウハウや慣例に従えばなんとかなるものだ。そこで「物理学の勉強なんかよりも実践的な技術や経験の習得の方が大事だ」と思ってしまう人もいる。

　ところがそのような人も年をとれば「若い時に物理学をもっと勉強すればよかった…」と嘆くのだ。科学や技術の進歩は速い。若い時に得た知識・技術の多くはやがて陳腐化するので，人は年をとっても学び続けなければならない。しかし新しい知識・技術も結局はニュートン力学やマクスウェル方程式などの物理学に立脚しているのだ。それらは高度に確立・完成された体系なのでほとんど陳腐化せず，学び直し（リスキリング）の基盤になるのだ。物理学は学習努力に対する見返りが大きく，学んだことの賞味期限が長いのだ。それも物理学が多くの学部で教えられる理由である。

よくある質問 14　将来も陳腐化しないって，なぜわかるのですか？… 大学 1 年生レベルの物理学の教科書は何十年も前と今で内容がほぼ同じです。書き方や説明法は変わっても本質はほぼ変わらないのです。生物学のように急速に発展中の学問と違って，物理学のある部分はほとんど完成・確立しているのです。

よくある質問 15　もう発展しようが無い学問なのですか？ それってつまらなくないですか？… 物理学の発展中の部分は別のところにあります。我々は物理学の完成された部分を学び，それを役立てることに頭を

使えばよいのです。

問 5　君の将来やりたい研究・職業に物理学はどのように関わってくるだろうか？ 君自身の考えを 300 字程度で論じよ。

問 6　科学には負の面もある。過去，物理学が社会に悲劇（戦争被害の拡大や環境問題など）をもたらした事例を 2 つ以上挙げ，それぞれ 300 字程度で説明せよ。

1.11　法則・原理・定義・公理・定理

　これから物理学の基本的な考え方を説明していく。まず，一部は繰り返しになるが，法則・原理・定義・公理・定理などの言葉の意味を確認しておこう。

　法則は自然現象や社会現象の中に見られるルールのことである。物理学・化学・生物学・経済学などで使う。数学ではあまり使わない。例：万有引力の法則。

　法則には「一般性」という，価値基準というか序列のようなものがある。法則 A と法則 B があって，法則 A で説明できることはすべて法則 B でも説明され，なおかつ，法則 A では説明できないが法則 B で説明できるようなこともあるような場合，法則 B は法則 A より一般性が高いという。そのような場合はたいてい法則 A は法則 B の特別なケースであり，法則 B から法則 A を論理的に導出することができる[*14]。

　最も一般性の高い法則（つまり根源的な法則）を基本法則とよぶ。しかし基本法則は往々にして抽象的過ぎて使いづらい。そこで具体的にありがちな状況を想定して基本法則を限定・変形することで，一般性は低いが扱いは簡単な法則が派生的に生まれる。その例として，一定の力を受けて直線上を動く点の位置や速度を表す公式がある（高校物理を習った人なら覚えているだろう，$x = x_0 + v_0 t + \frac{1}{2}at^2$ というアレだ）。これは力が変化する状況では使え

[*14] ところが科学というのはおもしろいもので，法則 B から論理的に導かれる法則 A のほうが一般性が高いということもたまにある。たとえば「力学的エネルギー保存則」という法則は運動の三法則から導かれるが，「エネルギー保存則」は力学の範囲を超えて普遍的に成り立つ法則でもある。

ない（その理由は後述する）。このような派生的法則を闇雲に覚える人がいるが，それは良い学び方ではない。物理学の体系性が見えづらくなる上に，想定外の状況に対応できないからである。

学びのアップデート

法則（公式）の一般性に気を配る。一般性の高い法則を大事にし，一般性の低い法則は適用条件に気をつける。

法則に似た言葉に原理がある。本来は基本法則と同義だが，実際は，別の法則から派生するものも原理と呼ぶことがある。それらは昔は基本法則のように扱われていて，その名残なのかもしれない。例：アルキメデスの原理，パスカルの原理，光速不変の原理。それと区別するためか，基本法則の意味で使うときは第一原理ともいう。また，「ものごとの仕組み」という意味でも使う。例：モーターの動作原理。

定義は言葉の意味を定めることである。公理は定義と似ているが，言葉の意味を定めるだけでなく，そのようなものが存在することを認めようという立場も示す。主に数学で使う。例：ユークリッド幾何学の公理。

定理は定義や公理，基本法則，他の定理などから論理的に導かれること。定理の中でも影が薄いものを補題とよぶ。例：三平方の定理。単に原理や法則と呼ばれるものの中には，実質的には定理であるようなものも多い。

次にオッカムの剃刀[*15]という考え方を説明する。これは，現象の説明（理論）として複数の候補があったとき，それらが同程度に有効であるなら，より単純なほうが正しいだろう，という考え方である。それは必ずしも常に正しい考え方とは言えないが，物理学（と多くの科学）は「無矛盾さ」の次に「シンプルさ」を求める傾向にあるということは覚えておこう。

> **問7** オッカムの剃刀とは何か？

[*15] 剃刀は「カミソリ」と読む。

1.12　洞窟の影の比喩

学問や教育の話題では古代ギリシア哲学の「洞窟の影の比喩」というものがしばしば登場する[*16]。物理学にもよく当てはまる話なので説明しておく。

哲学者ソクラテスが教育について友人との議論で持ち出した寓話である（図 1.2）：洞窟の中に囚人たちが繋がれており，彼らは奥の壁しか見ることができない。彼らの背後では火が焚かれており，監守がその明かりに人や乗り物や動物の型をかざし，壁に向けて影絵を映している。囚人たちは生まれてからずっとそこにいるので，その影絵がそれらの実体だと思いこんでいる。

図 1.2　洞窟の影の比喩

ところがあるとき，一人の囚人が抑留を解かれ，促されて背後を振り返り，眩しい炎を見てそれまで実体だと思いこんでいたものは型の影だと知る。さらに彼は洞窟の出口まで連れ出され，外の眩しい世界を見て影絵の型よりも本質的な世界を知る。

この囚人たちは我々人間の比喩である。我々は普段，物事や世界をわかった気になっているが，実はそれは影絵のような断片的な側面にすぎない。眩しさに耐えて真実を知る学びを促すのが教育だとソクラテスは述べているのだ。

物理学はこのような営みである。我々の日常経験は影絵のようなものであり，我々はその寄せ集めで世界や自然を理解した気になっているが，本質はそこには無い。日常経験だけでは理解できない抽象的

[*16] プラトン『国家』第 7 巻。高校の倫理で学んだ人もいるだろう。

な形で物理学の法則があり，その説得力や予測能力を実感することで自然の本質を知るのだ。

学びのアップデート

我々の素朴な世界観は，洞窟内の囚人が影を見て分かった気になっているようなものである。

1.13　科学にはモデル化が欠かせない

さて，我々はこれから力と物体の運動に関する法則を学ぶのだが，まず質量という概念を受け入れよう。質量は物体の根源的な属性（物体を特徴付ける性質）のひとつであり，「どうやらそういうものが存在するらしい」と受け入れるしかない。質量の起源を探求する物理学者達の熱い戦いは続いているらしいが，それは彼らに任せて我々は先に進む。感覚的には，質量は物体の「重さ」や「動かしにくさ」に関係する性質である（後で詳述する）。

次に質点という概念を定義しよう：質点とは，質量は持つが大きさは持たない点状の仮想的（理想的）な物体である。

現実の物体は大きさや形を持つのだが，それらを考えると話がややこしいのだ。たとえば，大きな物体の各部位に働く力が様々だと物体全体に働く力は複雑になる。そこでとりあえず点とみなせるくらい小さな物体を考える。そうすることで，次節以降に述べる諸々の強力な法則を見出すことができたのだ。

この質点のように現実の物や現象を単純化・抽象化して扱いやすくした近似的概念をモデル（模型）とよぶ。質点は物体のひとつのモデルである。現象をモデルにすることをモデル化という。

なら質点は空想の産物，机上の空論に過ぎないのかというとそうでもない。現実の中には物体の大きさや形を無視してもさしつかえない現象がたくさんあり，そのような場面では質点の議論がほぼそのまま成り立つ。物体の大きさや形が無視できなくても，質点としての考察は議論の出発点として役立つことが多い。

例 1.3 野球ボールは，ある場合は質点とみなせる。たとえばボールを初速 80 km/h で水平から 30 度上向きに地上から投げるとどこまで遠く飛ぶか？ のような問題ではボールは質点とみなしてもほぼ差し支えない[*17]。

どうしても大きさや形を考慮すべき状況では，物体を質点の集合として物体をモデル化するのだ。それを質点系という（図 1.3）。そうして質点の理論に持ち込むのだ。

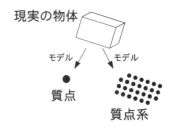

図 1.3　物体のモデル。大きさと形を無視できる場合は質点。そうでなければ質点系としてモデル化する。質点系では質点間に働く力も考える。そうすることで物体がバラバラにならないように理論化できる。

例 1.4 野球のボールは，その回転が重要であるような運動では質点とみなしてはダメである。たとえばカーブやシュートなどの変化球はボールの回転が周囲の空気に乱れを生じさせることで起きるため，ボールの形・大きさが大事だ。ボールの上部や下部をバットがかする場合の運動も，ボールの形・大きさを考慮して論じる必要がある。そのような場合はボールは質点系としてモデル化すべきだ。

問 8 （1）モデルとは何か？ （2）質点とは何か？

問 9 「物体」と「物質」という言葉を混同し，区別せずに使う人がたまにいる。
(1)「物体」と「物質」はどう違うか？ （わからなければ辞書を引こう！）
(2) 英語ではそれぞれどうよぶか？

モデルは科学の随所にある。たとえば P.162 で学ぶ「理想気体」は現実の気体のモデルのひとつで

[*17] これは P.91 式 (6.25) で解くことができる。

ある。

　現実の現象や物体は往々にして複雑なので，そのままで見ていては仕組みはなかなかわからない。人間は複雑すぎるものを理解できないのだ。しかし複雑さをばっさり切り捨てて単純な状況に限定すると，自然の仕組みはわかりやすくなる。だからモデルが必要なのだ。モデルの力を借りて科学は進歩してきた。

　ところがいったん出来上がった科学を学ぶ我々は，恩あるモデルの存在を忘れ，モデルに限って成り立つ法則が現実の複雑な現象にそのまま全面的に成り立つと勘違いしがちである。これは大変危険だ。

　例 1.5　小学校で振り子の周期は振れ幅に依存しないと習ったはずだ。これを振り子の等時性という。ところがそれは振り子の振れの角が十分に小さいという単純なモデルについてのみ成り立つ近似的・限定的な性質であり，実際は振れの角が大きいと周期は長くなる（振れの角が 60 度なら周期は，振れの角が 1 度のときに比べて 7 パーセント程度長くなる）。

1.14　系は世界を単純化・モデル化したもの

　科学，特に物理学では状況設定もモデル化する。
　たとえば例 1.3 ではボール，投げる人，空間，地面，万有引力（のもとである地球）という 5 つの存在だけを取り出し，他の全てを世界から消し去って考える。そしてボールを投げる人はそれだけを行う機械のようにみなし，空間には空気抵抗を及ぼすような空気は無いものとし[18]，地面は完全な平面とみなし，万有引力は（本当は高さによって変わるのだが）一定で鉛直下向きに働くものとみなす。
　このように問題の本質にほぼ無関係な事柄をばっさり無視し，関係あるものもできるだけ単純化・モデル化して究極まで単純化した状況設定を系（system）という[19]。系という言葉は本書では今後，たくさん出てくるし，化学などでも出てくるのでよく

理解しておこう。
　系はいわば世界のモデル化である。ただし無視しまくったことの中に本当は無視してはいけないものがあるかもしれない。それがモデル化の怖いところだ。たとえば原子力発電所の安全性を考えるとき，大きな津波が来る可能性を無視してモデル化すると，それ以後の計算や解析がどんなに正確であっても実際に大津波が来たときに備えることはできない。

問 10　系とは何か？

> **学びのアップデート**
> 多くの話は世界をモデル化している。どういうアイデアのモデルで，何を切り捨てたか，を理解しなければならない。

1.15　概算

　モデル化に似た考え方に概算がある。細かいことを切り落としてざっくり大雑把に推定することが「概算」である。
　たとえば，2024 年現在，日本政府の債務（借金）の額は約 1068 兆円だが，数値が巨大すぎて実感が湧きづらい。ところがこれを 1000 兆円に丸め，日本の人口を約 1 億人として，1000 兆円 ÷ 1 億人で 1000 万円/人，つまりひとりあたりにすると約 1000 万円であることがわかる[20]。アバウトな計算だが，これでイメージしやすくなっただろう。こんな調子でアバウトな数値をぱっと出すのが概算である。

よくある質問 16　概算はどこまでアバウトでよいのですか？…　一概には言えませんが ±50 パーセント程度でよいのでは。

　概算は物理学に限らず有用である。基本的ないくつかの数字と各分野における法則，そして常識と少しの数学（特に対数や近似）を使いこなすことで多

---

[18] 空気抵抗を考える場合もある。
[19] 前節で出てきた「質点系」という言葉の中の「系」はこれとはやや違う。たくさん集まって互いに関連づいている，という意味で系という語を使っている。

[20] 信じられない，これは誤植ではないか？　と思う人は自分で調べてみたらよい。

くのことを概算できる。その結果，対象の本質が見えやすくなり，イメージしやすくなったりする。精密な解析の妥当性のチェックにも使える。

問 11　ある人の息子が「僕は将来サッカー選手になりたい」と言う。その夢を応援するためには，親としてはそれがどれだけ厳しい戦いになるかを知っておかねばなるまい。

(1) 日本の男子サッカーのプロリーグ（J リーグ；J1, J2, J3 をあわせて）には 2024 年現在で 60 チームがある。各チームに選手は 30 人いるとして日本のプロサッカー選手の人数を概算せよ。

(2) サッカー選手の選手寿命は短い。平均 5 年で引退すると考えて J リーグで 1 年間に引退するサッカー選手の総数を概算せよ。それが 1 年間あたりに新たにサッカー選手になれる人数だろう。

(3) 一方，小学校 1 学年あたり何人の男の子がいるだろうか？ 少子化等は無視して日本の人口を 1 億人とし，平均寿命を 100 年として概算せよ。

(4) 一学年の男子のうち何人に一人が夢をかなえてサッカー選手になれるのだろうか？ ここでは簡単のため外国人選手のことは考えないでおこう。

よくある質問 17　「簡単のため」とはどういうことですか？… 本当はもっと複雑で込み入った話があるのだけど，ここではそんなに厳密に議論するつもりはないので多少いい加減になることを許容していろいろ切り捨てて単純化して考えようということです。

よくある質問 18　科学がそんないい加減でよいのですか？ それに外国人を考慮しないなんて差別的です。… 「考慮しない」とはそのようなことではないのです。J リーグでは外国人選手には人数制限があって，たとえば過半数を外国人が占めるというのは（本書作成時は少なくとも）できないのです。だから日本人選手の数が外国人選手のぶんだけ減るという事実を考えなくても大きく外れた議論にはならないのです。もちろんその結果は「ざっくり」ですよ。その「ざっくり」をここで学んでいるのです。「いい加減」ではあるけれど単純・手軽に見当をつけることができるので，科学ではよく使われるのです。

問 12　日本の平均年間降水量は 1500 mm 程度

である。一方，日本では水田 1 m² あたり 1 年間あたり 500 g 程度の米がとれる。一方，米 1 kg の生産には 3000 kg の水が必要とされる。日本では水田に降る雨だけでこの水量をまかなうことはできるか？

学びのアップデート

いつも精密・正確にやればよいというものではない。アバウトにやることで本質が見えやすくなることもある。

1.16　日常の言葉と物理学の言葉は違うことがある

日常や社会では物理学の用語を誤用することが多い。本来は違う意味の言葉を混用したり，同じ意味の言葉を違うもののように使ったりする。これは危険なことである。往々にして初学者は気づかぬうちにそれに慣れてしまって，用語を不正確に使う。そのせいで話が噛み合わず，物理学がわからなくなってしまう。その例をここで示しておく。

例 1.6　「重さ」を質量の意味で誤用。飛行機の機内持ち込み可能な荷物は重さ 10 kg まで，というときの 10 kg や，体重（つまり体の重さ）60 kg，というときの 60 kg は，物理学では重さではなく質量である。物理学では重さと質量は別の意味の言葉として明確に区別する（後で詳述する）。

例 1.7　「速度」を速さの意味で誤用。自動車の速度制限 80 km/h というとき，それは物理学の用語では速度ではなく速さと言うべきである（後で詳述する）。

例 1.8　「熱」を温度の意味で誤用。風邪をひいて「熱が 40 ℃もある」と言うとき，それは物理学では熱ではなく温度と言うべきである。

例 1.9　「光」と「電波」と「電磁波」の無用な区別。これらは同じく電場と磁場に発生する波である。波

長が短い電磁波を光と呼び，長い電磁波を電波と呼ぶ慣習はあるが，本質的には同じである。

例 1.10 単位の中途半端な省略。「この台風の最大風速は 20 m」というとき，正しくは「20 m/s」である。「大谷翔平は二刀流として入団した日本ハムで 2016 年に日本球界最速となる 165 キロをマークした」という文章では，「165 キロ」は正しくは「165 km/h」である。km をキロと略しているだけでなく，/h つまり「毎時」も略してしまっている。このように，物理量の単位のうち「毎〜〜」の部分が容易に省略される。

例 1.11 「カロリー」を kcal の意味で誤用。食品・栄養の分野でありがちだが，エネルギーの単位のカロリー（cal = 4.184 J）をキロカロリー，すなわち kcal = 1000 cal = 4184 J の意味で使うことがある。「キロ」を省略してしまうのである。これに気づかないと，1000 倍もの量的な勘違いを起こすことになる。

よくある質問 19　驚きました。社会がこんな雑な状況で良いのですか？… 良いわけがありません。憂慮すべきことであり，改善すべきだと私は思います。

問 13 ここで見たような物理学用語の誤用の実例を，君自身の周囲（テレビ，新聞，ネット記事など）で見つけてどのように間違っているか述べよ。

> **学びのアップデート**
> 社会では物理学用語が誤用されることがよくある。真似てはいけないし慣れてもいけない。

問の解答

以下，解答が無い問題は，解答が略されている。*** は解答の一部をわざと隠すための伏せ字である。

答 1 力学の基本法則：*** の法則・*** 方程式・*** の法則。*** の法則を加えることもある。熱力学の三法

則：熱力学第 1 法則（*** 保存則）・熱力学第 2 法則（*** 増大の法則）・熱力学第 3 法則（絶対 *** の法則）。電磁気学の基本法則：*** 方程式 [21]。

答 7 *** として，*** の *** があったとき，それらが *** に有効であるなら，より *** なほうが正しいだろう，という考え方。

答 8 (1) 現実のものや（…中略…）した近似的概念。(2) 物体のモデルのひとつであり，（…中略…）な物体。

答 11 （略解）(1) 1800 人。(2) 1800 人/(5 年) ≒ 360 人/年。(3) (1 億人/2)/(100 年) = 50 万人/年。(4) (50 万人/年)/(360 人/年) ≒ 1400 人。つまり千〜2 千人にひとり。

答 12 （略解）必要な水量は，$(500 \text{ g m}^{-2} \text{ 年}^{-1}) \times (300 \text{ kg/kg}) = 1500 \text{ kg m}^{-2} \text{ 年}^{-1}$。一方，雨量は，$1500 \text{ mm 年}^{-1} = 1500 \text{ mm} \times \text{m}^2 \text{ 年}^{-1} \text{ m}^{-2} = 1.5 \text{ m}^3 \text{ m}^{-2} \text{ 年}^{-1}$。これは水の比重を 1 とすると，$1.5 \text{ t m}^{-2} \text{ 年}^{-1} = 1500 \text{ kg m}^{-2} \text{ 年}^{-1}$ の水量に相当する。したがって，なんとか足りる [22]。

---

[21] それぞれの基本法則は別の形で言い換えることもできる。

[22] 現実はもっと難しいことがたくさんあるので，ほとんどの水田で灌漑が必要。

第2章

力の基本

2.1 力とは何か？

ニュートン力学で最も大事な概念のひとつは**「力」**である。力とは何だろうか？ 我々は日常，「力を入れる」「力を抜く」など，力という言葉を使い，肉体感覚として力がどういうものかを知っている気になっている。

ところがそのような認識は，ぼんやりしすぎて物理学では役に立たない。科学は何でもそうだが，概念をできるだけ客観的に明快に定義しようとする。力もそうなのだ。

高校の教科書[*1]では力を
「物体を変形させたり，物体の速度を変えたりするはたらき」
と説明している。軽く読み流しそうな文だが，実は言葉をよく選んで慎重に作られた文である。たとえば「速度」を「速さ」と言い換えたり「はたらき」を「作用」や「エネルギー」と言い換えてはいけない（理由は後述する）。そして2つの内容が並列されているが，両方大事なのだ。

これを理解するには一種の国語力（言語能力）が必要だ。物理学には国語力が重要なのだ。自覚が無いかもしれないが，国語が苦手だから科学（特に物理学）が苦手という人は多い。

学びのアップデート

物理学には国語力が必要。言葉を適切・正確に使うことが大事。

力の話に戻ろう。まず「物体を変形させたり」は

とりあえず感覚的な理解でよいだろう。ボールを押すと凹み，ゴム紐を引っ張れば伸びる，というようなことだ。

問題は，「物体の速度を変えたりするはたらき」である。これは第5章で詳述する「運動方程式」を部分的に述べたものであり，17世紀に天文学の研究の中で見出された革命的・革新的な考え方なのだ。だから初学者がこの部分を「ちょっとよくわからないな…」と思ったなら，それは自然で妥当な反応だ。

感覚的には，大きな力をかけると物体は大きく動く，ということだ。そう言われると，そりゃそうだと思うだろう。ところが，この「大きく動く」の中身が我々の直感と合わないのだ。我々の直感は，大きな力をかけると物体は速く動く，あるいは速く動いている物体には大きな力がかかっている，と思いがちだ。それが間違っているのだ。上の法則は，大きな力をかけると物体は大きな**加速度**（速度ではない!!!）で動くというのだ。

もう少し丁寧に言えば，**力は質量と加速度の積に等しい**ということだ。詳しくは第5章で学ぶので，ここでは簡単に触れておこう。たとえば質量2 kgの物体が加速度3 m s^{-2}で動くとき，その物体には$2 \text{ kg} \times 3 \text{ m s}^{-2} = 6 \text{ kg m s}^{-2}$の力がかかっている，というのだ。

よくある質問20 加速度って何ですか？… 単位時間あたりの速度変化です。言い換えれば，速度の変化を，その変化にかかった時間で割ったものです[*2]

よくある質問21 「3 m s^{-2}」のm s^{-2}ってどうい

[*1] 『物理基礎』啓林館，平成23年3月30日検定済，平成27年度用

[*2] 実はこれは「平均加速度」というものである。単に「加速度」というときは，速度を時刻で微分したもの（時刻の関数としての速度の微分係数）を意味する。それは上で「時間」を限りなく0に近い「微小時間」としたものに相当する。

うことですか？… 加速度の単位です。速度の単位を m s^{-1} とすると，速度の変化は「速度引く速度」だから単位は m s^{-1} のままですが，それを時間（単位を s とする）で割ると，単位は m s^{-1}/s で m s^{-2} となるわけです。

　　ここで「kg m s^{-2}」という不思議な単位が出てきたが，これが力を表す単位（のひとつ）であり，N（ニュートン）という名前がついている。つまり N=kg m s^{-2} である。つまり上述の力は 6 N である。

よくある質問 22　なぜ質量と加速度をかけると力になるのですか？… その理由は誰も知りません。しかしそれが正しいと信じればいろいろ辻褄が合い，いろいろなことを説明・予測できるのです。前章で学んだ「基本法則」です。

よくある質問 23　なんか宗教っぽいですね。… はい。科学の基本法則はドグマ（教義）に似て，「信じる者は救われる」的なところがあります。

よくある質問 24　そんなの気持ち悪いです。理屈を理解せずに「そういうもの」と受け入れるのは私の主義に反します。… 気持ちはわかりますが，現実として科学は「そういうもの」です。仮に基本法則をさらに別の基本法則で説明できたとしても，さらにその基本法則の根拠は？ と追求していけば，どこかでそれ以上は無理になり「そういうもの」と受け入れざるを得ないときが来ます。我々が学ぶ基本法則は，既にそうやって追求を繰り返した末に「どうやらこれ以上遡るのは無理っぽい」と多くの人が納得した到達点です。それを「そういうもの」と割り切って受け入れるのは大人への階段のひとつです。

よくある質問 25　なんでもかんでも「そういうもの」と受け入れるのは大人ではなく思考停止だと思います。… なんでもかんでも無闇に受け入れろとは言っていません。むしろ逆です。少数の基本法則だけを受け入れ，それを元に世の中の様々な現象や法則を体系的に理解しよう，ということです。

よくある質問 26　力って本当に存在するのですか？

目に見えないのでイマイチわかりません… 「本当に存在するのか」はどうでもよいのです。存在すると考えれば自然現象が簡潔・体系的に整理されて予測・説明できるのです。それが力の存在理由です。科学では「そう考えれば全て辻褄が合う」という整合性が説得力であり，正しさであり，実在性なのです。

> **学びのアップデート**
> 科学の説得力は整合性にある。

よくある質問 27　N（ニュートン）の定義がよくわかりません… kg m s^{-2} です。ただそれだけです。

問 14　質量 2.0 kg の質点に 3.0 N の力をかける。質点に生じる加速度の大きさを求めよ。ただし基本法則に基づいて根拠もきちんと述べること。

　　ここで注意。ここまでは kg や m や s や N という単位を使って進めたが，これは他の単位を使っても成り立つ話である。物理学の法則は単位によらずに成り立つのである。

問 15　質量 1 g の物体を 1 cm s^{-2} の加速度で動かす力の大きさを 1 dyn という（dyn はダインと読む）。上の「質量 2 kg の物体が加速度 3 m s^{-2} で動くとき，その物体には 2 kg×3 m s^{-2}=6 kg m s^{-2}=6 N の力がかかっている」というのと同じ内容を，g, cm, s, dyn という単位を用いて述べよ。

> **学びのアップデート**
> 物理学の法則は単位によらずに成り立つ。だから物理学の法則を表現するときは原則的に単位に言及する必要はない。

2.2　4つの基本的な力

　　自然界には様々な力が存在するが，物理学者に

よれば，根源的には以下の 4 つから生成されるらしい：

- 万有引力
- 電磁気力
- 「強い力」
- 「弱い力」

とりわけ我々の身近な力はほとんどが「万有引力」か「電磁気力」で説明できる。だからこの 2 つの力を重点的に学ぶ。

とはいえ残りの 2 つの力も我々に全く無関係なわけでもないので少し説明しておこう。「強い力」「弱い力」は「万有引力」や「電磁気力」と同様にそれ自体で科学用語である。何かよりも強い（または弱い）力を意味するのではない。

「強い力」は原子核の中で陽子や中性子の間に働く力だ。そもそも陽子どうしは電磁気力によって互いに反発しあう[*3]。ところが原子核の中では複数の陽子が同居していられる。それは，電磁気力より強い別の力が原子核内部で陽子どうしを引き寄せ合うからだ。それが「強い力」である（核力ともいう）。

「弱い力」は放射性元素が関与する現象，特に原子核の「ベータ崩壊」（中性子が電子とニュートリノを発して陽子に変わることなど）で働く。

例 2.1 原子力発電所から放出される冷却水に含まれるトリチウム原子核はベータ崩壊してヘリウム 3 (^{3}He) の原子核に変わる。

例 2.2 放射性炭素 ^{14}C はベータ崩壊して窒素 ^{14}N に変わる。この現象は考古学などで過去の生物遺体の年代測定（それがいつまで生きていたかの推定）に使われる。

問 16 自然界の根源的な 4 つの力とは何か？

2.3　力の一般的な性質

さて我々は様々な力について学んでいくのだが，その前に力の一般的な性質について学んでおこう。つまり，その力が何であっても例外なく成り立つようなことだ。以後しばらく「物体」は質点と同義と考えてほしい。物体の大きさや形を考えねばならないときは逐時そのように言及する。

- 力には大きさと向きがある。つまり力はベクトルである。
- ベクトルの数学を使って複数の力を足し合わせたりひとつの力を複数の力に分解して考えてもよい。特に，ある物体に複数の力が働く場合，それらの力をベクトルとして足し算したもの，すなわち合力のみが働くと考えてよい。
- 物体に働く力（合力）が零である[*4]とき（これを力のつり合いという），静止している物体は静止し続ける。逆も然りで，静止している物体に働く合力は零である。これらは後に述べる「慣性の法則」の特殊な場合だ。
- 2 つの物体 A, B において A が B に力を及ぼすとき，それと同じ大きさで逆向きの力を B が A に及ぼす。これを作用・反作用の法則という。

よくある間違い 1　作用・反作用の法則とは？　と聞かれて「物体 A が物体 B に作用をおよぼすとき…」のように答える…　「力」を「作用」と言い換えるのは誤解を招くのでお勧めできません。物理学では「作用」は別の概念[*5]も意味します。だから「作用・反作用の法則」という名前は，私は失敗だと思います。慣習だから仕方ありませんが…。

┌─────────────────────────┐
│　　　　**学びのアップデート**
│　複数の意味に解釈できそうな紛らわしい表現
│　は避けよう。
└─────────────────────────┘

よくある質問 28　高校では作用・反作用の法則には「同じ直線上で」反対向きに働くとありましたが，本書にはありません。なぜでしょう？…　（これは興

[*3]　同じ符号の電荷同士は反発しあうという法則。陽子と中性子の間や，中性子どうしの間にはそのような反発力は無い。

[*4]　ベクトルとしての零。零ベクトル。

[*5]　「ラグランジアン」という量を積分したもの。理解できなくてよい。

味ある人だけが読めばよいです）電磁気学では「同じ直線上」という条件が満たされない力が出てきます（ビオ・サバールの法則）。本書はそれも含めて一般的に述べたいので「同じ直線上」を意図的に省きました。「同じ直線上」を要求する場合を「作用反作用の強法則」と呼び，省く場合を「作用反作用の弱法則」と呼びます。どちらかが正しいというわけではなく，上記のような状況を強法則は対象外とし，弱法則では対象とするという，整理の仕方の違いです。

受講生の感想 1　力は平行四辺形を描いて合成できることを中学で習いましたが，力がベクトルだからなのですね。

ではこれから具体的な力について学んでいく。

2.4　万有引力

まず天体現象でよく聞く万有引力について学ぶ。これは「質量」に関する力だ。すなわち，2 つの物体（質点とみなし，それぞれの質量を M と m とする）が距離 r だけ離れていれば，次式で表されるような F を大きさとする力がそれぞれに働き，それらの向きはお互いが引っ張る向きである（なぜだかわからないがそういうふうに世界はできている）。この力を万有引力という。

万有引力の法則（基本法則のひとつ）

$$F = \frac{GMm}{r^2} \tag{2.1}$$

ここで G は万有引力定数とよばれる定数で，以下の値である（なぜだかわからないがそういうふうに世界はできている）：

$$G = 6.6741 \times 10^{-11} \ \mathrm{m^3 \ s^{-2} \ kg^{-1}} \tag{2.2}$$

G の値は記憶しなくてもよいが式 (2.1) は記憶せよ。

式 (2.1) は英国の物理学者アイザック・ニュートンが発見した。どうやって？　地球から見える惑星たちの動きを説明するために，様々な数式を試行錯誤したのだ。ニュートンだけでなくガリレオ，ティ

コ・ブラーエ，ケプラー等の学者を巻き込んだ長い苦闘の成果である。ちなみにニュートンがこれを発見したとき，英国で腺ペストという感染症が大流行していたため，彼はロンドンの大学を離れて実家に戻っていた。たっぷり暇があったので研究に集中できたのだろう。

実はこの式を導出できる「一般相対性理論」という理論がある。しかしそれは高度すぎるので，我々は式 (2.1) を万有引力の基本法則（根源的な法則）とみなそう。

ところで質量とはそもそも何だろうか？　それは物体に万有引力を生じさせるような，物体の属性である。では万有引力とは何か？　それは質量を持つ物体どうしに働く力だ。これは堂々巡りだ。質量を定義するのに万有引力の概念が必要で，万有引力を定義するのに質量の概念が必要だ！　こうして見ると世の中は全てが論理的にすっきり説明できるものではなく，どこかで「そういうものがあるのだ」と認めれば話がはじまらない。というわけで物体を特徴づける量として質量というものが存在することを天下りに認めよう[*6]。

前節で学んだ作用・反作用の法則を持ち出すと，質量 M の物体が質量 m の物体を引く力と，その逆，つまり質量 m の物体が質量 M の物体を引く力は，互いに向きは逆だが大きさは同じだと言える。つまり，質量の大きな物体が質量の小さな物体を引く力は質量の小さな物体が質量の大きな物体を引く力と同じ大きさなのだ。

さて万有引力が最も活躍するのは天体現象だ。星は万有引力によって物を引きつける。万有引力の法則，すなわち式 (2.1) に関しては，地球を含めて

球状の星は，その中心に質量が集中している

質点とみなして扱える。 (2.3)

ことがわかっている[*7]。たとえば地球の表面に立つ質量 m の君に地球が及ぼす万有引力を考えるとき，ざっくり言って，M として地球の質量を，r として地球の半径を採用して，式 (2.1) を使えばよい。

[*6]　質量は「慣性の大きさ」という面もある。

[*7]　ただし星の密度は球対称であること。なお，この事実は万有引力の法則をもとに数学的に証明されるが，ここでは詳細は述べない。気になる人は数学をしっかり勉強しよう。

よくある質問 29　r は地球の半径プラス，私の身長の約半分ではないでしょうか？… そうです（笑）。しかし地球半径に比べて君ははるかに小さいので無視したのです。

問 17 地球の半径を $r = 6400$ km，地球の質量を $M = 6.0 \times 10^{24}$ kg とする。式 (2.1) を使って，地表において質量 $m = 1.0$ kg の物体が受ける，地球からの万有引力が 9.8 N であることを示せ（有効数字 2 桁でよい）。ヒント：単位を埋め込んで計算しないと失敗するよ！

よくある質問 30　万有引力はどんな物体の間にも働いているのですか？ たとえば人と人の間とか。… 質量を持つ物体ならどんな物体の間にも働いています。もちろん人と人の間にも働いていますよ。

2.5　重力

万有引力については前節で述べたことが全てなのだが，実際に地球上でそれを扱う際に気をつけるべきことがいくつかある。本節ではそれについて述べる。

地球の表面付近にある物体は，地球から受ける万有引力だけでなく，地球の回転（自転）による遠心力（後述）も受けている。この 2 つの合力を我々は「地球から受ける力」と感じるのだ。このような事情は月や火星などの他の天体でも同様だろう。そこで，天体の表面付近において，天体の自転とともに運動する物体に働く，万有引力と遠心力の合力を，その天体から受ける重力とよぶ。

重力の大きさを F とし，質量を m とすると，何らかの比例係数 g を用いて

$$F = mg \tag{2.4}$$

と書ける。このときの g，すなわち

$$g = F/m \tag{2.5}$$

を重力加速度と定義する。以後，しばらくこの g について考えよう。

まずなぜ g のよび方に「加速度」という言葉がついているのだろう？ それは g の単位を考えればわかる。前に学んだように力 F の SI 単位は N（ニュー

トン；kg m s^{-2}），質量 m の SI 単位は kg なので，g つまり F/m の SI 単位は kg m s^{-2}/kg ＝ m s^{-2}。このように，g は加速度の単位で表されるのだ[*8]。

次に g の値がどのように決まるか考えよう。m を地表にある物体の質量，M を地球の質量とする。地球中心から地表までの距離（つまり地球半径）を r とする。これを「地球（の中心）から物体までの距離」としてよいだろう。したがって地表の物体が地球から受ける重力の大きさ F は，式 (2.1) から

$$F = \frac{GM}{r^2} m \tag{2.6}$$

となる。ここで

$$g = \frac{GM}{r^2} \tag{2.7}$$

と置けば式 (2.4) が得られる。式 (2.7) に実際の G，M，r の値を（問 17 でやったように）代入すると

$$g = 9.8 \, \text{m s}^{-2} \tag{2.8}$$

である（この値は記憶せよ）。

ところがこれは近似的な議論である。厳密には先述したように地球の自転による遠心力も考慮すべきだ。遠心力は第 7 章で詳しく学ぶが，回転軸から遠いほど大きい。地球で言えば，高緯度より低緯度のほうが回転軸（地軸）から遠いので遠心力は大きい。また，遠心力の向きは回転軸から遠ざかる向きである。低緯度の場合，それは地表面から見れば概ね上向きである（赤道だと真上）。したがってほぼ下向き（地球の中心向き）である万有引力の一部を，遠心力は打ち消すのだ。その結果，低緯度ほど重力は弱い，すなわち g は小さい。

また，地球は完全な球形ではなく，赤道付近がわずかに膨らんだ楕円体っぽい形をしている。だから式 (2.3) でやったように地球の中心に質量が集中しているとみなすのは厳密にはダメである。さらにまた，地球内部の密度は均一ではなく偏りがある。そのようなことが総合的に影響して，g は地表の場所によって複雑なパターンでばらつくのだ。逆にそれを利用して，重力加速度の計測から地球内部の構造や地下水の様子等がわかる。このように地球の精密

[*8]　加速度はベクトルなのだから g は「加速度」ではなく「加速度の大きさ」が本来は正しい。慣習的に「の大きさ」が省略されていると考えよう。

な重力や形状を調べる学問を測地学という。それは地学の分野のひとつである。

重力加速度が一定ではないという事実は，地学以外にも意外な形で関わってくる。それが次の問題でわかるだろう：

問18 化学実験では試薬を量り取るときに電子天秤を使う。電子天秤で量る重さはその場の重力加速度に比例する。北海道大学（札幌市）と筑波大学で同じ電子天秤を調整せずに使ったら重さの測定値は何 % くらい違うか？ ヒント：「電子天秤の校正 札幌 茨城」などをキーワードにしてインターネットなどで調べよ。

これを意識しないとたとえば北海道大学と筑波大学で同じ実験をしたつもりでも試薬の量が違ってしまい，違う実験結果になりかねない。また，農作物の取引で高緯度の街と低緯度の街で測った重さが違う！ ということがトラブルの原因になるかもしれない。

問19 重力加速度とは何か？

よくある間違い 2　重力加速度とは？ と聞かれて式 (2.8) または式 (2.7) を答えてしまう… そう答えてしまったら g の値が場所によって異なることが説明できません。これらは近似です。

さきほど g が加速度の次元を持つことを示したが，g は実際に加速度として意味を持っている。君が地表付近で何かの物体を落としたら，その物体は大きさ g の加速度で加速しながら落下するのだ。そのあたりの事情は後で詳しく述べる。

重力加速度 g の値についてもうひとつ考慮すべきことがある。高度（標高）だ。g の大部分は式 (2.7) で決まるのだが，その r が変われば当然，g の値も変わる。

問20 高度 100 m まで上がった野球のボールと，高度 10,000 m の上空を飛ぶ旅客機と，高度 36,000 km の上空を飛ぶ静止衛星では，それぞれ g の値は地表での値の何パーセントほどになるか？ 式 (2.7) によって見積もれ。それぞれの g は地表での g の何倍になるか？

この問題でわかったように，地表と上空 100 m 程度では g は 0.003 パーセント程度しか違わない。この違いが野球ボールの飛距離に及ぼす影響は（詳細は省略），100 m の飛距離に対して 3 mm 程度になる。ボールを質点とみなすモデルではボール 1 個分の大きさ（70 mm 程度）の誤差を暗に許容するので，この程度の違いは十分に無視できるので，g の値は一定値としてよかろう。しかし，ロケットを静止衛星の軌道まで打ち上げるときは，さすがに g を一定値にして計算してはダメである。

このように物理学の議論のほとんど全ては何らかの「近似」や「無視」を含んでいる。物理学を使った議論の結末が何かおかしいときは，そのあたりに原因を求めて考えることが必要である。

ただし，だからといって何もかも厳密に精密に考えようとするのもよくない。というのも物理学は精度を追求すればするほど理論が難しくなり，立式や計算が大変になるからだ。問題設定に応じて「これはこだわっても仕方ないな」というものを切り捨てて適切に単純化すること，つまり「モデル化」が重要なのだ。

問21 月の質量は地球の質量の 1/81.3，月の半径は地球の半径の 1/3.68 である。月の表面で月から受ける重力の大きさは地球の表面で地球から受ける重力の大きさの何倍か？ ヒント：式 (2.1)。M と r の両方が変わることに注意。

ここで注意。実は純粋な物理学では「重力」と「万有引力」は同じ意味の言葉とされている。一方で地学や測地学などの分野では，本節でそうだったように重力と万有引力を別の意味で使い分ける。我々は純粋な物理学の理論よりも地球環境などの応用に近い分野なので，これらを使い分ける立場をとるのだ。しかし物理学者の書いた教科書などでは重力を万有引力の意味で使うことがあるので注意しよう。

学びのアップデート

同じ言葉でも分野によって意味が微妙に違うことがある。

2.6　計測器の校正と測定値の補正

　ここで話題はさらに脇道にそれる。といっても大切な話である。

　前節で，重力加速度の場所による違いが，電子天秤で質量を測るときの誤差の原因になることを述べた。それ以外にも機械の劣化や温度・湿度の変化による部品のゆがみなど，様々な原因が誤差を生じさせる。

　ではそのような誤差はどのようにして避ければよいのだろうか？

　端的に言えば，計測器（電子天秤等）が正確な値を示すように調整するのだ。すなわち正確な値（質量等）があらかじめわかっている対象（分銅等）をその計測器で測り，計測値と「正確な値」との関係（それを検量線という）を求めるのだ。

　このような作業を計測器の校正という。校正は電子天秤だけでなく他の様々な物理量の計測機器についても同様に必要である。そして実際の測定値を検量線で計算し直して誤差の小さい値に直すのだ。それを補正という。

　と言っても多くの計測機器は電子化されており，校正で求めた検量線は計測器の中のコンピュータに記憶され，計測値は自動的に補正される。したがって，ユーザーが普段使うときは校正や補正を意識することは少ないだろう。

　では校正に使う「正確な値があらかじめわかっている対象」はどう用意するのだろう？　その値の正確さはどう保証するのだろう？　答は「校正しようとする機器よりも精度の高い機器で測った対象を使う」である。ではその「精度の高い機器」はどうやって校正するのか？　「それよりさらに高精度な機器で測った対象を使う」のだ。そのようなことを日本で（または世界で）最も正確な機器（国家標準または国際標準）にたどり着くまで繰り返すのだ。これを「計測器のトレーサビリティ」という。こうして世の中にあるたくさんの計測機器を遡るとひとつの基準に到達するような体制を社会で構築・維持するのだ。それは科学技術社会の重要な基盤なのだ。

　問 22　校正とは何か？　計測器のトレーサビリティとは何か？　本書の説明を確認した上で，インターネット等でさらに調べて気づいたこと・興味を持ったことを述べよ。

2.7 kgf（キログラム重）という単位

ところで力の単位である N（ニュートン）は物体が加速する現象に基づいて定義されているのでちょっとイメージしにくい。我々が日常で「力」を感じるのは加速現象よりもむしろ，やはり重力にまつわる現象，つまり「重さ」ではないだろうか。

そこで多くの人が「重さ」に基づいた単位で力を表したがる。それが kgf という単位だ。kgf は**キログラム重**とか**重量キログラム**と読む。"kg" と "f" の積ではない。kgf は

$$\text{kgf} := 9.80665 \text{ N} \tag{2.9}$$

と定義されている。kgf はもともと 1 kg の物体に地球表面でかかる重力の大きさとして定義されていたが，前述したようにそれは地球の場所ごとに微妙に異なるので，定義としては適切でない。そこで式 (2.9) を使って N と関連付けることで kgf は定義し直されたのである。

重力加速度 g は

$$g \fallingdotseq \text{kgf/kg} \tag{2.10}$$

と表すことができる。なぜか？

$$\text{kgf} := 9.80665 \text{ N} = 9.80665 \text{ kg m s}^{-2}$$
$$= (9.80665 \text{ m s}^{-2}) \text{ kg} \fallingdotseq g \text{ kg} \tag{2.11}$$

である（最後の変形で式 (2.8) を使った）。この式の最左辺と最右辺を kg で割ると式 (2.10) が得られる。

よくある質問 36　中学では 1 N は約 100 g と習いましたが… それは間違いです。式 (2.9) から

$$\text{N} = \text{kgf}/9.80665 = 0.102 \text{ kgf} \tag{2.12}$$

です。これは「0.102 kg の物体に地表付近でかかる重力」なので，ざっくり「1 N は約 100 g **の物体の重さ**」と言っても OK です。しかしこの「の物体の重さ」を省略するのは間違いです。

よくある質問 37　そんなのどうでもよくないですか？… いえ，ここは譲れません。N は力の単位であり，g は質量の単位です。力と質量は別の物理量なので，どうやっても換算はできません。たとえば 1 L という量

（体積）を K という温度の単位で表現することはできないでしょ？ それと同じようなことです。

よくある質問 38　中学の先生が間違っていたのですか？… 本当にそうおっしゃったなら残念ながらそれは間違いです。でもありがちなのは，先生はちゃんと「の物体の重さ」までおっしゃったのに生徒がそれを聞き逃した，あるいは読み飛ばしたというケースです。

問 23

(1) 質量 2.0 kg の物体に 3.0 m s^{-2} の加速度を与えるような力を kgf を用いて表わせ。
(2) 質量 150 g の物体に 0.40 kgf の力を加えたらどのくらいの加速度が生じるか？

学びのアップデート
質量と重さは違う。kg と kgf は違う。

2.8 電荷どうしが引き合ったり反発し合うクーロン力

次に電磁気力について考えよう。電磁気力は「電荷」を持つ物体に働く力のことだ。では電荷とは何だろう？

物質を構成するのは原子核や原子，イオンなどであり，それらを構成するのは電子や陽子，中性子，中間子など，「素粒子」とよばれる微細な粒子だ。なぜだかわからないが，それぞれの素粒子には，電荷という固有の性質（物理量）がある。電荷の性質として

- 正負の符号のある量である。つまり**正電荷**と**負電荷**がある。
- 電子 1 個と陽子 1 個は同じ大きさで逆符号の電荷を持っている。

ということが知られている。その理由は根本的にはわかっていない。そのようにこの世界は作られているのだと言うしかない。

そして電子 1 個や陽子 1 個が持つ電荷の大きさ

（絶対値）を電荷素量とよび[*9]，それは

$$q_e = 1.602176634 \times 10^{-19} \, \text{C} \tag{2.13}$$

である[*10]。C というのは電荷の単位であり，クーロンとよぶ。SI 基本単位で表せば 1 C＝1 A s（アンペア・秒）だ（これが C の定義でもある）。

　上で述べた「電荷の性質」から，電子の電荷は $-q_e = -1.602176634 \times 10^{-19}$ C，陽子の電荷は $+q_e = 1.602176634 \times 10^{-19}$ C である。

よくある質問 39　電荷素量の値は覚えるべきですか？ … 高校と違って大学では「これは覚えなさい」「これは覚えなくてよろしい」というような指示はほとんどありません。何を覚えるかは学習者自身が決めるのです。大事だ，便利だ，と思うことは覚えればよいし，そうでなければ覚えなくても構いません。何が大事かも自分で判断するのです。そういう建前はともかく，電荷素量は大事な量なので有効数字 4 桁程度，つまり 1.602×10^{-19} C くらいは覚えるとよいです。

学びのアップデート

何が大事か・何を覚えるべきかは自分で判断して決める。

　素粒子以外の物体（原子核，原子，イオン，分子，あるいはもっと大きな物体）は複数の素粒子で構成される。通常，その中には正電荷を持った素粒子や負電荷を持った素粒子が混在している。そのような場合，その物体の電荷は各素粒子の持つ電荷の総和（正の値と負の値を加えて差し引きした量）として定義する。たとえば水素原子は 1 個の陽子と 1 個の電子から構成されるが，陽子の電荷は q_e，電子の電荷は $-q_e$ というように，同じ大きさ（電荷素量）で逆符号なので，その総和（$q_e - q_e$）は 0 である。したがって水素原子の電荷は 0 とみなす。

　正電荷と負電荷のどちらかが多いときだけ，その物体は 0 以外の電荷を持つことになる。物体が 0 以

外の電荷を持つときはその物体は「帯電している」という。

　帯電している粒子のことを荷電粒子という。電子や陽子，原子核，イオンなどは荷電粒子だ。荷電粒子のことを電荷ということもある。

　ではいよいよ電磁気力の説明に入る。まず電磁気力のひとつを紹介しよう：「粒子 1」と「粒子 2」という 2 つの荷電粒子があるとき，それらの間にはそれぞれの電荷に応じてお互いが引きあう力（引力）またはお互いを遠ざけあう力（斥力）が働く（なぜだかわからないがそのように世界はできている）。その斥力を F とすると，F は以下の式を満たす（なぜだかわからないがそのように世界はできている）：

クーロンの法則

$$F = \frac{k \, q_1 \, q_2}{r^2} \tag{2.14}$$

ここで q_1, q_2 は粒子 1 と粒子 2 がそれぞれ持つ電荷，r は粒子間の距離であり，斥力は 2 つの粒子を結ぶ直線に平行な向きに働く。k は定数で，有効数字 4 桁では $k = 8.987 \times 10^9 \, \text{N m}^2 \, \text{C}^{-2}$ だ。この式 (2.14) をクーロンの法則（Coulomb's law）とよび，このように記述される電磁気力をクーロン力（Coulomb force）とよぶ[*11]。クーロンというのはこの法則を見つけた物理学者の名前だ。k の値は記憶しなくてもよいが式 (2.14) は記憶しよう。

　クーロン力は電荷を持つ物体に働く力だ。一方，重力は質量を持つ物体に働く力であった。興味深いことに，これらの数学的な表記，すなわち式 (2.14) と P.17 式 (2.1) は似ている（なぜだかわからないがそのように世界はできている）。したがって，重力に関して成り立つ議論，特にその数学的な扱いはクーロン力にも通用することが多いし，その逆も然りである。

よくある質問 40　性質も似ているのでしょうか？この 2 つの式は統合できるのでは？ … 地球中心で重

[*9]　電気素量とか素電荷ともよばれる。

[*10]　q_e は電荷素量を表すのによく使われる記号。この他に e という記号も使われるが，ネイピア数（自然対数の底）とかぶってしまって紛らわしい（泣）。

[*11]　クーロン力は「くーろんか」ではなく「くーろんりょく」である。ばかばかしいが，念の為（笑）。ちなみに式 (2.14) は電磁気学の基本法則（マクスウェル方程式）から導出できる。

力がゼロになるように，一様に帯電した球の中心では電場がゼロになる，などのよく似た性質があります。しかしこれらの式の統合には誰も成功していません。

さて，上述のように電荷の値には符号（正負）があるので，式 (2.14) の q_1，q_2 は正や負の値をとり得る。q_1 と q_2 が同符号（両方とも正，もしくは両方とも負）のとき，式 (2.14) では F は正になり，そのとき 2 つの粒子の間には斥力（互いに遠ざける力）がはたらく。一方，q_1 と q_2 が異符号（片方が正で片方が負）のとき，F は負になり，斥力の逆方向つまり引力（互いに引き合う力）がはたらく。ここが重力との大きな違いだ。重力には引力しかないし，負の質量は無い。

問 24　クーロンの法則とは何か？

問 25　電荷素量とは何か？

問 26　互いに 1.0 m 離れて存在する 2 個の電子の間にはクーロン力と万有引力の両方が働く。そのクーロン力の大きさを F_e，万有引力の大きさを F_g とする。(1) F_e を求めよ。(2) F_g を求めよ。ただし電子の質量 m_e は，9.1×10^{-31} kg である。(3) F_g は F_e の何倍か？

2.9 電場，磁束密度，ローレンツ力

前節で学んだクーロン力は，荷電粒子が静止していようが運動していようがかまわず働く。ところが電磁気力にはもう 1 種類あって，それは荷電粒子が運動しているときにのみ働く。それらをまとめて言えば次のようになる（今は詳細は理解しなくてよい）：

電荷 q を持つ荷電粒子に働く力 $\mathbf{F}$ は，何らかの 2 つのベクトル $\mathbf{E}$, $\mathbf{B}$ を用いて次式のように書ける（$\mathbf{v}$ は荷電粒子の速度）：

ローレンツ力

$$\mathbf{F} = q\mathbf{E} + q\mathbf{v} \times \mathbf{B} \tag{2.15}$$

式 (2.15) で表される力 $\mathbf{F}$ をローレンツ力という。この式に従って荷電粒子にローレンツ力を及ぼすようなベクトル $\mathbf{E}$ と $\mathbf{B}$ をそれぞれ電場と磁束密度とよぶ（定義）[*12]。

この式の × は数どうしの普通の掛け算ではなくベクトルどうしの外積というものを意味する[*13]。今はとりあえずこれは理解できなくてもよい。「そんなものがあるのか」という程度の理解で OK。

よくある質問 41　今は理解できなくてよいのならここで教えなくてもよいのでは？…「見たこと・聞いたことがある」というのが大事なのです。それが長期的な伏線になり，皆さんの学習効果を高めるのです。

式 (2.15) はローレンツ力を定義する式であり，同時に電場と磁束密度を定義する式でもある。たとえば「磁束密度とは？」と問われたら，式 (2.15) をさらっと書いて，この $\mathbf{B}$ のことですと言えばよいのだ。

問 27　(1) ローレンツ力とは何か？ (2) 電場の定義を述べよ。(3) 磁束密度の定義を述べよ。

よくある間違い 3　式 (2.15) の E, B, v, F を細字で書いてしまう… それらはベクトルなので太字で書くべきです。
$F = qE + qv \times B$ … ダメ
$\mathbf{F} = q\mathbf{E} + q\mathbf{v} \times \mathbf{B}$ … OK

問 28　(1) 電場の単位を SI 基本単位で表わせ。(2) 磁束密度の単位を SI 基本単位で表わせ。ヒント：電場と磁束密度の定義である式 (2.15) に戻って考える。電荷と電場の積が力になるので，電場の単位は力の単位/電荷の単位。同様に電荷と速度と磁束密度の積が力になるので…（以下略）。

式 (2.15) の第 1 項は荷電粒子がどのような運動状態にあっても（静止していても運動していても）同様に働く力である。ところが第 2 項は荷電粒子の

[*12] そして磁束密度にある定数をかけたものを磁場という（詳細は割愛する）。

[*13] 『ライブ講義 大学 1 年生のための数学入門』10.9 節参照。

速度 **v** に依存する力である。速度が **0** の場合は第 2 項は **0** なのだ。つまりローレンツ力は，荷電粒子に対していつでも働く力（$q\mathbf{E}$）と，その粒子が動いているときだけ働く力（$q\mathbf{v} \times \mathbf{B}$）という 2 種類の力からなる。そして前者を電気力，後者を磁力という。

　前節で学んだクーロン力は式 (2.15) の右辺の第 1 項に相当する「電気力」である。実際，式 (2.14) で q_2 を q と置いて書き直せば

$$F = q\frac{kq_1}{r^2} = qE \qquad \text{ここで,} E = \frac{kq_1}{r^2} \quad (2.16)$$

と書ける（本来は F も E もベクトルだから太字で書くべきだが，ここではそれぞれの大きさだけを考えて細字で書く。ベクトルで考えたいなら章末参照）。これは，電荷 q_1 を持つ荷電粒子が作る電場 E から，電荷 q を持つ荷電粒子が力を受けるという解釈である。

問 29 ▶ 1 個の電子から 1.0 m 離れた点での電場の大きさは？　ヒント：式 (2.16)。

　この問題でわかったように「1 個の電子の作る電場の大きさ」は距離 r が変われば変わる。つまり 1 個の電子のまわりの各位置で，その電子が作る電場というものが存在するのだ。そのように，電場 **E** は空間の各位置に存在する量である。磁束密度 **B** も同様に，空間の各位置に存在する量である。空間の各位置に存在する量のことを場という。

　電磁気学の本質的な研究対象は，電気力や磁気力ではなくこれらの場である。電場と磁束密度に関する基本法則をマクスウェル方程式という。それによれば，電場が変動するとそれにつられて磁束密度が変動し，磁束密度が変動するとそれにつられて電場が変動する。発電機はそれを利用している。電磁波（電波・光）が生じるのもこれが理由である。

　マクスウェル方程式を理解するにはベクトル解析という，多くの大学 1 年生には未知の数学（場の微分と積分に関する数学）が必要なので[*14]本書では扱わない。また，特殊相対性理論というものを使うと電場と磁場が統一されるのだが，それも難しすぎるので本書では学ばない。

ミングの左手の法則というのがありましたが… 式 (2.15) があればフレミングの左手の法則は不要です。式 (2.15) はフレミングの左手の法則を包含し，それよりも一般性の高い，強い式なのです。ただしこれを使いこなすには「外積」を理解する必要があります。がんばって数学を勉強してください！

よくある質問 43　磁力は電荷を持った粒子が運動しているときに働くとのことですが，静止した磁石同士にはたらく磁力はどうなのですか？… 磁石の中では電子のスピンというもののせいで電流が流れており，それが磁力を作ります。

よくある質問 44　高校では「磁気力に関するクーロンの法則」というのを習ったのですが，磁石同士に働く力はそれで説明できるのでは？… これは発展的な話題です。磁荷とよばれる量を考え，2 つの磁荷 m_1, m_2 が距離 r だけ離れているとき，両者の間に働く斥力 F は次式のようになるという法則ですね（k_{m} はある定数）：

$$F = \frac{k_{\mathrm{m}} m_1 m_2}{r^2} \qquad (2.17)$$

この式を教育現場で教えることには異論があります。というのも，この式は見かけほど単純でも便利でもないのです。まず「磁荷」という量が不自然なのです。電荷は「正電荷」「負電荷」がそれぞれ単体で存在しますが，磁荷は常に正と負がペアでくっついており，それぞれが単体では見つかっていないのです。にもかかわらずこの式は，m_1 と m_2 という 2 つの単体の磁荷が存在するかのような式なのです。m_1, m_2 がペアで OK じゃないかと思うかもしれないけど，そういうことではないのです。この式は m_1 と m_2 の間に働く力を述べているので，「m_1 と m_2 は別物」という設定なのです。したがって現実の状況にこの式を適用しようとすると，ひとつの「プラスの磁荷とマイナスの磁荷のペア」と別の「プラスの磁荷とマイナスの磁荷のペア」の間に働く力を求めることになり，式 (2.17) のような式を 4 つ立てなければならないのです。一方，上で述べたローレンツ力とマクスウェル方程式[*15]は，そのような不自然さは無く，普遍的に磁力を扱えます。したがって私は「磁荷」という量も

[*14] 拙著『ライブ講義 大学生のための応用数学入門』参照。

[*15] そこから導出されるビオ・サヴァールの法則というのが現実的な問題設定ではよく使われます。

「磁気力に関するクーロンの法則」（式 (2.17)）も不要だと思っています。実際，これらを使わずに電磁気学を教える教科書はたくさんあります。

ほぼそうなのですが，若干微妙なところがあります。というのも量子力学では荷電粒子の運動は電場や磁束密度ではなくそれらに関係しているけど別の場である「スカラーポテンシャル」「ベクトルポテンシャル」という量で表現されるのです。つまり，電磁気力を量子力学で扱うと式 (2.15) には出る幕が無いのです。そういう意味でローレンツ力は電磁気力のひとつの表現と考えればよいでしょう。

2.10　（発展）重力やクーロン力をベクトルで表す式

（発展的内容なので興味ある人だけ読めばよい。）

ところで力はベクトル（大きさと向きを持つ量）なのだから，P.17 式 (2.1) を力の大きさだけでなく力の（空間の中での）向きまで表現できる式に書き直してみよう。図 2.1 のように，物体 1 と物体 2 があり（ともに質点とみなす），それぞれの質量を m_1，m_2 とし，それぞれの位置ベクトルを $\mathbf{r}_1, \mathbf{r}_2$ とする。物体 1 が物体 2 から受ける重力（ベクトル）を $\mathbf{F}_{12}$ とする。まず物体 1 と物体 2 を結ぶ（物体 1 から物体 2 に向かう向きの）ベクトルは $\mathbf{r}_2 - \mathbf{r}_1$ である（わからなければ数学の教科書を参照）。そしてその大きさ $|\mathbf{r}_2 - \mathbf{r}_1|$ は物体 1 と物体 2 の距離，すなわち式 (2.1) の r である。つまり式 (2.1) は

$$F = \frac{G\,m_1 m_2}{|\mathbf{r}_2 - \mathbf{r}_1|^2} \tag{2.18}$$

と表すことができる。また $\mathbf{F}_{12}$ の向きは $\mathbf{r}_2 - \mathbf{r}_1$ と同じ向きなので，$(\mathbf{r}_2 - \mathbf{r}_1)/|\mathbf{r}_2 - \mathbf{r}_1|$ という単位ベ

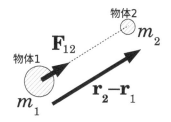

図 2.1　物体 1 が物体 2 に及ぼす重力 $\mathbf{F}_{12}$。

クトル（大きさ 1 のベクトル）で向きが表される。したがって $\mathbf{F}_{12}$ は次式のように表すことができる（この右辺の左半分は式 (2.18) であり右半分は向きを表す単位ベクトル）：

$$\mathbf{F}_{12} = \frac{G\,m_1 m_2}{|\mathbf{r}_2 - \mathbf{r}_1|^2}\frac{\mathbf{r}_2 - \mathbf{r}_1}{|\mathbf{r}_2 - \mathbf{r}_1|} \tag{2.19}$$

まとめると次式のようになる（目指していた式）：

$$\mathbf{F}_{12} = \frac{G\,m_1 m_2(\mathbf{r}_2 - \mathbf{r}_1)}{|\mathbf{r}_2 - \mathbf{r}_1|^3} \tag{2.20}$$

同様の考え方でクーロン力（P.22 式 (2.14)）を力の方向まで記述できるように書くと次式のようになる：

$$\mathbf{F}_{12} = -\frac{k\,q_1 q_2(\mathbf{r}_2 - \mathbf{r}_1)}{|\mathbf{r}_2 - \mathbf{r}_1|^3} \tag{2.21}$$

ここで $\mathbf{F}_{12}$ は粒子 1 が粒子 2 に及ぼす電気力（ベクトル），$\mathbf{r}_1, \mathbf{r}_2$ はそれぞれ粒子 1 と粒子 2 の位置ベクトルである。

マイナスは $\mathbf{r}_2 - \mathbf{r}_1$ に掛かっていると考えればわかるでしょう。つまり $\mathbf{r}_1 - \mathbf{r}_2$，つまり「粒子 2 から粒子 1 へ向かう向き」です。それは粒子 1 にとっては「粒子 2 から遠ざかる向き」です。そちらを向く力は斥力です。これは電荷が同符号のとき（$q_1 q_2 > 0$ のとき），電気力は斥力であるということに整合します。というかそこを整合させるためにマイナスが必要だったのです。（$q_1 q_2 < 0$ のときは向きが逆転して式 (2.21) は引力になることもわかるでしょう）。

問の解答

答 14　（略解）$1.5\ \mathrm{m\ s^{-2}}$

答 15　質量 2000 g の物体が加速度 300 cm s^{-2} で動くとき，その物体には 2000 g×300 cm s^{-2} =600000 g cm s^{-2} =600000 dyn の力がかかっている。

答 16　重力・電磁気力・強い力・弱い力

答 17　略。ヒント：r は km で与えられているので m に換算すること。つまり $r = 6.4 \times 10^6$ m。kg m s^{-2} = N であることに注意（P.15）

答 19　地表付近にある質量 m の物体が地球から受ける重力は mg と書ける。このときの定数 g が重力加速

度*16。

答20　地球中心から地表までの距離を r_1，地球中心から上空（野球ボール，旅客機，または静止衛星）までの距離を r_2 とする。地表の重力加速度を g_1，上空の重力加速度を g_2 とすると，式 (2.7) より，

$$g_1 = G\frac{M}{r_1^2}, \qquad g_2 = G\frac{M}{r_2^2}, \qquad \text{したがって，}$$

$$\frac{g_2}{g_1} = \frac{r_1^2}{r_2^2} = \left(\frac{6400 \text{ km}}{r_2}\right)^2 \quad \text{である。}$$

野球ボールの場合，$r_2 = 6{,}400 \text{ km} + 100 \text{ m} = 6{,}400.1 \text{ km}$ を上の式に代入すると $0.999968\cdots$。したがって地表の 99.997 パーセント。旅客機の場合，$r_2 = 6{,}400 \text{ km} + 10{,}000 \text{ m} = 6{,}410 \text{ km}$ を上の式に代入すると $0.9969\cdots$。したがって地表の 99.7 パーセント。静止衛星の場合は $r_2 = (6400 \text{ km}) + (36000 \text{ km}) \fallingdotseq 42000 \text{ km}$ を上の式に代入すると $0.023\cdots$。したがって地表の約 2 パーセント。

答21　地球の半径を r_1，月の半径を r_2，地球の質量を M_1，月の質量を M_2 とする。問題文より $M_2/M_1 = 1/81.3$，$r_2/r_1 = 1/3.68$。さて質量 m の物体が地表にあるとき地球からうける重力を F_1，月の表面にあるとき月からうける重力を F_2 とすると，式 (2.1) より

$$F_1 = G\frac{M_1 m}{r_1^2}, \qquad F_2 = G\frac{M_2 m}{r_2^2} \qquad \text{したがって，}$$

$$\frac{F_2}{F_1} = \frac{M_2}{M_1} \times \left(\frac{r_1}{r_2}\right)^2 = \frac{1}{81.3} \times 3.68^2 = \frac{1}{6.00}$$

したがって 1/6 倍。

答23　（略解；レポートは導出過程も書くこと）(1) 0.61 kgf (2) 26 m s^{-2}

答26　(1) 式 (2.14) より，$F_e = 8.987 \times 10^9 \text{ N m}^2 \text{ C}^{-2} \times (1.602 \times 10^{-19} \text{ C})^2 / (1 \text{ m})^2 = 2.3 \times 10^{-28} \text{ N}$
(2) 式 (2.1) より，$F_g = 6.7 \times 10^{-11} \text{ N m}^2 \text{ kg}^{-2} \times (9.1 \times 10^{-31} \text{ kg})^2 / (1 \text{ m})^2 = 5.5 \times 10^{-71} \text{ N}$
(3) $F_g/F_e = 2.4 \times 10^{-43}$

　注：このようにクーロン力は万有引力よりもはるかに大きい。米国の物理学者リチャード・ファインマンはこ

---

*16 たまに重力加速度とは GM/r^2 であるという人がいるが，間違い。なぜならこの式に従えば地表のどこでも同じ値になってしまうから。また，ネット上の資料などには「地球表面付近において物体が受ける重力の加速度」などと書かれていることもあるが，これもダメ。「重力の加速度」とは何か？どういう状況で何が加速されるのか？地面に置いてある石は重力を受けるけど加速されていない。

れを「光が陽子 1 個の端から端まで通り過ぎるのにかかる時間と，宇宙の年齢との違いくらい大きい」と表現している。

答28　(1) N/C = N/(A s) = kg m s^{-3} A^{-1}。(2) N/(C m s^{-1}) = N/(A s m s^{-1}) = kg s^{-2} A^{-1}。これをテスラ（T）とよぶ。

答29　電場と磁束密度の定義式 (2.15) で，今は $\mathbf{B} = \mathbf{0}$ として両辺を電荷 q で割り，両辺の絶対値をとって $|\mathbf{F}| = F$，$|\mathbf{E}| = E$ とすれば $E = F/q$ である。この F に式 (2.14)（$q_1 = q$，$q_2 = q_e$ とする）を代入すると，$E = F/q = k\,q_e/r^2$。$q_e = 1.602 \times 10^{-19}$ C，$r = 1.0$ m，$k = 8.987 \times 10^9$ N m^2 C^{-2} を代入して計算すると，$E = 1.4 \times 10^{-9}$ N/C。

よくある質問 47　解答は省略しないでください。
… これは悩ましい話です。正解を教えることで学生が成長するなら教えればよいのですが，正解を教えることが学生の成長を損なうこともあるのです。この教科書を作り始めた頃はほとんどの問題は「解答略」でした。その頃は学生がよく「問題が解けません…」と言って質問に来ました。私は彼らと一緒に考えて解き方や正解だけでなく考え方や勉強法も助言できました。学生の中には，解答のついていない問題を友達と一緒に考えているうちに数学や物理学にのめりこんでしまう人達もいました。ところが解答を丁寧につけると学生は来なくなり，数学や物理学にハマる学生も減り，解答を丸写ししたような答案が増えました。

よくある質問 48　でも自力で解いた後の答え合わせには正解を教えてもらうことが必要です。… 学問は「誰かが作った正解とのマッチング」ではないのです。「万人が納得し，どこから見ても難癖のつけようのない正解」は実際はほとんど存在しません。だから人は学び，研究するのです。あなた自身がいろんな観点から考え抜いて「これが正しい！」と納得し，自信を持って説明できるならそれが「あなたの正解」です。お互いの正解を比べて議論しながら「より良い正解」を作るのが学問です。そうやって人は成長し，学問は発展するのです。

よくある質問 49　それは研究レベルの話ではないですか？基礎の勉強では正解・不正解は決まると思います。… このレベルでその訓練をするのですよ。正解・不正解の白黒がつけやすいからこそ，人に言われ

なくても自分で間違いに気付けるはずです。教員や教科書が間違っていてもそれを正解だと思い込んでそれを写す学生がいますが，心配です。

よくある質問 50　教科書が正しいと思うのは当然では？… それは危うい考え方です。前述したように世の中に完璧に正しいものは存在しません。著者はできるだけ正しく書こうとしますが，それでも世の中の教科書には多くの誤植や間違いがあります。高校までの教科書はとりわけ慎重に作られているせいか誤植や間違いは少ないですが，大学以降は学問分野が広く深くなるので教科書の数や種類が膨大になり，そんなにチェックは行き届かなくなります。だから「教科書のミスや間違いを自分で発見し修正する能力」は本質的に必要な能力です。

よくある質問 51　いくら考えてもわからなければ解答がないとどうしようもなくないですか？… それも学びの機会です。先生に質問する，友達と考える，関連する本やネット，AI を使って手がかりを探すなど，自分から工夫して局面を打開するのです。そうする中で粘り強さや対人スキルや質問能力などが養われ，人間的にも成長するのです。長期的に役立つのはむしろそういう学びです。

よくある質問 52　そこまで物理学や数学に熱くはなれません。… ではその問題をスルーして先送りするのもアリでしょう。他にもやりたいことや，やらねばならぬことがありますしね。実際，多くの研究者も解けない問題やわからない理論を先送りしたまま何年も抱えていたりするものです。どういう選択をするかはあなた次第です。

よくある質問 53　でもそれだと単位がとれないかもしれないじゃないですか。… 1, 2 問できなくても単位を落とすことは滅多にないと思いますが，それも嫌ならばとりあえず勇気を出してわからないことを先生に質問してはどうでしょう？

第**3**章

様々な力

ここまでは主に根源的な 4 つの力について学んだ。ここからはこの 4 つの力から派生して，身近な物事や現象でよく登場する力について学ぼう。

3.1 弾性力（フックの法則）

前章では高校教科書を引用して力を「物体を変形させたり，物体の速度を変えたりするはたらき」と学んだ。その前半部，「物体を変形させたり」の部分に着目しよう。力によって物体はどう変形するのだろう？ たとえばゴムボールのように，ある種の物体は力をかけるほど大きく変形し，力を緩めると元の形に戻る。そのような物体を弾性体といい，弾性体が変形に応じて発揮する力を弾性力という。

その最も単純なモデルがバネだ。ゴムボールは様々な形に歪むが，バネの伸縮は軸に沿った直線上に限定されるため，考えやすい[*1]。物理学はまず最もシンプルな状況で検討するのだ。シンプルだからこそ本質が見えやすくなるのだ。

> **学びのアップデート**
> 物理学はまずシンプルな状況で考える。

バネの一端を壁に固定して，直線上で伸び縮みさせることを考えよう（図 3.1）。バネのもう一端（壁ではない側）を点 P とよぶ。直線上に x 軸を**バネが伸びる向きが正になるように**とり，その上での点 P の座標を x としよう。

図 3.1(A) のようにバネに力がかかっていない（だらんとした）状態を自然状態とよび，そのときのバ

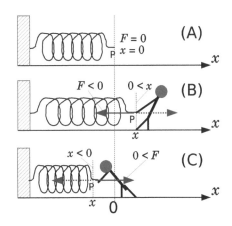

図 3.1 バネと人の闘い。実線矢印はバネが発揮する（人に及ぼす）力 F。点線矢印は人が発揮する（バネに及ぼす）力。x は自然長からの変位。フックの法則 $F = -kx$ で $0 < k$ だから，F と x は正負が逆。これはバネの伸縮とバネが発揮する力が逆向きであることを表す。

ネの長さを自然長とよぶ。自然状態での点 P の位置を原点（$x = 0$）としよう。すると x はバネがどれだけ伸縮したかを表す。そのような量（基準からどれだけ離れたか）を変位という。(B) のようにバネが伸びているときは $0 < x$ であり，(C) のようにバネが縮んでいるときは $x < 0$ である。

バネが点 P で発揮する力を F とすると，F は点 P の位置 x に依存する関数である。それを $F(x)$ と書こう。その関数を具体的に知らなくても，x が 0 に近い（つまり点 P が原点の近くにある）場合に限り，線型近似[*2]を使うと

$$F(x) \fallingdotseq F(0) + F'(0)x \tag{3.1}$$

となるだろう（$F'(0)$ は $F(x)$ の $x = 0$ における微分係数）。

[*1] バネを U 字型に折り曲げたりは考えない。

[*2] 『ライブ講義 大学 1 年生のための数学入門』第 5 章参照。本来は複雑かもしれない関数を，狭い範囲に限定して一次関数（一次式）で近似する考え方。

$x = 0$ ではバネは自然状態なので力は発揮しない，つまり $F(0) = 0$ だ。したがって，上の式は

$$F(x) = F'(0)x \tag{3.2}$$

となる（十分な精度で成り立つとみなして ≒ を = とした）。

バネが発揮する力 F は変形を戻そうとする方向に働くのだから，バネの伸縮（つまり変位 x）の向きとは逆を向く。つまり $0 < x$ なら $F < 0$ となり（図の (B)），$x < 0$ なら $0 < F$ のはずだ（図の (C)）。したがって式 (3.2) において $F'(0)$ は負でなければならない。そこで形式的に $F'(0)$ を $-k$ と書き換えよう（k は正の定数）。すると式 (3.2) は

フックの法則

$$F = -kx \tag{3.3}$$

となる。これをフック(Hooke)の法則という（ちなみにこれを発見したロバート・フックは細胞を発見して cell と名付けた人物でもある）。

つまり，バネがその端に及ぼす力（バネの端についた物体がバネから受ける力）F はバネの変位 x に**比例**する。その比例係数の絶対値 k をバネ定数とよぶ。要するにフックの法則は力と変形（変位）の関数の線型近似式であり，弾性力のモデルである。

式 (3.3) から明らかに，バネが伸びるほど力は強くなる。繰り返すが右辺のマイナスは，バネの伸びの方向（x の符号）と力の方向（F の符号）が逆だよということを示す。バネは伸びると（x が正だと）縮もうとする力，つまり引っ張る力を生じるから F は負になる。一方，バネは縮むと（x が負だと）伸びようとする力を生じるから F は正になる。

問 30

(1) フックの法則とは何か？
(2) バネ定数とは何か？
(3) バネ定数の SI 単位は？

よくある質問 54 高校ではフックの法則は $F = kx$ で習ったのですが，$F = -kx$ との考え方の違いは？

… $F = kx$ と書くときは力も変位も大きさだけを考えていますが，$F = -kx$ の場合は向きまで考えています。右辺のマイナスは，「力と変位は逆方向」ということを表しています。

よくある間違い 4 $F = -kx$ のマイナスのせいで，F はいつもマイナス，つまりバネが発揮する力は x 軸とは逆向きだと思ってしまう… F がプラスになることもあります。実際，x がマイナスの場合は $F = -kx$ のマイナスと掛け算されて F はプラス，つまりバネが発揮する力は x 軸の正の方向を向きます。$F = -kx$ のマイナスは「x 軸の逆方向」ではなく，「変位 x（伸び縮み）の逆方向」を意味するのです。

さて，フックの法則を使った問題をいくつかやってみよう。まず，バネ定数 k のバネを天井から吊るし，その先端に質量 m の物体を吊り下げて静止させる。バネ自体の質量は無視しよう。ではバネはどのくらい伸びるだろうか？

鉛直下向きに x 軸をとり，物体を吊るす前のバネの先端の x 座標を 0 とする。物体を吊るしてバネが x だけ伸びたとき，物体にかかるバネの弾性力は $-kx$，物体にかかる重力は mg である（ただし g は重力加速度）。2.3 節で述べた「物体が静止している場合，その物体に働く力の合力はゼロである」という法則（力のつり合い）から，この物体が静止するにはこの 2 つの力の和がゼロでなければならない。したがって

$$-kx + mg = 0 \tag{3.4}$$

したがって $kx = mg$，したがって

$$x = \frac{mg}{k} \tag{3.5}$$

である。これがバネの伸びである。おもりの質量 m が大きいほど，重力加速度 g が大きいほど，バネの伸びは大きい。バネ定数 k が大きいほどバネの伸びは小さい（つまりバネ定数はバネの固さのようなものである）。君の直感に合っているだろうか？

問 31 同じ物体と同じバネを月面に持っていって同様の実験をするならば，バネの伸びは地球上の何倍になるか？ ヒント：地球上の重力加速度に相当するものは月面上ではどうなるだろうか？

導出過程で明らかなように，フックの法則は前提
として変位が小さい場合に限定している（それを弾
性限界という）。ところがたとえばバネをどんどん
伸ばすとまっすぐな針金になってしまって，それ以
上は伸びようがない。無理に伸ばすとぶちっと切れ
てしまう。つまり変位が大き過ぎるとフックの法則
は成り立たないのだ。

弾性力の源泉は，バネの中の物質を構成する原子
や分子どうしが引き合う力（主に電気力）である。
したがってフックの法則は基本法則ではない。つま
り，この法則は万有引力の法則やクーロンの法則
よりもずっと一般性の低い法則である。ただし基本法
則からフックの法則を導くのは簡単ではないので，
実務的には基本法則のように扱われることが多い。

問 32　弾性体とは何か？　弾性力とは何か？

問 33　弾性体ではない存在として「塑性体」と
いうものがある。塑性体とは何か調べよ。

3.2　糸状の物体に働く張力

次に糸状の物体を考えよう。世の中には紐やロー
プや糸で繋がったり吊るしたり牽引したりする構
造や現象は多いので，糸状の物体に働く力は重要で
ある。

糸やロープを引っ張ると，それに抗うように糸や
ロープは逆向き（縮む向き）に力を発揮する。それ
はバネと同様だ。違うのは，糸やロープは縮めると
だらんと曲がってしまい，バネのような押し返す力
は発揮しないことだ。

さて，糸やロープを引っ張ると多少は伸びるので，
バネのようにフックの法則に従った力（弾性力）を
発揮する。しかし糸やロープはバネのようにあから
さまには伸びない。そういうわけで，糸やロープに
働く弾性力を考えるときは，多くの場合，伸びを無
視する。

のです。後述しますがこのような考え方を拘束力と呼び
ます。

このような力を**張力**という。それを学ぶために，
例として君は天井から垂れ下がったロープに吊り下
がって静止しているとしよう（図 3.2）。

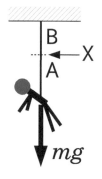

図3.2　ロープに吊り下がる人

ここで**話を簡単にするため，ロープの質量は無
視**する。

ロープのどこかが弱ければそこで切れて君は落下
するだろうから，ロープは端から端まで丈夫でなけ
ればならない。当たり前の話だが，これは君に働く
重力がロープの全ての箇所に伝わるからである。

ではロープの任意の 1 箇所 X を考えよう。そこ
を境に，下部をロープ A，上部をロープ B とよぼう
（もちろんロープ A とロープ B は X で繋がってい
て 1 本のロープなのだが，便宜上そう名づける）。

さてロープ A はロープ B を下向きに引っ張って
いる。これは直感的に明らかだ。つまり X におい
てロープ B には下向きの張力がかかっている。

一方，それと同じ大きさの力でロープ B はロープ

A を上向きに引っ張っている。これは作用・反作用の法則で説明できる（ロープ A を「物体 A」，ロープ B を「物体 B」として考えればよい）[*3]。つまり X においてロープ A には上向きの張力がかかっており，それはロープ B にかかる下向きの張力と同じ大きさである。

この話などから，張力に関する以下の性質がうかがえる：

(1)　張力は糸状の物体（以下，糸）に働く。

(2)　張力がかかったときの糸の伸びは無視できる。

(3)　張力は引っ張りの向きにしか働かない（押し合う力は起きない）。

(4)　張力は糸の接線に平行に働く。

(5)　張力は糸の任意の箇所において，その箇所の両側で互いに逆向きに同じ大きさの力が働く。

(1)〜(4) は張力の定義である。(5) は作用反作用の法則だ。そして，状況設定によって以下の 2 つの条件が設けられることが多い[*4]：

(6)　糸状の物体は質量を持たない（無視できるくらい小さい）。

(7)　張力の大きさは糸のどこでも同じである。

ところで不幸にして X が弱かったらどうなるだろう？ (2) に反して，ロープは X 付近で次第に伸びていき，ついには切れてしまうだろう。すると君は重力に引かれて落下してしまう。ただし，その場合でも，ロープが完全に切れる寸前まで張力は ((2) を除いて) 存在するのだ。

問34 図 3.3 のように，片端が壁にとりつけられた綱を大きさ F の力で引く場合（上）と，両端を大きさ F の力で引く場合（下）では，綱の張力の大きさはどちらも F で等しい。このことを説明せよ。

よくある質問 57　図 3.3 の下の図で綱にかかる力は F でなく 2F ではないのですか？ 2 方向から引っ

---

*3　わかりにくければ，次のように考えてもよい：仮にロープ B がロープ A を上向きに引っ張っていないとすると，「君の体とロープ A を合わせた物体」に働く力は重力だけだ。ところが今，「君の体とロープ A を合わせた物体」はロープ B に吊られて「静止」している。静止しているからには力は「つり合って」いなければならない。したがって，ロープ B は X においてロープ A に「君に働く重力と同じ大きさで反対向き（上向き）の力」を及ぼしていると考えざるを得ない。

*4　この 2 つは関係している。たとえば質量のあるロープを鉛直に吊ると，上部は下部の重さのために大きな力がかかる。

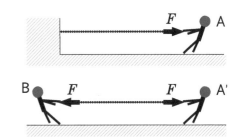

図3.3　壁対人の綱引き（上）と，人対人の綱引き（下）

張っているから足し合わせて F + F で 2F ですよね？ … それは変ですよ。P.16 で述べたように，力の合成はベクトルで考えます。2 つの力の方向は互いに逆だから「足し合わせ」るなら単純に 2 倍にはなりません。

よくある質問 58　え!? では F − F でゼロですか？ でも張力の大きさは F だって言ってますよね？ …
「綱にかかる力」は 0 ですが「綱の張力」は 0 ではありません。張力は綱を中間で 2 つに分けて考えたときに，片側がもう片側を引っぱる力です。

問35 図 3.4 のように，質量 m の君は，天井に吊り下げられた滑車に通されたロープの片端を体に結び，もう片端を手に持って，自らの力で自らの体を持ち上げようとしている。重力加速度を g とする。君の手がロープを引く力の大きさは $mg/2$ であることを示せ（つまり体重の半分の力で君は自分を持ち上げることができるのだ）。

図3.4　自力で上昇しようとする人

問36 図 3.5 のように，君は天井から固定された滑車 A と自由に上下できる滑車 B（動滑車）を利用して，質量 m の物体をロープで持ち上げようとしている。滑車の質量は無視し，ロープと滑車の間の摩擦は無いものとする。ロープは一端が天井に

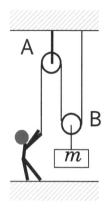

図 3.5　動滑車を使って物を持ち上げる

固定され，滑車 B と滑車 A を通って，もう一端が君の手に握られている。君がロープを引っ張るのに必要な力の大きさは $mg/2$ であることを示せ。ヒント：ロープにかかる張力を T とすると滑車 B には上向きに $2T$ の力が働く。

よくある質問 59　要するに天井と人が半分ずつ引っ張っているということ？… そうです。

　問 36 の考え方を使えば，図 3.6 のように，動滑車の数を増やせば増やすほど小さな力で物を持ち上げることができるということがわかるだろう。

　ところで前問で張力を T としたが，それは tension の頭文字からとった慣習である。同様に，質量の m は mass，重力加速度の g は gravity から来ている。このように物理学では「この物理量はこの記号で表すのが普通だよね」という慣習がある。それは必ず守るべき規則ではないが，それに従うことで，

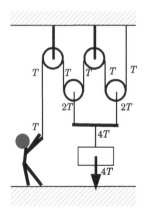

図 3.6　2 個の動滑車を使えば必要な力は 1/4 になる。

互いに誤解なくコミュニケーションが進むのだ。それに逆らって，たとえば張力を m，質量を g，重力加速度を T としても論理的には OK なのだが，読む人は混乱する。そのような面倒なことをやらないのが大人である。

> **学びのアップデート**
> 特に理由が無ければ，慣習に従ってみんなが使う記号を使おう。個性・創造性は別のところで発揮しよう。

問 37 　君の手がロープを引っ張るとき，その力の根源は何か？ 自然界に存在する 4 つの根源的な力に戻って説明せよ。

3.3　水圧と大気圧

　農学では水が重要である。灌漑水をどのように制御するか？ 土の中や作物・樹木の体内でどのように水が分布すれば作物や木がよく育つか？ そのような場面が無数にある。そこで本節では水（と大気）にこだわった話をする。

　まず水圧を復習しよう。水圧は水中や水の端（水と接触する物体との境界面）で発生する圧力である。圧力は面積あたりの力（の大きさ）である[*5]。例を考えよう。

例 3.1 　深さが一定の四角い水泳プールがある。水平方向の 2 辺の長さをそれぞれ a, b とし，深さを h とする。容積は abh である。ここに水を満たす。水の密度（単位体積あたりの質量）を ρ とすると，プールを満たす水の質量（＝密度×体積）は ρabh である。したがって水にかかる重力の大きさ（つまり重さ）は P.18 式 (2.4) より

$$\rho abhg \tag{3.6}$$

である（g は重力加速度）。この重力をプールの底面（面積 ab）が支えなければならないので，プールの底での水圧 P は，$\rho abhg/(ab)$，つまり

[*5] この定義は実は微妙であり，後で検討する。

$$P = \rho g h \tag{3.7}$$

である。

　同様に，気圧は気体の内部や端（気体と接触する物体との境界面）で発生する圧力である。特に地球や他の星をとりまく大気の圧力を大気圧という。

問38 以下の問に答えよ。必要な数値（水の密度，重力加速度など）は自分で設定せよ。
(1) 水深 1 m のプールの底での水圧が約 100 hPa になることを示せ。ヒント：式 (3.7)
(2) それは大気圧（有効数字 2 桁で 1000 hPa）の何倍か？
(3) 地球上の海の平均水深は 3700 m である。その水深での水圧を求め，大気圧の何倍か求めよ。

　これらのように，水や大気に重力がかかると水圧や大気圧が生じる。

例3.2 大気圧は時と場所によって変動するが，中緯度の海水面では平均的に 1013 hPa である。有効数字 2 桁では約 1000 hPa，つまり約 100000 N m^{-2} である。つまり面積 1 m^2 の地表面の上空に，約 100000 N の重さの大気が載っている。重力加速度を $g \fallingdotseq 10$ m s^{-2} とすると，その質量は約 10000 kg＝10 t である。

よくある質問 60　え!!?? 空気ってそんなに重いんですか?? そんなんで人の体はなぜ潰れないのでしょうか？…　びっくりですよね。我々はこれほど大きい圧力の中で暮らしているのです。それでも平気なのは進化の結果なのでしょう。ちなみに火星の大気圧は地球の 1/100 未満らしいですよ。

よくある質問 61　例 3.2 で重力加速度を 10 m/s^2 とするの，違和感あります。9.8 m s^{-2} ではないのですか？…　その前に 1013 hPa をキリの良い数値である 1000 hPa に丸めたでしょ？　低気圧や高気圧が来ることで，気圧は頻繁に ±20 hPa 程度，つまり ±2 パーセント程度は変動するからです。なら重力加速度もそのくらいアバウトでよいのです。10 m s^{-2} は 9.8 m s^{-2} との差は 2 パーセントだし，キリが良くて計算が楽です。

よくある質問 62　そういうのはどう判断するのですか？…　話の文脈や雰囲気を読むのです。ああこの話はこのくらいのざっくり加減の話なんだな，という暗黙の了解です。日常でも，「昨日何時に寝た？」という会話で「11 時 28 分 37 秒に寝た」などとは言いませんよね。寝に落ちる瞬間はそもそも曖昧ですし。キリのよいところで「11 時半くらいかな？」で十分です。とはいうものの，雑にやってよいのではありません。ここでは気圧の変動がどのくらいあるかという知識に基づいて判断しています。きっちりやるところとアバウトでやるところの適切な判断は，物理学の理解と対象に関する知識や経験や常識に基づきます。

> **学びのアップデート**
> 適切・適度にアバウトになろう。

　ここで注意!! 実は，地上の水の中の圧力は，水にかかる重力だけでなくその上の大気にかかる重力の影響もある。というかプールの底から見ればその上には水と大気の両方が重なって覆いかぶさっているのだから，両方の重さがかかるのは当たり前である。したがって地球上にある水の中の圧力は，大気圧 + 水にかかる重力による水圧である。

　たとえば水深 1 m での「水にかかる重力による水圧」は 100 hPa 程度だが，実際のその場所での圧力はそれに 1000 hPa の大気圧が載って 1100 hPa 程度になる。

よくある質問 63　え!? 問 38 では 100 hPa って言ってましたよね？　水圧ってどちらのことを言うのですか？…　ケースバイケースです（笑）。多くの場合は大気圧を除いて考えます。それをゲージ圧といいます。問 38 はゲージ圧です。

よくある質問 64　ケースバイケースって，それで誤解したら大変じゃないですか!!…　そうです。だからこの話をしたのです。世の中にはこのような誤解のもとが随所にあります。そして多くの人はそれに気づいていないのに，先程のように「重力加速度を 10 m/s^2 にしてよいのですか？」のようなことは気にするのです。何か変ですよね。

よくある質問 65　人間が地上にいるとき大気圧に
押し潰されないでいられるのは，どのような力が内
側からはたらいているのですか？ また，もし人間
が体ひとつで大気圧の小さいものすごく高い場所に
行ったとしたら破裂するのでしょうか？… 人体の大
部分を構成する水の弾性力です。そもそも（液体の）水
は圧力がかかってもあまり変形しません。それが「潰れ
ない」ことのひとつの理由。また，肺に空気があります
が，鼻を介して肺は外気とつながっているのでその圧力
は基本的に外気の圧力（大気圧）と同じ。したがって肺
の空気は大気圧と同じ圧力で押し返すから肺もつぶれま
せん。ただし人間が体ひとつで潜水する場合はこれが成
り立ちません。特に水圧のために肺の空気が圧縮されま
す。そのため，ある程度以上の深さに潜ると人間の体に
働く浮力（それは体積に比例する；後述）が小さくなっ
て，人間の体は勝手に沈んでいくそうです。

　逆に気圧の低いところ，特に真空では体液が沸騰し
ます。圧力が低くなると液体の沸点は下がるからです
（P.184 参照）。

よくある間違い 5　重力が存在しないと水圧は存在
しないと思っている… 無重力の空間でも水の入った
PET ボトルをぎゅっと握ればボトル内の水に水圧は発
生します。

3.4　水圧の大事な性質，パスカルの原理

　小さなボールを水中深くに沈めると，ボールは水
圧を受けて圧縮されて小さくなるが，そのとき楕円
形になったりせず球形のままもっと小さくなる。な
ぜか？ 想像上でボールの表面を多くの小さなタイ
ルの集まり（多くのタイルからできているサッカー
ボールのようなイメージ）と考えると，水圧に
よって，各タイルには垂直で同じ大きさの力がかか
る。だからボールは均等に圧縮されて球形のまま縮

むのだ[6]。
　これを説明するのが以下のパスカルの原理
（図 3.7）である：

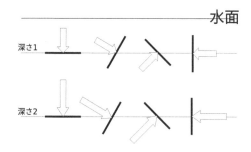

図 3.7　水の中で様々な向きの面に働く水圧。同じ深さどうし
なら，面（太い線分）の向きがどうであれ面にかかる水圧は同
じ大きさで，面に垂直に力を及ぼす（パスカルの原理）。深さ
が違えば水圧の大きさ（矢印の長さ）は違う（深いほうが大
きい）。

　こうなる理由は大学の数学で説明できるのだが，
ここでは直感的に考えてみよう。
　ある深さの水の中にサイコロ状の水の塊をイメー
ジしよう。実際はそのサイコロの外側にも水は切れ
目なく続いているのだが，想像上はそのサイコロは
仮想的に薄いビニールのような膜で包まれている。
そのサイコロの2つの相対する側面を両手で挟んで
押すとサイコロはどうなるだろう？ もちろん押し
た面の方向には縮み，それ以外の面の方向に水はは
み出ようとする。それはマヨネーズのボトルを両手
でぎゅっとしたとき，マヨネーズが口からにゅるっ
と出るようなイメージだ。
　つまり「特定の面での圧力が大きいと水のサイコ
ロは変形する」のだ。そしてこの対偶は「水のサイ
コロが変形しないならばどの面にかかる圧力も同

---

　[6]　ただしこれは十分に小さいボールについての話。この後の浮
　　　力の節で述べるように，深いほど大きな水圧がかかるので，
　　　ボールの上部よりも下部に大きな水圧がかかる。大きなボー
　　　ルならその影響は無視できないだろう

じ」となる。これでパスカルの原理の前半が言えた。後半の「面に垂直に」の説明はここでは諦める。大学数学（線型代数学）を学んで再挑戦して欲しい。

3.5 浮力は圧力の不つり合いで生じる力

　船が水に浮かぶのは「浮力」のためであり、我々が水中で体を軽く感じるのも浮力のためである。そもそも浮力とは何で、どのような仕組みで生じるのだろうか？ ここではそれを述べる。

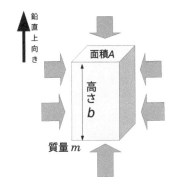

図 3.8 水中に浮遊する直方体状の物体（浮力の説明図）。図の余白は水で満たされていると考えて欲しい。水圧による力（矢印）が各面に働く。左側面と右側面に働く力どうしは大きさが同じで向きが逆なので打ち消しあう。同様に手前側面と奥の側面に働く力（図ではごちゃごちゃするので省略）どうしも大きさが同じで向きが逆なので打ち消しあう。上面に働く力より下面に働く力のほうが大きい。したがって差し引き上向きの力がこの物体に働く。

　まず静止した水の中に直方体形の物体がどっぷり浸かっている状態を考えよう（図 3.8; 物体は浮き上がったり沈み込んだりしないように、極細の糸で上から吊るされたり水の底に係留されていると考える）。その上面や下面の面積を A、直方体の高さを b と置く。上面の水深（水面からの距離）を h とすると、下面の水深は $h+b$ である。

　この物体に働く力を考えよう。まず、これに働く重力がある。とりあえずこれは浮力に関係ないので脇においておく（後で再登場する）。

　次に直方体の各面に働く水圧による力がある。ところが互いに相対する側面どうしでは、各面に働く力は面に垂直で互いに逆向きであり、同じ深さなので同じ大きさである。したがって打ち消し合う。

　残るのは上面と下面にかかる圧力による力だ。上面での水圧の大きさは P.33 式 (3.7) で述べたように $\rho g h$ であり、それによる力は下向きで大きさ（= 圧力×面積）は $\rho g h A$ である。同様に下面での水圧の大きさは $\rho g(h+b)$ であり、それによる力は上向きで大きさは $\rho g(h+b)A$ である。下面にかかる力の方が大きいのだ。

　したがってこれらの合力は上向きでその大きさは $\rho g(h+b)A - \rho g h A$、つまり $\rho g A b$ となる。これが浮力だ。すなわち浮力は物体の表面にかかる圧力（による力）がつり合わないことで生じる力である。

　ここで Ab は物体（直方体）の体積である。すると ρAb は物体と同じ体積の水の質量と同じであり、したがって $\rho g A b$ は「物体と同じ体積の水の重さ」と同じである。

　まとめると次のようになる：

> ### 水中の浮力の性質
> 水中の物体にかかる浮力は、その物体の沈んでいる体積に相当する水の重さと同じ大きさで鉛直上向きにかかる。

　ここでこの物体に働く重力が再登場する。これと浮力のバランスで、浮力が勝てば物体には正味で上向きの力がかかり、物体は浮き上がろうとするし、重力が勝てば沈もうとする。

よくある質問 66　無重力空間でも浮力はあるのですか？… 無重力では水の重さもゼロですから浮力もゼロです。上の話はあくまで地表のように重力のある場所での話です。

　ここでは話を簡単にするために直方体形の物体で考えたが、上述した浮力の性質はどんな形状の物体についても言える。それを証明しよう。

　静止した水中に任意の形の物体が浮遊しているとしよう。想像の中でその物体を水そのもので置き換えてみる。するとその「物体と同じ形の水塊」はまわりの水と境目がなく区別も無いので静止していられる。つまりその水塊に働く重力と浮力は同じ大きさである。一方、浮力は物体の表面にかかる水圧による力の合力だから、その水塊にかかる浮力と元の

物体にかかる浮力は同じはずだ（表面の形が同じだから）。したがって物体にかかる浮力の大きさは同じ形の水塊の重さと同じである。ところが水塊の重さは体積だけで決まるので，結局，同じ体積の水にかかる重さと同じである。

よくある質問 67　この証明があれば直方体に関する先程の証明は無用では？… まあそうです（笑）。でも物事はいろんな観点から考えることで深い理解・納得に至りますから。

よくある質問 68　水の中はなぜ無重力ですか？…ちょっと語弊がありますね。「密度が水と等しいような物体」に限って水の中は「無重力」です。それは重力と浮力がつり合うからです。

よくある質問 69　私はひとつひとつを理解するのに時間がかかります。全部理解できる気がしません。不安です… 高校までは授業は全部理解すべきだと思っていた人が多いのではないでしょうか。それができたのは高校の教育内容が厳選され一定の範囲に収まっていたからです。大学の学びはどこまで学んでも終わりはありません。様々な学習歴・レベルの学生がいるので授業では初等的なことも高度なことも扱われます。その全てを隅々まで理解しようとするのは無理だし，そうする必要もないのです。そのときわからなくても後になってわかることもたくさんあります。自分の学びの量（範囲）と質（深さ）は自分で決めるのです。もちろんその結果には自分で責任を持つのです。

> **学びのアップデート**
> 大学の授業や教科書は理解できないことがあってもよい。何をどこまで学ぶかは自分で決め，その結果は自分で責任を持つ。

3.6　垂直抗力

地面に物体を置くと，物体は地球から鉛直下向きの重力を受ける[*7]。しかしもし地面が固ければ，そ

の物体は地面にめり込まずに静止していられる。それはなぜだろう？

「当たり前だ，地面が十分に固ければ物体がめり込んでいくわけがないだろう」と思うかもしれないが，物理学には「固いものにめり込んでいくことはできない」というような法則は存在しない。物体の静止はあくまで「力のつり合い」で説明すべきであり，説明できるのだ。

物体の下の地面が固い岩だったとしよう。その岩は物体の重さのせいでわずかに変形する。その変形をもとに戻そうとする力，つまり弾性力が物体を上に押し返す。それが重力とつり合って物体にかかる合力はゼロになり，物体は地上で静止できるのだ。

このように，固い面に力が垂直にかけられたとき，それを打ち消すような力（多くの場合は弾性力）を面は発揮する。そのような力を垂直抗力とよび，慣習的に N で表す[*8]。このとき面の変形は無視することが多い。それは糸の張力を考えた時に糸の伸びを無視したのと同様のモデル化である。

よくある質問 70　つまり物体に働く重力と「固い面」が物体を押し返す力が作用・反作用の法則によって大きさ同じで向きが逆になり，つり合うということですね？… 違います。それはよくある間違いです。作用反作用の法則は，「地球が物体を引く力」（重力）と「物体が地球を引く力」（それも重力）の間で成り立つのです。作用反作用の法則の関係にある力はそれぞれ別の物体に働くので，それらがつり合う（打ち消し合う）ことは決してありません。したがって，「地球が物体を引く力」とつり合う力があるとしたら，それは何か別の力です。それが垂直抗力，つまり地面が物体を押し返す力です。実際，物体の下の地面が軟弱だったら垂直抗力は十分には働かず，物体は地中に沈んでいくでしょう。

よくある質問 71　地面が軟弱で垂直抗力が十分に働かないときは作用反作用の法則はどうなるのですか？… それでも「地球が物体を引く力」と「物体が地球を引く力」は存在し，それらの間で作用反作用の法則が成り立ちます。重力を打ち消す力が足りないので，物体にかかる力はつり合わず，したがって静止はできず，

[*7]　重力は万有引力と遠心力の合力であり，遠心力を「地球から受ける」と表現するのはあまり適切でないが，本節の話題の本質には関係ないのでこだわらない。

[*8]　N の由来は normal force。normal は「普通の」だけでなく「垂直な」という意味がある。

後に学ぶ「運動方程式」が登場します。下向きの合力に応じた下向きの加速度が運動方程式から導かれ，その加速度で加速しながら物体は沈んでいきます。

物体に接する地表浅層部分には，物体から押される力（正確には垂直抗力の反作用であり下向きの弾性力）やそれ自体に働く重力だけでなく，それよりもさらに下の地中部分から上向きの弾性力を受けてつり合います。そういう状況が地球の中心まで延々と連鎖するのです[*9]。

学びのアップデート

作用・反作用の法則と力のつり合いは無関係。力がつり合っていなくても作用・反作用の法則は成り立つ。

垂直抗力の扱いに慣れるために以下のような例を考えよう。図 3.9 のように傾斜角 θ のなめらかな斜面に質量 m の物体が載っている。この物体には大きさ mg の重力が鉛直下向きに働いている（g は重力加速度）。

このとき図 3.9 のように，鉛直下向きで大きさ mg の重力は斜面に沿った方向の力（大きさ $mg\sin\theta$）と斜面垂直方向の力（大きさ $mg\cos\theta$）に分解して考えると便利である。なぜなら，もし斜面が固ければ物体が動き得るのは斜面に平行な方向だけで，斜面に垂直な方向の動き（斜面にめり込んだり斜面から浮上したり）は不可能だ。したがって斜面に垂直な方向の力はつり合っているはずだ。具体的には，物体は斜面から垂直抗力 N を受け，それが重力の「斜面に垂直な成分」（大きさ $mg\cos\theta$）とつり合うはずだ（図 3.10）。一方，今考えている斜面はなめらかなので斜面に沿った方向には斜面は物体に力をおよぼさない（つるつるしている！）。結局，合力としては物体に働く重力の「斜面に沿った成分」だけが残り（図 3.11），物体は斜面を滑り落ちていく。

問 39 図 3.12 のように，傾斜角 $\theta_1 = 30$ 度と

[*9] 実際はマントルの浮力なども関係する。

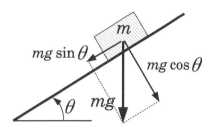

図3.9 斜面に載った物体とそれにかかる重力

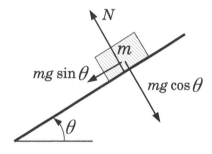

図3.10 物体は斜面から垂直抗力 N を受ける。

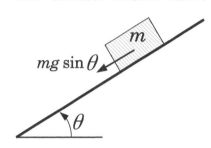

図3.11 結局，物体は斜面に平行な力だけを受ける。

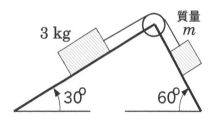

図3.12 2つの斜面に載せられロープでつながって静止する2つの物体

$\theta_2 = 60$ 度の2つのなめらかな斜面にそれぞれ質量 $M = 3.0$ kg の物体と質量 m（未知）の物体が載せられ，滑車を介してロープでつながり静止している。物体と斜面の間の摩擦は無く，滑車とロープの間にも摩擦は無く，ロープの質量は無視できるほど軽いとする。m を求めよ。ヒント：ロープにかかる張力の大きさを T とする。まず左の物体が静止する条件から T の大きさが求まる。そして同じ大きさ T の張力が右の物体にもかかる。

よくある質問 73　斜面と滑車の問題は高校時代に
挫折したところです。… 滑車を介したロープはどこ
でも張力が同じというのがポイントです。

（以下は発展的な内容なので読み飛ばしても構わ
ない）垂直抗力は物体の位置をある面内に限定する
ために出てくる力である。もちろんそれは面の弾性
力などから発生するのだが，物理学の問題として解
析する際は，物体が面にめり込んだりしないように
（辻褄が合うように）その向きや大きさが決められ
る。一般的に，位置や運動を限定するような条件を
拘束条件とよび，拘束条件を実現するために働く力
を拘束力という。垂直抗力は拘束力の一種であり，
「物体がその面にめり込まない」という拘束条件を
実現する。張力も拘束力の一種であり，「物体どう
しの（糸に沿った）距離を変えない」という拘束条
件を実現する。現実的・実用的な状況では運動の多
くは拘束条件を伴うが，拘束条件を扱う力学の一般
論はかなり難しい。

3.7　摩擦力（クーロンの摩擦法則）

我々は経験的に，物体どうしを接触させたまま動
かす（ずらす）にはそれなりの力が必要だと知って
いる。つまり接触する物体どうしにはそれらを「ず
らすまい」とする力が働くのだ。そのような力を摩
擦力という。ここではそれを司る「クーロンの摩擦
法則」というものを学ぼう。

まず物体どうしが接触面を介して接触面に対して
垂直に互いに押し合う力（つまり垂直抗力）の大き
さを N とする。2 つの物体が互いの位置関係を変
えない，つまり相対的に静止している場合（ずれな
い場合）は，摩擦力は静止摩擦力とよび，その大き
さ F_s は

$$F_s \leq \mu N \tag{3.8}$$

を満たす。μ は静止摩擦係数とよばれる定数で，接
触面の物質や状態に依存する。

不等号 "$\leq$" は次のような理由による：物体が互
いに静止しているからには「ずらそうとする力」と
「ずらすまいとする力」（摩擦力）がつり合うべきで
ある。となると静止摩擦力は「ずらそうとする力」
と**同じ大きさ**で反対の向きの力が発揮される必要が

あり，それで十分である。すなわち「ずらそうとす
る力」が小さければ静止摩擦力は小さく，「ずらそ
うとする力」が大きければ静止摩擦力も大きい。そ
うやって静止摩擦力は物体を静止させるべく臨機応
変に決まるのだ[*10]。とはいえ「ずらそうとする力」
があまりに大きいと静止摩擦力は限界を迎え，それ
以上抗うことができない（その結果，物体どうしは
滑り始める）。その限界を最大摩擦力とよび，それ
が右辺の μN である。

よくある質問 74　ちょっと何言っているのかわわか
らずイメージがわきません…… 難しいことは言って
いませんよ。床に置かれた机を手で水平方向に押すこと
を考えましょう。押す力が小さければ机は動きませんよ
ね。動かないということは力がつり合っている。つまり
「机を押す力」と同じ大きさで逆向きの力が机にかかっ
ているはずです。それは床が机の足との接触面を介して
机に及ぼす静止摩擦力です。押す力を徐々に強くしてい
けばやがて机は動き出します。その寸前の摩擦力が最大
摩擦力です。

よくある質問 75　最大摩擦力はなぜ垂直抗力に比
例するのですか？… それが「クーロンの摩擦法則」の
キモのひとつなのですが，経験則（実験的・経験的事実
を根拠とする法則）です。イメージとしては上の例で机
の上に誰かが乗っているときは机をずらすのにより大き
な力が必要ということです。人の重さのぶん，垂直抗力
N が増え，最大摩擦力が大きくなるのです。

また，接触面を介して 2 つの物体が相対的に運
動している場合（ずれる場合）は，摩擦力は動摩擦
力とよび，その大きさ F_m は

$$F_m = \mu' N \tag{3.9}$$

となる。μ' は動摩擦係数とよばれる定数で，μ 同様
に接触面の物質や状態に依存する。

式 (3.8) と式 (3.9) をセットでクーロンの摩擦法
則という。この「クーロン」は電気的な力の「クー
ロン力」のクーロン（Coulomb）氏と同一人物であ
る。偉い学者は一人でいくつもの法則を発見するの

[*10] つまり静止摩擦力は，糸の張力や斜面の垂直抗力と同様の拘
束力である。

で，後世の我々は「クーロンの法則といってもどの法則だ？」と混乱してしまうのだが，まあそれは仕方がない。

さて多くの場合，$\mu' < \mu$ である。すると $\mu'N < \mu N$ だから，動摩擦力（左辺）は最大摩擦力（右辺）より小さい。それがなぜなのかは様々な説があるが決定打は無い。

よくある質問76 なぜもなにも「最大」摩擦力なのだから他の摩擦力はそれより小さいのは当然では？… あなたは言葉のイメージに引きずられて分かった気になっているだけです。最大摩擦力は式 (3.8) で述べられているように，あくまでも**静止**摩擦力の最大です。それがなぜか**動**摩擦力よりも大きい，と言っているのです。不思議じゃありませんか？ しかも $\mu'N \leq \mu N$ ではなく $\mu'N < \mu N$ なのです。静止摩擦力が限界（最大摩擦力）を超えて物体が動き出すと，途端に摩擦力がガクッと小さくなるのです。

よくある質問77 そう言われると不思議ですね…。なぜ $\mu' < \mu$ なのですか？ どういうイメージですか？… $\mu' < \mu$ となる理由は完全にはわかっていません。よく言われるのが，静止状態では接触面での微妙な凹凸が互いにかみ合って抵抗が大きいのに対し，動いているとなかなか凹凸がかみあわず滑りやすくなるという説明です。

> **学びのアップデート**
> 言葉のイメージに引きずられて分かった気になるのは危険である。

$\mu' < \mu$ は自動車の安全運転で忘れてはいけない大事な法則である。

例3.3 安全に走行中の自動車のタイヤは地面をしっかりグリップしながら回転している。すなわち，どの瞬間でも接地面ではタイヤと地面は互いにズレずに相対的に静止している[*11]。つまりタイヤ

[*11] 静止していると車は前に進めないじゃないか？ と思うのは早計である。次の瞬間にタイヤが回転して，次の面が地面をグリップする。それを繰り返して車は前進するのだ。

と地面の間には静止摩擦力が働いており，自動車が加速したり減速（ブレーキ）したりするときにタイヤと地面がずれるのを防いでくれているのだ。ところが，加速・減速があまりに急だと（急アクセル・急ブレーキ・急ハンドル），タイヤと地面をずらそうとする力が大きく働く。もしそれが最大摩擦力 μN を超えてしまうと，タイヤと地面のグリップは外れ，滑り始める。すると摩擦力は動摩擦力に変わるのでガクっと小さくなる（$\mu' < \mu$）。つまり車の滑動に抗う力は大きく失われる。するとブレーキもアクセルもハンドルも効かなくなり，車は制御不能になる。多くの場合はこういう状況は高速で発生するので，何かに衝突したときのダメージは大きい。大変危険である。自動車学校で急アクセル・急ブレーキ・急ハンドルが戒められる理由は $\mu' < \mu$ なのだ。

よくある質問78 「車のブレーキは，タイヤを完全に止めるより少し回しながらのほうが地面との摩擦が大きくなって早く止まれる」と聞いたことがあります。$\mu' < \mu$ と関係していますか？… まさにそうです。タイヤと地面のグリップを外さない限り，動摩擦力よりも大きい静止摩擦力が（最大摩擦力の手前までは）効いてくれます。それを利用したのが ABS（アンチロック・ブレーキング・システム）です。

この「クーロンの摩擦法則」も一般性の低い法則である。単なる経験則であり，この法則から外れる例もある。摩擦力は結局，物体どうしが近接して及ぼし合う力なのでおそらく電気力がその根源なのだろう。しかし基本法則からクーロンの摩擦法則を導くことにはまだ誰も成功していない。というわけで摩擦力の起源や実体はよくわかっていないのだ。クーロンの摩擦法則は多くの人が「しょぼい」と思っているが，誰もそれに代わる法則を見つけ出せないでいるのだ…

よくある質問79 この法則から外れるような例って具体的には？… これは興味がある人だけが読めばよいですが，たとえば土砂や粘土の内部に働く最大摩擦力は式 (3.8) の右辺に定数が加わるような式に修正されます。この定数を粘着力とよびます（このような話は土木工学等で重要）。また水や空気のような流体に働く動摩擦力は速さに依存するため，式 (3.9) のような式では表

せません。

問 40

(1) クーロンの摩擦法則とは何か？

(2) 摩擦係数とは何か？

(3) 摩擦係数の次元は？

(4) アンチロック・ブレーキング・システムを説明せよ。

問 41　傾斜角 ϕ の斜面に質量 m の物体が載ってぎりぎりで静止している。これより少しでも傾斜がきつければ物体は滑り出す。このとき傾斜角 ϕ と静止摩擦係数 μ の間に次の関係が成り立つことを示せ（このような ϕ を安息角という[*12]）。

$$\mu = \tan\phi \tag{3.10}$$

式 (3.10) は実際の物体どうしの静止摩擦係数を測る際に使える：2 つの物体を接触させ，まず接触面が水平になるように置く。そしてそれらを徐々に傾けていって，片方が滑り出したらそのときの傾きの角 ϕ を分度器で測って式 (3.10) に入れればよい。

さて静止摩擦係数 μ や動摩擦係数 μ' は接触面の物質や状態に依存すると述べたが，接触面の面積には依存しないのだろうか？ つまり垂直抗力が同じでも，接触面の面積の大小で摩擦力は変わったりしないだろうか？

実はクーロンの法則（式 (3.8)，式 (3.9)）を前提にすれば「面積には依存しない」ことが数学的に証明される。ここでは述べないが興味のある人は挑戦してみよう（演習問題 2）。

3.8　応用：川を流れる水の水圧

ここで農学・環境科学に関係した応用的な話題を扱おう。川は水資源の供給源であり，多様な生物の

[*12] 砂や米粒を上から水平面にパラパラと落とし続けると円錐形の山ができる。その傾斜は砂粒どうしや米粒どうしの摩擦に関する安息角にほぼ対応する。砂や米粒のようなパラパラとした粒の集合を粉流体とよび，それは地すべり等の災害対策から食品工学まで多くの分野に関係する重要な概念である。安息角はその重要な特徴量である。

生息の場なので，その流れ方は重要だ。その考え方の基礎をひとつ学ぼう。

川の水はプールと違って傾斜面を流れる。図 3.13 は水平面から角 θ だけ傾斜した川を横から見た図である。水は左上から右下に向けて，一定の速度で流れているとしよう。川底に沿って下流方向に x 軸をとり，それに垂直に上向きに z 軸をとる。ここで注意してほしいのは z 軸は鉛直上向きではないということだ。

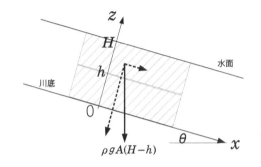

図 3.13　川を流れる水を横から見た図

さて水面が $z = H$ にあるとする。つまり川底から水面まで，z 軸に沿った距離が H である。この H を「川の深さ」と定義する。

よくある質問 80　え!? 深さって鉛直方向に測るのではないのですか？… そこがポイントなのです。もし鉛直方向に測ったら，この場合は H より大きくなりますね。そういうふうには測らないのです。

そして，$z = h$ の位置では「水深」を $H - h$ と定義する。この位置での水圧（水面にかかる大気の圧力の影響は考えない。つまりゲージ圧）$p(h)$ を求めよう。そのためにはここより上の水塊（ハッチのかかった 2 つの四角形のうちの上の部分；底面積を A とする直方体）について，力のつり合いを考える。この水塊の体積は $A(H - h)$ だから質量は $\rho A(H - h)$ であり（ρ は水の密度），鉛直下向きに $\rho g A(H - h)$ という大きさの重力がかかる（g は重力加速度）。それを斜面に垂直（鉛直ではない）に下向きと，斜面に沿って下流方向に分解すると（図では点線矢印），それぞれの大きさは $\rho g A(H - h)\cos\theta$，$\rho g A(H - h)\sin\theta$ となる。前者につり合うように，この水塊はその下の水塊から斜面に垂直に上向きの

力（垂直抗力）を受ける。つまりこの上下の水塊の境界面（$z = h$）に $\rho g A (H - h) \cos\theta$ という大きさで互いに押し合う力が発生する。これを面積 A で割るとその場所の水圧 $p(h)$ が得られる。すなわち

$$p(h) = \rho g (H - h) \cos\theta \tag{3.11}$$

である。もし傾きが 0 なら（水平で流れていない川）$\theta = 0$ だから $\cos\theta = 1$ となり，$p(h) = \rho g (H - h)$ となって，プールなどでの水圧と同じになる。

ところがこのような理屈を知らないで，水深を鉛直方向で測ってしまい（その場合は $(H - h)/\cos\theta$ になる），しかも水圧を単純にプールと同じように密度 × 重力加速度 × 水深で求まると考えてしまうと，

$$p(h) = \rho g (H - h)/\cos\theta \qquad （間違い！） \tag{3.12}$$

のように思ってしまう。河川の環境を研究する人はそのようなミスをしてはいけない。

河川や水路や沿岸など，水がある場所・流れる場所の機能や環境は当然ながら水の動きに大きく影響される。ここで挙げたのはごく初歩的な例だが，水の動きを理解・予測するには奥深い物理学が必要なのである。その体系を水理学とよぶ。川や湖や海の環境・防災を仕事にする人には水理学は必須である。物理学はその基盤なのだ。

問42 傾斜 10 度の川で水深が 0.5 m の位置での水圧を式 (3.11)（正しい式）と式 (3.12)（間違った式）のそれぞれで計算し，値を比べよ[*13]。（前者は約 4.8 kPa，後者は約 5.0 kPa になるはず。回答は有効数字 3 桁で。）

3.9 （発展）応力と圧力

（発展的話題なので興味のある人だけが読めばよい。）

本章では既に大気圧や水圧を論じたが，ここではより一般的に，圧力とは何かを論じよう。化学の授業などでは，圧力は容器の壁に対して気体や液体が及ぼす力を面積で割ったもの，ということで出てく

る。しかし本当は圧力はもう少し慎重に定義すべき量なのだ。そのことを説明しよう。

圧力の前にまず応力というものを定義する必要がある。それは面にかかる力を面積で割ったもの（すなわち単位面積当たりの力）である[*14]。ここで君は「それは圧力ではないか？」と思うかもしれないが，その疑問は保留にして先を読んで欲しい。

この「面にかかる力」は面に対して様々な方向を持つ可能性がある。たとえば君が消しゴムで鉛筆の字を消すとき，消しゴムを紙に押し付けながら横に滑らす力，つまり消しゴムと紙の接触面に対して斜め方向の力が発生する。この力を消しゴムと紙の接触面の面積で割って得られるのが応力である。

応力を「面に垂直な成分」（押し付ける力）と「面に平行な成分」（滑らす力）に分解して，前者を<u>垂直応力</u>，後者を<u>せん断応力</u>とよぶ。上の例で言えば，消しゴムを紙に押し付けるのが垂直応力，消しゴムを紙に沿ってずらそうとするのがせん断応力だ。

例 3.4 消しゴムを，大きさ $F = 2$ N の力で紙面から $\theta = 60$ 度の向きの力で紙面に押し付けた（図 3.14）。接触面積は $A = 4$ cm^2 とする。消しゴムの底面と紙の間に発生する応力を考えよう。
垂直応力は $F\sin\theta/A = 2$ N $\times (\sqrt{3}/2)/(4 \text{ cm}^2) \fallingdotseq 0.43$ N cm$^{-2} = 4.3 \times 10^3$ Pa。
せん断応力は $F\cos\theta/A = 2$ N $\times (1/2)/(4 \text{ cm}^2) \fallingdotseq 0.25$ N cm$^{-2} = 2.5 \times 10^3$ Pa。（例おわり）

では応力と圧力はどう違うのだろう？　端的に言えば圧力は応力の一種である。

ここで「パスカルの原理」を思い出そう。すなわ

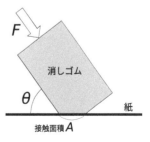

図 3.14　紙に消しゴムを斜めに押し付ける

[*13] 本当は水の流れの速さに応じて圧力が減るという効果があるが，それはこの問題では無視する。

[*14] ただし応力は物体の内部に生じるものであり，物体どうしの境界に働く力（後述する摩擦力や垂直抗力など）を面積で割っても応力とは普通は言わない。

ち，「静止した水中において，水圧は任意の面に対して垂直に力を及ぼし，その大きさはその面の向きによらない」という性質だ。こういう状況では垂直応力と圧力は同じだ[*15]。

ところが，静止していない（流れている）水や，静止していても流れることがそもそもできない物体（消しゴムなど）はこうならないことの方が多い。つまり流水中や消しゴムの中では，同じ位置でも面の向きによって垂直応力の大きさは変わるし，それに伴ってせん断応力も発生する（その理由は線型代数という数学が必要なのでここでは述べない）。そのような場合は「その位置で互いに直交する 3 つの面のそれぞれでの垂直応力の大きさ[*16]の平均値」を圧力という。

よくある質問 81　圧力って単位面積あたりの面を垂直に押す力の大きさって高校では習いましたが… 高校「物理基礎」の教科書（たとえば啓林館，2015 年）にはそう書いてありますね。要するに（圧縮を正とするような）垂直応力のこと。正確ではありませんが，高校生にはそれが限界なのでしょう。皆さんは大学生なのできちんとした定義をここで述べました。

よくある質問 82　なら直立した人の足の裏にかかる圧力は体重/足裏の面積というのは嘘ですか？… 厳密に言えば間違いです。それは鉛直上下方向の垂直応力であり，圧力に一致するとは限りません。しかしその人の足裏に接する血管の中の圧力はそれに一致するとしてよいでしょう。

さて，当然ながら応力や圧力の単位は力の単位を面積の単位で割ったものである。国際単位系（SI）では N/m^2 である。$N = kg\ m\ s^{-2}$ なので，これは $kg\ m^{-1}\ s^{-2}$ とも書ける。この単位を Pa（パスカル）とよぶことは既知だろう。

よくある質問 83　「電圧」は電気の圧力ですか？… 違います。電圧は P.61 で定義しますが，圧力ではあり

ません。英語では voltage と言って「圧」に相当する語は入っていません。

よくある質問 84　ではなぜ日本語では「圧」という字が電圧にあるのですか？… わかりません（泣）。紛らわしいですが，単なるラベルとして受け入れましょう。漢字の意味や語感からその単語の意味やイメージを作るというのは，日常では我々はよくやりますが，科学では控えるほうがよいでしょう。きちんと定義された意味を確認して使いましょう。ちなみに，水は圧力の高いほうから低いほうに力を受けるのですが，同様に正に帯電した荷電粒子は電圧の高い方から低い方に力を受けます。したがって両者には似たようなイメージができなくもありません。

学びのアップデート

名前は単なるラベル。響きや字面で勝手に意味を類推したりイメージを作ったりしない。ちゃんと定義を確かめる。

さて圧力は上の定義から，向きを持たない量である。たとえば静止した水の中では水圧によってある面に力が及ぼされるとき，その力はベクトル（向きを持つ）なのだが，その向きは水圧がもともと持っているものではなくて，面の向きが決める（面に垂直な向きになる）。だから水圧に向きを考えることは無意味である。このように「圧力」は本質的にはベクトルではなくスカラー量なのだ。

よくある質問 85　でも中学校や高校では

$$\text{力} = \text{圧力} \times \text{面積} \tag{3.13}$$

って習いましたが，力はベクトルですよね。でも面積は当然スカラーだし，もし圧力がスカラーなら，圧力 × 面積 はスカラーになってしまい，ベクトルにはならないです。矛盾していませんか？… むしろ面積をベクトルとして扱うべきなのです。それは「面積ベクトル」という概念で，「その面に垂直な向き」を向きとし，「その面の面積」を大きさとするようなベクトルです。つまり上の式 (3.13) は（静止した水のような場合は）

[*15] ただし圧縮を正の応力と定義する場合。

[*16] ただし，圧縮を正，引っ張りを負とする。なおこの「3 つの面」は互いに直交しさえすれば任意の向きでよい。いろんな選択肢があるが，それぞれで定義した圧力は結果的には同じ値になる。

$$\vec{力} = 圧力 \; かける \; \overrightarrow{面積ベクトル} \tag{3.14}$$

と解釈するのが正しいのです。

よくある質問86　では「応力」はベクトルですか？スカラーですか？… 応力についても式 (3.14) に似た式が成り立ちます：

$$\vec{力} = 応力 \; かける \; \overrightarrow{面積ベクトル} \tag{3.15}$$

ところがこの場合は力の向きと面積ベクトルの向きは平行とは限りません。だから応力はスカラーではないのです。この式のようにベクトルを別の向きのベクトルに結びつける量を数学では行列といいますが，物理学ではテンソルといいます（本当はテンソルは行列よりも広い概念ですが）。応力はテンソルなのです。「応力テンソル」といいます。

　ここで「流体」という概念について説明しよう。まずガスボンベの中のガス，プールやコップの中の水，消しゴムのように，一定の大きさの空間を気体や液体や固体がみっちりと連続的に埋めることで構成される物体を連続体という。

　そして「静止状態ではせん断応力が働かないような連続体」を流体と定義する。（液体の）水は流体である。すなわちプールやコップの中で静止している水にはせん断応力は存在しない。なぜか？　もしそれが存在したら水は静止せず，流れて変形するのだ[*17]。

問43　流体とは何か？

よくある質問87　つまり流体って液体と気体のことですか？… そうとも限りません。固体の流体もあります。たとえば地球内部のマントル。地殻の下の厚さ 3000 km 程の部分の高温の固体（岩石）です。非常に小さな速さで流動しています（マントル対流）。また，氷も固体の流体です。山岳地帯（アルプスやヒマラヤ）や高緯度地帯（グリーンランドや南極）にある氷河は数 100 m から数 1000 m もの厚さの氷が自重で変形して，ゆっくり流動しています。

[*17] やや飛躍するがパスカルの原理のところでマヨネーズで説明したのがそれである。

3.10　（発展）フックの法則の拡張

（発展的話題なので興味のある人だけが読めばよい。）

　フックの法則は，弾性体全般に拡張される：一般の弾性体はバネのような一次元的な伸縮だけでなく，3 次元的な伸縮や捻じれを含むような複雑な変形をするし，それに伴って様々な向きで様々に力を発揮する。その両者の関係が数学的には「線型写像」という，比例関係を拡張したような概念で表されるとき，バネ定数に相当する係数を弾性係数とよぶ。

　この話を一般的に述べるには進んだ数学が必要なので，ここではそれはせずに，単純な場合に限定して考えてみよう。そのためにはまず複数のバネが組み合わさった場合を理解しなければならない。

問44　図 3.15 左のようにバネ定数 k のバネを 2 本，平行にならべて天井から吊るし，その先端をつなげて，そこに質量 M の物体を吊り下げて静止させる。バネは $Mg/(2k)$ だけ伸びることを示せ。この状況で 2 本のバネをあわせて 1 つのバネとみなすとき，そのバネ定数は $2k$ となることを示せ。ヒント：重力 Mg を 2 本のバネで分担する。バネ定数を求めるにはバネ定数の定義を思い出すこと。（バネの並列）

問45　図 3.15 右のようにバネ定数 k のバネを 2 本，縦につなげて天井から吊るし，その先端に質量 M の物体を吊り下げて静止させる。バネは $2Mg/k$ だけ伸びることを示せ。この状況で 2 本のバネをあわせて 1 つのバネとみなすとき，そのバネ定数は $k/2$ となることを示せ。ヒント：今度は重力を分担

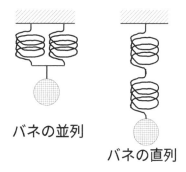

図 3.15　バネの並列と直列

できない。力のつり合いをていねいに考えよう（バネの直列）。

問 46 バネ定数 k のバネを a 本だけ縦につないだものを b 本だけ束ねて大きなバネを作ると，そのバネ定数は bk/a となることを示せ（ヒント：n 本の直列を m 本だけ並列）。

バネと言えば針金を螺旋状にしたものをイメージするが，まっすぐな棒も（変形が小さい限りは）バネの性質を持つ（弾性体）。

断面積 A，長さ L の棒 X のバネ定数を考える。この棒を無数の小さい（細くて短い）棒の集合（それぞれが弾性体）と考えれば，棒 X の断面積は小さい棒の並列の本数に，棒 X の長さは小さい棒の直列の本数に，それぞれ比例するので，棒 X のバネ定数 k は A/L に比例する。その比例係数を E として

$$k = E\frac{A}{L} \tag{3.16}$$

と書く。このとき E をヤング率とよぶ。ヤング率は物質に固有の定数（物性値）である。

問 47

(1) ヤング率の SI 単位は？
(2) 鉄のヤング率を調べよ（『理科年表』[*18]などを使え）。
(3) 長さ 10 m，直径 2.0 mm の鉄線の先に 10 kg の物体を吊り下げると鉄線はどのくらい伸びるか？
(4) (3) で直径を半分（1.0 mm）にするとどうなるか？
(5) (3) で鉄のかわりに銅を使うとどうなるか？

ヤング率を使うとフックの法則は以下のように書ける：

$$F = -E\frac{A}{L}x \qquad \text{したがって,}$$
$$\frac{F}{A} = -E\frac{x}{L} \tag{3.17}$$

左辺の F/A は単位面積あたりの力で，以前述べた垂直応力（ただしひっぱりを正とする）である。

右辺の x/L は単位長さあたりの伸びであり，「ひずみ」とよぶ。垂直応力を σ，ひずみを ϵ と書くと，上の式は

$$\sigma = E\epsilon \tag{3.18}$$

と書ける（符号はとりあえず無視した[*19]）。これもフックの法則のひとつの表現である。ここで示したフックの法則は，1 方向の伸びと，それと同方向のひずみとの間の関係だが，それ以外にも様々な方向の応力と様々な方向の歪みに関しても同様の関係が成り立つ。それを総称してフックの法則とよぶ。ただしそれをきちんと表現するには前述したテンソルという数学が必要であり，それは大学 2 年生以降に学ぶ。

問 48 (1) 応力の SI 単位は？ (2) ひずみの SI 単位は？

よくある質問 88　フックの法則はバネだけの話かと思っていましたがもっと一般的なものなんですね。… そう。要するに力と変形の線型近似ですからほとんどの物体に成り立ちます。地震波もフックの法則で説明されます。

演習問題

演習問題 1 バネ定数 2.0 N/m のバネを左端から 1.0 N，右端から 1.0 N の力でそれぞれ引っ張った。伸びはどのくらいか？

演習問題 2 動摩擦係数 μ' は接触面の面積には依存しないことを証明せよ。

実験 1 1 枚のティッシュペーパーから幅 2 cm ほどの帯を 2 枚切り出し，それぞれ帯 A と帯 B とよぶ。帯 A はそのままにし，帯 B はねじる（数 10 回）。それぞれの帯について両端をひっぱって引きちぎる。どちらが切れにくい（引きちぎるのにより大きな力が必要）か？ また，僅かに湿らせると強

[*18] 国立天文台（編）『理科年表』丸善。毎年，最新版が出ているが，基本的なデータはそんなに頻繁には変わらないので，昔の年のものを参照しても大丈夫。

[*19] 符号は応力の向きを，物体（弾性体）にかかる力の向きとするか，物体が発揮する力の向きとするかによる。式 (3.18) は前者。式 (3.17) は後者。

さはどうなるか？　結果を述べ，理由を考察せよ。

問の解答

答30 (1) バネの伸び（変位）x とバネが発揮する力 F が比例するという法則。(2) フックの法則を $F = -kx$ と書くときの係数 k。(3) $k = -F/x$ なので F の単位（すなわち N=kg m s^{-2}）を x の単位（すなわち m）で割ればよい。答は kg s^{-2}。

答31 g を地球上での重力加速度とする。質量 m の物体が地表にあるとき，バネの伸びが x_0 だったとする。バネの弾性力と（地球からの）重力のつり合いは $-kx_0 + mg = 0$。一方，質量 m の物体が月面にあるとき，バネの伸びが x_1 だったとする。月面での重力は，P.19 問 21 より，地球上での重力の約 1/6 なので，バネの弾性力と重力のつり合いは，$-kx_1 + mg/6 = 0$。この 2 つの式から mg を消去すれば，$kx_1 = kx_0/6$。したがって $x_1 = x_0/6$。したがって月面でのバネの伸びは地球上での約 1/6 倍。

答32 力をかけると変形し，力を緩めると元の形に戻るような物体を弾性体という。弾性体が発揮する力を弾性力という。

答33 塑性体とは変形すると元に戻らない物体である。（弾性体は力がかかると変形するが，かかる力が無くなれば元にもどる。）

答34 綱の各箇所に仮想的に断面を考える。「壁対人」では人 A が綱を引く力は各断面の左側に大きさ F で右向きにかかる。その反作用は各断面の右側に大きさ F で左向きにかかる。それが綱の左端（壁との接点）まで伝わり，壁との接点では壁は綱から大きさ F で右向きの力を受ける。その反作用として綱は壁から大きさ F で左向きの力を受ける（この「壁が引く力」が綱の各箇所での左向きの力の源泉であり，そのおかげで「作用・反作用の法則」とつじつまが合う）。これは壁のかわりに別の人が綱を左端で大きさ F の力で左向きにひっぱるのと同じこと。したがって「人対人」でも「人対壁」でも同じことになる。

答35 君の体には 2 箇所でロープから上向きにひっぱられている。また，ロープの張力 T はロープのどこでも等しい。したがって君の体には上向きに $2T$ の力がかかる。一方，重力によって君の体に下向きに mg の力がかかる。上向きが正になるように座標軸をとると，力

のつり合いから $2T - mg = 0$。したがって $T = mg/2$。一方，君の手がロープを引く力は T に等しいので，結局 $mg/2$ に等しい。

答36 滑車 B の両端のそれぞれでロープの張力 T が滑車 B を上向きに引く。一方，滑車 B には質量 m の物質にかかる重力が下向きに大きさ mg でかかる。力のつり合いから $2T - mg = 0$。したがって $T = mg/2$。ロープの張力はロープのどこでも等しいから，君の手にかかる力の大きさも T，すなわち $mg/2$ である。

答37 君の手がロープを引く力は君の手の筋肉の筋繊維の収縮から生じる。この現象は筋繊維を構成する高分子の変形によって生じる。分子スケールの現象を支配する力はほとんどの場合，電気力である。したがって君の手がロープを引く力の根源は電気力である。

答39 質量 M の物体にかかる重力の，斜面平行方向の大きさは，$Mg\sin\theta_1$。質量 m の物体にかかる重力の，斜面平行方向の力の大きさは，$mg\sin\theta_2$。これらはともにロープの張力と等しい。ロープの張力 T はロープのどこでも等しいから，$T = Mg\sin\theta_1 = mg\sin\theta_2$。したがって $m = M\sin\theta_1/\sin\theta_2$。これに $\theta_1 = 30$ 度，$\theta_2 = 60$ 度，$M = 3.0$ kg を代入すると，（有効数字 2 桁で）$m = 1.7$ kg。

答40 (1) 物体どうしが接触している場合，静止摩擦力 F_s と動摩擦力 F_m が $F_s \le \mu N$, $F_m = \mu' N$ となること。ここで N は物体どうしが互いに接触面に垂直に押し合う力。μ, μ' は，それぞれ静止摩擦係数，動摩擦係数とよばれる定数。(2) クーロンの法則が上の式のようにかける時の μ や μ' のこと。(3) $\mu' = F_m/N$ であり，F_m も N も力なので，その比である μ' は無次元。μ も同様に無次元。

答41 質量 m の物体に，斜面に平行にかかる重力（重力の斜面成分）は $mg\sin\phi$。これが静止摩擦力 F_s とつり合っている。いま，静止摩擦力は最大摩擦力になっているので，クーロンの摩擦の法則より $F_s = \mu N$。ここで N は物体と斜面の間に働く，斜面に垂直方向の力であり，これは重力の斜面垂直成分に等しい：$N = mg\cos\phi$。したがって $F_s = \mu mg\cos\phi$。斜面に平行な方向の力のつり合いより $mg\sin\phi = F_s = \mu mg\cos\phi$。したがって $\mu = mg\sin\phi/(mg\cos\phi) = \sin\phi/\cos\phi = \tan\phi$。

答44 下向きに座標軸をとる。左側のバネを A，右側のバネを B とよぶ。バネ A についてバネが下端に働く力を F，伸びを x とすると，フックの法則より $F = -kx$ である。左右対称なのでまったく同じ式がバネ B につい

ても成り立つ。一方，質量 M の物体にかかる力は 2 つのバネから受ける力，つまり $2F$ と重力 Mg である。物体が静止するには合力はゼロだから $2F + Mg = 0$ である。これらの式から F を消去すると $-2kx + Mg = 0$。したがって $x = Mg/(2k)$ である。バネが 1 本だけのときは $x = Mg/k$ なので（P.29 式 (3.5)），この結果はバネ定数が 2 倍（$2k$）になったとみなせる。

答 45 下向きに座標軸をとる。上のバネを C，下のバネを D とよぶ。バネ C についてバネが下端に働く力を F_1，伸びを x_1 とすると，フックの法則より $F_1 = -kx_1$ である。バネ D についても同様にバネが下端に働く力を F_2，伸びを x_2 とすると，フックの法則より $F_2 = -kx_2$ である。一方，質量 M の物体にかかる力はバネ D が下端に働く力，つまり F_2 と，重力 Mg である。物体が静止するには合力はゼロだから（力のつり合い），$F_2 + Mg = 0$ である。また，バネ D にかかる力はバネ C が下端に働く力 F_1 と物体がバネ D を引っ張る力（バネ D が物体に働く力の反作用，つまり $-F_2$）である。バネ D に関する力のつり合いから $F_1 - F_2 = 0$ これらの式から $Mg = -F_2 = -F_1 = kx_1 = kx_2$。したがって $x_1 = x_2 = Mg/k$ である。2 本のバネの伸びの合計 x は $x = x_1 + x_2 = 2Mg/k$。バネが 1 本だけのときは $x = Mg/k$ なので（式 (3.5)），この結果はバネ定数が 1/2 倍（$k/2$）になったとみなせる。

答 46 問 45 と同様に考えればバネ定数 k のバネを a 本，縦につなぐと，バネ定数は k/a となる。問 44 と同様に考えればバネ定数 k/a のバネを b 本，束ねる（並列につなぐ）と，バネ定数は bk/a となる。

答 47

(1) 式 (3.16) より，$E = kL/A$ で，k の SI 単位は $\mathrm{kg\,s^{-2}}$，L/A の SI 単位は $\mathrm{m/m^2 = m^{-1}}$ なので，E の単位は $\mathrm{kg\,s^{-2}m^{-1}}$。順番を入れ替えて $\mathrm{kg\,m^{-1}\,s^{-2}}$ などでも OK。なんとこれは Pa，すなわち圧力の SI 単位ではないか！

(2) 約 2.0×10^{11} Pa。

(3) まずこの鉄線のバネ定数 k を求める。$L = 10$ m，$A = \pi \times (0.002\ \mathrm{m}/2)^2 = 3.1 \times 10^{-6}\ \mathrm{m^2}$。したがって $k = EA/L = 6.2 \times 10^4\ \mathrm{kg\,s^{-2}}$。さて質量 m の物体を吊り下げたときの伸び x は（P.29 式 (3.5) を使って）

$$x = \frac{mg}{k} = \frac{10\ \mathrm{kg} \times 9.8\ \mathrm{m\,s^{-2}}}{6.2 \times 10^4\ \mathrm{kg\,s^{-2}}} = 1.6 \times 10^{-3}\ \mathrm{m}$$

したがって 1.6 mm（約 2 mm）伸びる。

(4) 伸びはバネ定数に反比例する。バネ定数は断面積に比例する。したがって伸びは断面積に反比例する。したがって直径を半分にすると断面積が 1/4 倍になり，伸びは 4 倍になる。したがって伸びは 6.4 mm になる。

(5) 銅のヤング率は 1.3×10^{11} Pa。鉄の約 0.65 倍。伸びはバネ定数に反比例し，バネ定数はヤング率に比例する。したがって伸びはヤング率に反比例する。したがってヤング率が 0.65 倍になれば伸びは 1/0.65 倍。したがって 2.5 mm 程度になる。

答 48 (1) $\sigma = F/A$ より σ の SI 単位は $\mathrm{kg\,m\,s^{-2}/m^2} = \mathrm{kg\,m^{-1}s^{-2}} = \mathrm{Pa}$。(2) $\epsilon = x/L$ より ϵ の単位は m/m＝1。したがって単位無し！（無次元）

受講生の感想 2　わからないものがあったとき何か身近なもので例えたほうがわかりやすい場合もあるが，その例えが自分の思考の軸に成り代わってしまっていたことに気が付いた。

受講生の感想 3　有効数字はたくさん書けば書くほど精密で良いものだと思っていましたが，そういうものでもないのですね。

受講生の感想 4　私が物理苦手だったのは想像しつらかったからだ。重力加速度や抵抗とか目に見えないものの話が苦手で，何とかわかろうと具体的なイメージを常に求めていた。しかし物理学ではそのようなイメージがむしろ理解の妨げになることもあると学んだ。素直に定義や基本法則に従って考えることが大事だと知った。…高校生までは読解力や論理的思考力が未熟だからイメージ先行の学びだったのです。実際，イメージができると受け入れやすいから，イメージが重要であることは確かです。でも大学ではそれは切り替えるほうがよいのです。物理学は容易にイメージできないことまで扱います。そのようなときに「イメージできない。もう無理。自分は物理は向いてない（泣）」となりがちです。イメージは理解の必要条件でも十分条件でもありません。無理にイメージに頼ると「わかったつもり」になりやすいのです。とりあえずイメージをいったん封印し，説明文の素直な読解に集中するのです（だから読解力と論理的思考力が大事です）。読解できたらそれをもとに思考実験を繰り返すのです。そうしていくうちに，結果的に良い感じのイメージができてきます。

よくある質問 89　大学の授業は教科書の演習問題

やワークなどを解くことがほとんどなく，話を聞くことが中心のようです。「問題が解けるようになる」という高校までの理解度の指標が機能しません。何を基準にして自分が深く理解できたのかを判断すればよいのでしょうか。… **深い質問です。大人の世界では「わかる」は自己評価になるのです。わかっていなくても問題は解けたりしますし，わかったふりをして自分や他人をごまかすことはできるからです。自分にとって「わかる」とはどういうことかを突き詰めておく必要があります。「問題が解ける」と「わかる」は同じではないのです。**

第4章

仕事とエネルギー

注：この章を理解するには「積分」を理解していることが必要。g を重力加速度とする。

世の中には「エネルギー」という言葉が溢れている。物理学でもエネルギーは重要な概念だ。なぜそんなに大事なのだろうか？　そもそもエネルギーとは何だろう？　それを理解するにはまず「仕事」という概念を定義・理解する必要がある。そこから話をはじめよう。

前章で体を滑車に吊るす話や動滑車で物を持ち上げる話や質量の異なる物体を 2 つの斜面に置いてロープでつないで静止させる話で，君は不思議に思わなかっただろうか？　物体をその重さより小さな力で持ち上げたり留め置くことができるというのだ。我々の素直な直感では物を留め置いたり持ち上げるにはその重さ以上の力が必要では？　と思ってしまう。しかし実際の自然はそうではない。この不思議さをうまく説明してくれるシンプルな法則は無いのだろうか？

それがここで学ぶ「仕事の原理」と「仮想仕事の原理」だ。これらは「力のつり合い」をもっと普遍的に述べた物理法則である。「力のつり合い」と等価だが，ある意味それよりも深く根源的な法則なのだ。これらを上手に使うことでいろんな力の大きさがするっとわかってしまう。

4.1 仕事の原理

（この話は中学校や高校でも学んだことを覚えている人も多いだろうが真っ白な気持ちで向き合って欲しい。）

例 4.1　図 4.1 のように高さ h の丘に質量 m の荷

車を押し上げることを考えよう。丘の下の点 O で運搬者は左側の緩い傾斜（θ）の斜面 AB を行こうか，それとも右側のきつい傾斜（θ'）の斜面 A'B' を行こうか考えている。どちらの斜面が楽だろうか？摩擦は無視する。

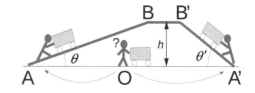

図 4.1　丘に荷車を押し上げる。どちらの斜面を経由するのが楽か？

直感的には傾斜の緩い左の斜面の方が楽な気がするが，実はそうでもない。押し上げる力は小さくて済むが，そのぶん移動させる距離（点 A から点 B まで）が長いのだ。

この状況を整理するのが「仕事」という概念だ。仕事とはとりあえずここでは以下のように定義する（後で拡張する）：

仕事の定義

ある点が動くとき，「その点に働く力」と「その点が "力と同じ向き" に動いた距離」の積を，その力がなした仕事（work）という。

まず左斜面ルート，つまり O → A → B という経路を辿った際に運搬者が発揮する力がする仕事を考えよう。O → A では荷車を水平方向に運ぶが，摩擦が 0 ならば運搬者は荷車を押す力は（ほぼ）0 であり[*1]，

[*1]　止まっている台車を動き出させるには力が必要なので「ほぼ」

したがって O → A での仕事は 0 である。そして A → B では荷車にかかる重力（下向きで大きさ mg）の斜面に沿った成分（大きさ $mg\sin\theta$）に逆らって押し上げる。その距離は $h/\sin\theta$ である。したがって A → B での仕事は $mg\sin\theta \times h/\sin\theta = mgh$ となる。つまり O → A → B の経路での運搬にかかる仕事は mgh だ。同様の検討を O → A' → B' でも行うと $mg\sin\theta' \times h/\sin\theta' = mgh$ となる。つまり丘に荷車を押し上げる仕事は左の斜面を経ても右の斜面を経ても同じである。

実はこのような状況は，この「斜面と荷車」の例だけでなくもっと普遍的に成り立つことがわかっており，それを「仕事の原理」という。すなわち

> **仕事の原理**
> 摩擦などが働かない状況では，物体を移動させるとき，経路や方法によらず，それにかかる仕事は同じである。

「仕事の原理」は「エネルギー保存則」という，より広くて一般的な基本法則の一部である。実用的にも便利な法則だが，「摩擦など」というあたりが曖昧なので注意が必要である[*2]。

4.2 仮想仕事の原理

仕事の原理をさらに拡張した「仮想仕事の原理」という不思議な法則がある。

例 4.2 動滑車で物を持ち上げる話（P.31 問 36）では，滑車やロープや天井が互いに及ぼす力を別とすれば，関与する力は君がロープを下向きに引く力（大きさ T）と物体に下向きにかかる重力（大き

さ mg）だ。ここで仮想的に君がロープをわずかに手繰り寄せて引き下げたとしよう（図 4.2）。このとき滑車 B が Δx だけ持ち上がったとする。すると当然，物体も同じだけ，つまり Δx だけ持ち上がる。このときロープの動きをたどって考えれば君がロープを手繰り寄せた長さは $2\Delta x$ だとわかるだろう[*3]。

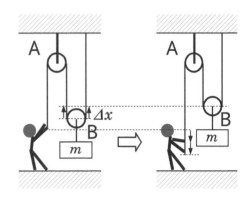

図 4.2　動滑車を使う持ち上げ。物体を Δx だけ上昇させるにはロープを $2\Delta x$ だけ手繰り寄せる必要がある。

このとき，下向きに座標をとり，それぞれの力について仕事を考え，それらを合計してみる。

$$T(2\Delta x) + mg(-\Delta x) \tag{4.1}$$

ここで第 2 項の $(-\Delta x)$ のマイナスは，座標の向き（下向き）とは逆の上向きに物体が移動することをあらわす。で，**だまされたと思ってこれを 0 とおいてみよう**：

$$2T\Delta x - mg\Delta x = 0 \tag{4.2}$$

すると

$$T = \frac{mg}{2} \tag{4.3}$$

という正しい答えが得られる。これが仮想仕事の原理の例である。（例おわり）

仮想仕事の原理とは以下のようなものである：

という表現をした。理論的にはどんなに質量の大きな荷車も，摩擦が無ければごく微小の力を短時間かけるだけで（大変ゆっくりかもしれないが）動き出すので，必要な力（そして仕事）はほぼ 0 とみなせる。

[*2] 詳しく言えば，この原理は物体を動かす仕事が経路に依存しないような力（特に，後に学ぶ「保存力」）について成り立つ。しかしそれは明らかにトートロジー（同語反復）であり無意味である。重要なのはそのような要求を満たすような力が現に存在することであり（たとえば重力や静電気力），そのような力のもとではこの法則が成り立つ。

[*3] 滑車 B の左右端からそれぞれ長さ Δx だけ上の部分が，手繰り寄せた後には無くなっている。これらの長さの合計は（左右にそれぞれ 1 つずつあるので）$2\Delta x$ である。

仮想仕事の原理

力がつり合っている系では, 仮想的な微小変位に伴って外力のなす仕事の総和は 0 である。

「仮想的な微小変位」とは, 上の例で言えば君がロープを手繰り寄せる $2\Delta x$ やそれに伴って物体が上に移動する Δx のことだ。「外力」とは, 系の内部で物体同士の間にはたらく力（それを内力という；ここではロープの途中に働く張力や滑車を吊るす天井に働く力など）ではない力のことで, 上の例では君が引く力と, 物体にかかる重力のことだ。

なぜ「仕事」とか「仮想的な微小変位」とかの得体の知れぬものを持ち出してこんな「原理」を考えるのだろうか？ それは, これが正しいと仮定すれば, いろんな物事をシンプルに矛盾なく説明できて便利だからだ。なぜこんな原理が成り立つのか, その理由は誰も知らない。自然はそうなっているのだ[*4]。

この例では, 確かに動滑車のおかげで, ロープを引っ張る力は半分になったが, そのかわり, 手繰り寄せる長さは倍になってしまった。つまり, 同じ高さだけ持ち上げようとすると, かかる力が半分なら, 手繰り寄せる長さ（距離）を倍にしなければならない。つまり, たとえ必要な力の大きさは動滑車などで変えることができても, 力と距離の掛け算, つまり仕事は, 変えることができない。それが自然の摂理なのだ。だから, 仕事という概念が便利なのだ。

もうひとつの例を考えよう。前章で考えた, 2 つの斜面に物体を置いてロープでつないで静止させる話である。

例4.3 前章の P.37 問 39 において, 物体 A を斜面に沿って左下向きに Δx だけ動かしてみよう（図 4.3）。すると, ロープにつながっている物体 B も, 斜面に沿って左上向きに Δx だけ動くはずだ。このとき, 物体 A に関して重力がなす仕事は, $(3\,\text{kg})g\{\sin(\pi/6)\}\Delta x$ である。一方, 物体 B に関して重力がなす仕事は, $-mg\{\sin(\pi/3)\}\Delta x$ である。マイナスがつくのは, 物体 B が重力と逆方向（上方

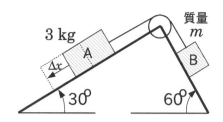

図 4.3　2 つの斜面に載せられ, ロープでつながって静止する 2 つの物体。図 3.12 改変。

向）に移動したからだ。仮想仕事の原理より,

$$(3\,\text{kg})g\left(\sin\frac{\pi}{6}\right)\Delta x - mg\left(\sin\frac{\pi}{3}\right)\Delta x = 0 \quad (4.4)$$

ここから, $m = \sqrt{3}\,\text{kg}$ が出てくる。

問 49

(1)　仕事とは何か？

(2)　仕事の単位を SI 基本単位による組み立て単位で表せ。それを J（ジュール）とよぶ。

(3)　仮想仕事の原理とは何か？

問 50　君はてこの原理を聞いたことがあるだろう。これは仮想仕事の原理から導くことができる。図 4.4 上のように, 支点 S の上に左右に長さ l_1, l_2 を持つ「てこ」が置かれ, 左右それぞれの端にそれぞれ質量 m_1, m_2 の物体 1, 2 が載っている。これを, 図 4.4 下のように, 左側が下がるように, 仮想的に小さな角 θ だけ下げる。このとき,

(1)　左端がもとの状態から h_1 だけ下がり, 右端がもとの状態より h_2 だけ上がるとすると,

$$h_1 = l_1 \sin\theta \quad (4.5)$$
$$h_2 = l_2 \sin\theta \quad (4.6)$$

となることを示せ。

(2)　物体 1 における重力による仮想仕事は $m_1 g l_1 \sin\theta$, 物体 2 における重力による仮

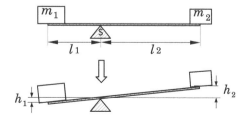

図 4.4　仮想仕事の原理からてこの原理を導く。

[*4]　ただし「力のつり合い」から数学的に導かれる部分もある。

想仕事は $-m_2 g l_2 \sin\theta$ となることを示せ。

(3) 仮想仕事の原理より，次式（てこの原理）を導け：

$$m_1 l_1 = m_2 l_2 \tag{4.7}$$

　第2章（P.16）で述べたように，物体が静止しているとき，力のつり合いが実現している。しかし実は，大きさを持つ物体についてはそれに加えて，上述の「てこの原理」に相当する，モーメントのつり合いというものも実現する。モーメントとは，ある点（支点）からの距離と，それに直交する力との積だ（本当はその積は外積というもので，数どうしの普通の積ではない。詳しくは第11章で学ぶ）。そして，モーメントのつり合いとは，モーメントの合計が0になるということだ。高校物理を学んだ人は聞いたことがあるだろう。ここでは，「仮想仕事の原理は，力のつり合いだけでなく，モーメントのつり合いまでも含んだ，一般性の高い法則だ」ということを認識しておこう。

問 51　重いものを持ち上げる器具に「ジャッキ」がある。自動車のタイヤがパンクした時，応急的に予備タイヤに交換するときに君も使うことがあるかもしれないのでその仕組みを学んでおこう。ジャッキは図4.5のような構造をしている。半径 r のハンドルを手で1回まわすと，上載物（自動車など）は Δy だけ持ちあがるとする。摩擦は無視する。

(1) ハンドルをまわすのに必要な力の大きさを F とする。ハンドルを1回転するときに手がなす仕事は次式であることを説明せよ。

$$2\pi r F \tag{4.8}$$

(2) 上載物の質量を m とする。ハンドルを1回転するときに，重力のなす仕事は次式であることを示せ。

$$-mg\Delta y \tag{4.9}$$

(3) 次式を示せ：

$$2\pi r F - mg\Delta y = 0 \tag{4.10}$$

(4) 次式を示せ：

$$F = \frac{mg\Delta y}{2\pi r} \tag{4.11}$$

(5) $m = 1000$ kg, $r = 0.2$ m, $\Delta y = 0.003$ m のとき，F はどのくらいか？ $g = 9.8$ m s^{-2} とする。

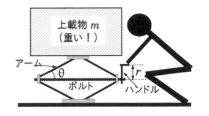

図4.5　ジャッキで物を持ち上げる。

4.3　エネルギーは仕事を一般化した概念

　仕事は物理学の全般にわたって重要な役割を果たす概念だ。例として P.49 図 4.2 の話をもういちど考えよう。君がロープを引くことで

$$2T\Delta x$$

という仕事をしたとき，同時に質量 m の物体にかかる重力が

$$-mg\Delta x \tag{4.12}$$

という仕事をした。このとき仮想仕事の原理から，両者の和は 0 である，という話だった。それを以下のように考えてみよう：

　君がロープを引くことによって君は仕事をし，実際疲れる。しかしその努力は重力に逆らって物体が上昇したという結果（重力による負の仕事；式(4.12)）に残っている。この上昇した状態で物体に別のロープや滑車やてこをつければ，今度は物体が下がることによってまた別の物体を持ち上げることができるだろう。

　このような話はお金のやりとりに似ていないだろうか？ A 君が B 君に 1000 円を譲渡したとする。A 君からもらった 1000 円で，こんどは B 君が C さんから何かを買うことができる。物理学における仕事は，この話の「お金」のような役割をする。A 君，B 君，C さん，… とお金が手渡されていくように，君がロープを引くことでなした仕事は後々まで形を変えながら様々なところに受け渡されていくのだ。

　そこで物理学では仕事を普遍化・抽象化した量を考え，それをエネルギーという。これはとても大事なので大きく書いておこう：

エネルギーの定義

仕事が形を変えた量，もしくは仕事に形を変えることができる量をエネルギーという。

　エネルギーは仕事と同じ単位で表される。国際単位系（SI）では J（ジュール）である。

問 52　エネルギーとは何か？

　エネルギーには様々な形態がある。熱もエネルギーだ。なぜか？ たとえば気体に熱を加えると膨張し，まわりのものを移動させることができる。つまり仕事ができる。だから熱はエネルギーである[*5]。熱は後に学ぶ「運動エネルギー」というタイプのエネルギーに帰着させて考えることもできる。

　光もエネルギーを持つ。なぜか？ 太陽光を浴びると暖かくなる，つまり熱を受け取ることができる。熱はエネルギーなので，光はエネルギーを運ぶのだ。

　また，この章の後半で学ぶ「ポテンシャルエネルギー」というタイプのエネルギーもある。物質が化学反応するときに出る熱や光は，物質の分子レベルでのポテンシャルエネルギーの変化によるものである。

よくある質問 92　エネルギーは「仕事をすることのできる能力」と習いましたが，それではダメなのですか？ … ダメではありませんが，本書でそう言わないのは「能力」という語が曖昧だからです。仕事は力かける距離ですから，「力は仕事をする能力がある」と言えなくもないと私は思います。でも力はエネルギーではありません。特に，「能力」という語には「力」という字が入っていますから，力もエネルギーなんだなと誤解させやすいです。力とエネルギーを混同することは初学者にありがちな大きな誤解です。それを避けるために，言葉を慎重に選ぶべきだと思うのです。

学びのアップデート

力とエネルギーは別の物理量。力はエネルギーの一種ではないし，エネルギーは力の一種でもない。ある何かが同時に力でありエネルギーでもあるということもない。

　さて仕事についてもう少し丁寧に数学的に意味づけよう。さきほど仕事とは「力と，その力が働く点が"力と同じ向き"に動いた距離との掛け算」であると述べたが，それが成立するのは，その点の移動中に力がほとんど変化しないことが必要である（でなければどの時点での力を掛け算すればよいのかわ

---

*5　第 13 章参照。ちなみに「仕事が形を変えた量，もしくは仕事に形を変えることができる量」という 2 つの表現は熱エネルギーを念頭に置いている。仕事は全部が熱に変わることができるが，その逆，つまり熱を全部仕事に変えることは現実的にはできない（熱力学第二法則）。したがって，後者の表

現は熱エネルギーについては微妙になる。しかし前者だけだと物質が元々持っているエネルギー（核力やクーロン力などによる結合のポテンシャルエネルギー）が何らかの仕事の結果としてそこに生じたのかと問われると困ってしまう（その物質の生成過程に遡った議論が必要になる）。そういうわけで，なるべく論理的例外を作らずに広い状況をカバーできるようにするために 2 つを並べている。ただしこのような話は初学者は気にする必要はない。興味があるなら理解すればよいが，これを理解しないとダメ！みたいに考えないように。

からない）。では移動中に力が次第に変化するような場合は仕事はどのように定義されるのだろうか？

いま，ある物体が力 F を受けながら直線上を移動するとする。物体を微小変位 Δx だけ動かす。その間は F は変化しないものとする。するとその力がする仕事 ΔW は

$$\Delta W = F\Delta x \tag{4.13}$$

である。これは仕事の素朴な定義だ。これをたくさん繰り返すことを考えよう。いま，直線に沿って座標軸を設定し，位置 x_0 にある物体を位置 x_1，位置 $x_2, \ldots,$ 位置 x_n の順に移動させるとする。この間，物体にかかる力は変化するかもしれないが，x_0 から x_1 までの区間，x_1 から x_2 までの区間，$\cdots$ はそれぞれとても短くて，各区間内では力はほぼ一定とする（逆に言えば，力がほぼ一定とみなせるくらいに短い区間をたくさん設定する）。すなわち，x_0 から x_1 までの区間では力は F_1 でほぼ一定値とみなして，この区間での仕事 ΔW_1 は，式 (4.13) から

$$\Delta W_1 \fallingdotseq F_1\Delta x_1 \tag{4.14}$$

である（$\Delta x_1 = x_1 - x_0$ とする）。位置 x_1 まで来た物体は，こんどは位置 x_2 まで移動し，その間に物体にかかる力 F_2 は F_1 とは少し違うかもしれないが，その区間の中ではほぼ一定で，それがなす仕事 ΔW_2 は，

$$\Delta W_2 \fallingdotseq F_2\Delta x_2 \tag{4.15}$$

である（$\Delta x_2 = x_2 - x_1$ とする）。以下，次々に同様に考えて，k 番目の区間では物体に F_k というほぼ一定値の力がかかっているとみなし，その区間での仕事 ΔW_k は

$$\Delta W_k \fallingdotseq F_k\Delta x_k \tag{4.16}$$

となる（$\Delta x_k = x_k - x_{k-1}$ とする）。これらを $k = 1$ から $k = n$ まで足し合わせると，

$$\sum_{k=1}^{n} \Delta W_k \fallingdotseq \sum_{k=1}^{n} F_k\Delta x_k \tag{4.17}$$

となる。左辺は物体を x_0 から x_n まで運ぶときの全体の仕事であり，これを W と書こう：

$$W = \sum_{k=1}^{n} \Delta W_k \fallingdotseq \sum_{k=1}^{n} F_k\Delta x_k \tag{4.18}$$

n が十分に大きく，$x_1, x_2, \cdots, x_n$ の分割が十分に細かいとする。すなわち式 (4.18) の右辺の極限を考えれば，

$$W = \lim_{\substack{n \to \infty \\ \Delta x_k \to 0}} \sum_{k=1}^{n} F_k\Delta x_k \tag{4.19}$$

となり，積分の定義（数学の教科書参照）より次式が成り立つ：

仕事の定義（力が一定でない場合）

物体が位置 $x = a$ から位置 $x = b$ まで移動するとき，物体にかかる力 $F(x)$ のなす仕事 $W_{a \to b}$ は

$$W_{a \to b} = \int_a^b F(x)\, dx \tag{4.20}$$

ここで x_0 を a に，x_n を b に，W を $W_{a \to b}$ に，それぞれ改めて書き換えた。$F(x)$ は x の各点で物体が受ける力だ。この式 (4.20) は，元の仕事の定義式 (4.13) を「力が次第に変化する場合」に拡張した，より一般性の高い仕事の定義式である。

例 4.4 バネの力のなす仕事を考えよう。バネは伸縮が大きいほど強い力を発揮する（フックの法則）。つまり力が一定でない。そこでバネが伸縮するときの仕事は単純に「力かける距離」ではダメで，式 (4.20) を使わねばならないのだ。

ではバネ定数 k のバネについた物体を動かすときの仕事を求めよう。物体の位置を x とし，バネが伸びる方向に x 軸をとる。バネの自然状態では $x = 0$ としよう。物体が位置 x にあるときにバネが物体に及ぼす力を $F(x)$ とすると，フックの法則（P.29 式 (3.3)）より $F(x) = -kx$ である。すると物体を位置 $x = x_0$ から位置 $x = x_1$ まで動かすときにバネの力がなす仕事 $W_{x_0 \to x_1}$ は，式 (4.20) より次式のようになる：

$$W_{x_0 \to x_1} = \int_{x_0}^{x_1} (-kx)\, dx = -\frac{1}{2}k(x_1^2 - x_0^2) \tag{4.21}$$

問 53

(1)　上の説明を再現して式 (4.21) を導け。

(2)　バネ定数 6.0 N/m のバネを自然状態から 3.0 m だけ引き伸ばすとき，バネの力がなす仕事は？

(3)　このバネを自然状態から 3.0 m だけ押し込むとき，バネの力がなす仕事は？

例 4.5　質量 m の物体が高さ h_0 から h_1 まで移動するとき，重力のなす仕事 $W_{h_0 \to h_1}$ を求めよう。座標軸を上向きにとると，重力は，P.18 式 (2.4) より

$$F = -mg \tag{4.22}$$

である。g は重力加速度である。右辺のマイナスは重力が座標軸の向きとは逆向きであることを表す[*6]。したがって，式 (4.20) より，仕事は次式になる：

$$W_{h_0 \to h_1} = \int_{h_0}^{h_1} (-mg)\, dx \tag{4.23}$$

ここで**もしも g が一定なら**（質量 m はもともと定数であることに注意）この積分は定数関数 $(-mg)$ の積分なので簡単に実行できて，次式のようになる：

$$W_{h_0 \to h_1} = -mg[x]_{h_0}^{h_1} = -mg(h_1 - h_0)$$
$$= mg(h_0 - h_1) \tag{4.24}$$

もっともこの状況では力 "$-mg$" が一定なので，わざわざ積分を持ち出さなくても「力かける距離」で十分だ。力は $-mg$ で距離は $h_1 - h_0$ でその積は $-mg(h_1 - h_0)$ となり，式 (4.24) に一致する。

よくある質問 93　式 (4.24) で $mg(h_1 - h_0)$ ではダメですか？… ダメです。$h_0 - h_1$ と $h_1 - h_0$ では符号が逆になってしまいます。符号には意味があるのです。もし $h_0 > h_1$ なら（つまり物体が下がるとき），式 (4.24) では W は正になります。これは「力（重力）の向き」と「移動の向き」が一致するので仕事は正になるということに対応します。そしてもし $h_0 < h_1$ なら（つまり物体が上がるとき）W は負です。これは重力に逆らって動く状況であり，重力のする仕事は負になるということに対応します。あなたの提案する $mg(h_1 - h_0)$ は，あえて言えば「重力のする仕事」ではなく「重力に逆らって物

体を移動させる誰かの手の力のする仕事」です。

よくある質問 94　例 4.5 で座標軸は下向きじゃダメですか？… OK ですよ。その場合 $F = mg$ となり，$W_{h_0 \to h_1} = mg(h_1 - h_0)$。これは本文の結果とは符号が逆のように見えますが，今の場合は h が大きいと低いので，結局，物体が下がると $h_0 < h_1$ となり，そのとき $W_{h_0 \to h_1}$ は正になる。という結論は変わりません。本文で座標を上向きにとったのは「高いところほど h が大きい」ほうが我々の空間認識では直感に素直だからです。

問 54

(1)　仕事の定義（式 (4.20)）から出発して式 (4.24) の導出を再現せよ。

(2)　質量 140 g の野球ボールが高さ 50 m から地表まで重力に引かれて移動する（要するに落下する）とき，重力のする仕事を求めよ。

(3)　質量 60 kg の人が駿河湾の海岸（標高 0 m）から富士山頂（標高約 3800 m）まで移動する（要するに登山する）とき，重力のする仕事を求めよ。

実は例 4.5 の「もしも g が一定なら」は厳密には成立しない。というのも，第 2 章 (P.19 問 20) で述べたように重力加速度 g の値は標高によって変化する。この運動では標高（高さ）が変化するので g は一定ではない。したがって物体にかかる力 "$-mg$" は一定ではなく，式 (4.23) の積分で $-mg$ を定数関数とみなすことは厳密には正しくない。つまり式 (4.24) は，g の変化が実質的に無視できるような状況（標高変化が小さい場合や，あまり精度にこだわらない場合）に限定的に許される近似（モデル化）である。

ではこの仮定を外して g の標高依存性を考慮するとどうなるだろうか？ それが次の例である：

例 4.6　質量 m の物体 A が質量 M の物体 B から万有引力を受けながら，物体 B からの距離が R_0 から R_1 まで変化する。このとき万有引力のなす仕事を求めよう。座標軸を物体 B から物体 A の向きにとる。物体 B の位置を原点とし，物体 A の位置を x とすると，万有引力は，P.17 式 (2.1) より

$$F = -\frac{GMm}{x^2} \tag{4.25}$$

[*6]　式 (2.4) では力の向きを考えず，力の大きさだけを考えていたことに注意せよ。

である。ここで右辺のマイナスは万有引力が座標軸の向きとは逆向きであることを表す[*7]。式 (4.20) より

$$W_{R_0 \to R_1} = \int_{R_0}^{R_1} \left(-\frac{GMm}{x^2} \right) dx = \left[\frac{GMm}{x} \right]_{R_0}^{R_1}$$
$$= \frac{GMm}{R_1} - \frac{GMm}{R_0} \qquad (4.26)$$

となる。特に物体 A が**無限遠**から距離 R まで物体 B に近づくときは，$R_0 = \infty$，$R_1 = R$ として，式 (4.26) は次式のようになる：

$$W_{\infty \to R} = \frac{GMm}{R} \qquad (4.27)$$

問 55 式 (4.26) を導出せよ。

　式 (4.26) と式 (4.24) は似たような話題だったので，両者の関係を確認しておこう。例 4.6 で物体 B を地球とし，地球の半径を r とする。$R_0 = r + h_0$，$R_1 = r + h_1$ とすれば，式 (4.24) の状況になる。すると式 (4.26) は次式のようになる。

$$W_{h_0 \to h_1} = \frac{GMm}{r + h_1} - \frac{GMm}{r + h_0} \qquad (4.28)$$

問 56

(1)　$y = 1/(1 + x)$ という関数を考える。x が十分に 0 に近いときは $y \fallingdotseq 1 - x$ と近似できることを示せ（ヒント：線型近似）。

(2)　$y = 1/(a + x)$ という関数を考える（a は正の定数）。$a \gg |x|$ のとき，$y \fallingdotseq (1/a) - (x/a^2)$ と近似できることを示せ。ヒント：$y = (1/a)\{1/(1 + x/a)\}$ と変形し，x/a を前小問の x に相当するものとみなして前小問を利用。

(3)　$r \gg h_1$ かつ $r \gg h_2$ と仮定して次式を導け：

$$W_{h_0 \to h_1} \fallingdotseq \left(\frac{GM}{r^2} \right) m(h_0 - h_1) \qquad (4.29)$$

(4)　$GM/r^2 = g$ であることを P.18 式 (2.7) で確認し，それを用いて式 (4.26) と式 (4.24) の関係を述べよ。

[*7]　式 (2.1) では力の向きを考えず力の大きさだけを考えていたことに注意せよ。

問 57 質量 m の質点を高さ h から地表まで移動させるときに重力がなす仕事を E とする。地球の半径を r とする。

(1)　E を式 (4.24) と式 (4.26) のそれぞれを用いて表せ（前者を E_1，後者を E_2 とする）。

(2)　$m = 10$ kg として，$h = 100$ m（野球のホームランボールの高度），$h = 10$ km（旅客機の飛行高度），$h = 1000$ km（人工衛星の高度）のそれぞれの場合で E_1 と E_2 を求めて比較せよ。有効数字 3 桁程度で。なお地球を半径 $r = 6370$ km，質量 $M = 5.972 \times 10^{24}$ kg の球とし，重力加速度を $g = 9.823$ m s^{-2} とする。物体に働く重力は万有引力だけを考え，自転による遠心力などは考えない。

(3)　h が大きい場合に E_1 と E_2 が違う値になるのはなぜか？

　ところで式 (4.20) は，以下のようなトピックとして「化学」でも出てくる。

問 58 気体を膨張させたり圧縮したりするときの仕事を考えよう。ある気体が断面積 A のシリンダー（筒状の容器）に入っており，上面がピストンで蓋してある。鉛直上向きに x 軸をとり，シリンダーの底面で $x = 0$ とする。ピストンは x 軸に沿って上下に動くことができる。気体はもれないとする。最初，ピストン（つまり蓋）は $x = h$ にあって静止しているとする（図 4.6）。ピストンは十分に軽いとし，重力を無視する。気体の圧力を P とする。

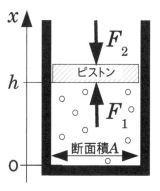

図 4.6　気体の入ったシリンダー。

(1)　気体の体積 V は $V = Ah$ と表せることを示せ。

(2)　気体がピストンに及ぼす力 F_1 は

$$F_1 = PA \tag{4.30}$$

となることを示せ。

(3)　外部からピストンにかかる力（それを外力という*8）を F_2 とすると

$$F_2 = -PA \tag{4.31}$$

となることを示せ。

(4)　次にピストンをゆっくり動かして $x = h + dh$ の位置に移動させることを考えよう。$dh > 0$ なら気体は膨張し，$dh < 0$ なら気体は圧縮される。dh は微小であり，ピストンが $x = h$ から $x = h + dh$ まで動く間に F_1 や F_2 はほとんど一定であるとみなす。このとき外力がなす仕事 dW は

$$dW = F_2\, dh = -PA\, dh \tag{4.32}$$

となることを示せ。

(5)　体積の変化を dV とする。すなわちピストンの移動後に気体の体積は $V + dV$ になったとする。次式を示せ：

$$dV = A\, dh \tag{4.33}$$

(6)　式 (4.32)，式 (4.33) より次式を示せ：

$$dW = -P\, dV \tag{4.34}$$

(7)　ピストンを大きく動かし，体積が V_1 から V_2 になるまで変化させることを考えよう。この間に外力がなす仕事 $W_{V_1 \to V_2}$ は次式のようになることを示せ：

$$W_{V_1 \to V_2} = -\int_{V_1}^{V_2} P\, dV \tag{4.35}$$

(8)　ここで気体は理想気体であるとしよう。つまり理想気体の状態方程式（高校で学んだ。P.163 式 (13.22) 参照）：

$$PV = nRT \tag{4.36}$$

が成り立つとする（n は物質量すなわちモル数，R は気体定数，T は絶対温度）。次式が成り立つこと

を示せ：

$$W_{V_1 \to V_2} = -\int_{V_1}^{V_2} \frac{nRT}{V}\, dV \tag{4.37}$$

(9)　ここでさらにピストンの移動は十分にゆっくりでありその過程では温度 T は一定であるとすると，次式が成り立つことを示せ：

$$W_{V_1 \to V_2} = nRT \ln \frac{V_1}{V_2} \tag{4.38}$$

(10)　1 モルの理想気体を摂氏 0 度（一定）で体積を半分まで圧縮するときに外力がなす仕事を求めよ。

　式 (4.34) は，化学や熱力学で非常によく出てくる式だ。ここでは外力がなす仕事を考えたが，気体（の圧力）がなす仕事を考えると，それは外力がなす仕事の符号を逆にしたものである（なぜなら気体がピストンにおよぼす力は外力がピストンにおよぼす力の逆だから）。それを dW' とすると，$dW' = -dW$ なので

$$dW' = P\, dV \tag{4.39}$$

となる。この式もよく使われるので，式 (4.34) との違いをよく理解しておこう*9。

4.4　ポテンシャルエネルギー（位置エネルギー）

　さて，P.53 式 (4.20) をみると，仕事 $W_{a \to b}$ は始点 $x = a$ と終点 $x = b$ の関数だ。特に始点 a をどこかに固定してそれを基準点とよび，a のかわりに O と書こう（O はゼロではなく origin の O）。そして b を改めて x と書けば，仕事 $W_{O \to x}$ は x の関数だ。その意味は「基準点から位置 x まで物体を運ぶときの仕事」である。この $W_{O \to x}$ の符号を変えたものをポテンシャルエネルギーという（単に「ポテンシャル」と言うこともある）。すなわち

---

*8　この外力が具体的に何によるものかはケースバイケースであり，ある場合は誰かが手で押さえ込んでいるのかもしれないし，ある場合はシリンダー外部に充満する気体の圧力によるものかもしれない。この問題ではその詳細は気にしない。

*9　化学や熱力学では教科書によって外力のなす仕事を dW とするものと，気体がなす仕事（すなわちここで dW' とあらわしたもの）を dW とするものがあるので，気をつけよう。

ポテンシャルエネルギーの定義 (1)

$$U(x) := -W_{O \to x} \tag{4.40}$$

で定義される関数 $U(x)$ をポテンシャルエネルギーという。ここで $W_{O \to x}$ は，物体を基準点から位置 x まで運ぶときに物体にかかっている力がなす仕事である。

例 4.7 P.54 例 4.5 で地面 $h_0 = 0$ を基準点とし，h_1 を改めて h とおけば，式 (4.24) より，$W_{O \to h} = W_{0 \to h} \doteqdot -mgh$ である。このときポテンシャルエネルギーは，式 (4.40) から

$$U(h) \doteqdot mgh \tag{4.41}$$

である。（例おわり）

つまり物体を高く持ち上げるほど重力によるポテンシャルエネルギーは大きくなる。で，持ち上げられた物体は，てこや滑車を使えば，別の物体を持ち上げる「仕事」をすることができる。つまりポテンシャルエネルギーとは，力を受けている物体が，ある位置にあることによって持つエネルギー，つまり位置に付随するエネルギーである。

ポテンシャルエネルギーは中学校や高校で学んだ<u>位置エネルギー</u>と同じ概念である。ただし大学では位置エネルギーという言葉は使わない。

よくある質問 95 同じなら「位置エネルギー」でよいのでは？ なぜわざわざポテンシャルエネルギーというのですか？… 物理学の正式な用語は「ポテンシャルエネルギー」です。でも中高生には「ポテンシャルって何よ？」となるでしょうから，わかりやすく言い換えているのです。

よくある質問 96 「位置エネルギー」の方がわかりやすいから，そっちを正式な用語にすべきでは？… そう言われても私にはどうしようもありませんし，私はもう慣れたので違和感はありません。慣習ってそんなものです。

問 59 ポテンシャルエネルギーとは何か？ 位置エネルギーとどう違うか？

問 60 地面を基準点とし，地面から高さ h にある質量 m の物体のポテンシャルエネルギー（重力による）$U(h)$ が mgh に（近似的に）等しいこと（式 (4.41)）をポテンシャルエネルギーの定義から出発して導出せよ。

問 61 バネ定数 k のバネについた物体を考える。バネの自然状態を原点かつ基準点として，物体が位置 x にあるときバネの弾性力によるポテンシャルエネルギー $U(x)$ は次式のようになることを示せ。また，関数 $U(x)$ をグラフに描け。

$$U(x) = \frac{1}{2}kx^2 \tag{4.42}$$

ところで式 (4.40) の右辺の $W_{O \to x}$ は物体にかかっている力がなす仕事だ。例 4.7 では重力がなす仕事がそれに相当する。ところが現実的には重力がかかっている物体がひとりでに重力に逆らって上に移動したりはしない。誰かが重力に逆らう力をかけてその物体を持ち上げねば物体は上に移動しない。そのような「誰かの力」がなす仕事 $W'_{O \to x}$ を考えると [*10]，それは重力のなす仕事とは同じ大きさでありながら符号が逆である（力の向きが逆だから）。すなわち $W'_{O \to x} = -W_{O \to x}$ だ。それを使うとポテンシャルエネルギーは以下のように定義することもできる：

ポテンシャルエネルギーの定義 (2)

$$U(x) = W'_{O \to x} \tag{4.43}$$

で定義される関数 $U(x)$ を，ポテンシャルエネルギーという。ここで $W'_{O \to x}$ は，物体を基準点 O から位置 x まで運ぶときに，かかっている力に逆らって誰かがなす仕事である。

---

*10 ここで $W'_{O \to x}$ のダッシュは「微分」という意味ではない。単に $W_{O \to x}$ と区別するための印である。

例 4.7 では，物体を地面から高さ h まで君が持ち上げるとすれば，君は物体に上向きに mg という大きさの力をかけ，上向きに h だけ移動させねばならないので，そのとき君が（重力に逆らう力で）なす仕事は $W'_{0 \to h} = mgh$ だ。したがってポテンシャルエネルギーは，式 (4.43) から，$U(h) = mgh$ となり，それは式 (4.41) に一致する（つじつまが合っている）。

式 (4.40) と式 (4.43) は互いに等価であり，どちらの定義を採用してもかまわない。これらの 2 つの定義は教育的な意味で「わかりやすさ」に一長一短があるのだ。前者は右辺にマイナスが出てくるのがちょっと不自然でわかりにくい。後者はそこに実在している力とは別の力を誰かが発揮すると想定するという点でわかりにくい。そこでこれらの欠点を解消した第 3 の定義がある。すなわち

ポテンシャルエネルギーの定義 (3)

$$U(x) = W_{x \to O} \tag{4.44}$$

で定義される関数 $U(x)$ を，ポテンシャルエネルギーという。ここで $W_{x \to O}$ は，物体を位置 x から基準点 O まで運ぶときに，物体にかかっている力がなす仕事である。

たとえば例 4.7 で，物体が高さ h から地面（基準点；高さ 0）まで落下することを考えれば，下向きに mg という大きさの重力がかかって，下向きに h だけ移動するので，そのとき重力がなす仕事は $W_{h \to 0} = mgh$ である。したがってポテンシャルエネルギーは，式 (4.44) から，$U(h) = mgh$ となり，それは式 (4.41) に一致する（つじつまが合っている）。

もちろん式 (4.40)，式 (4.43)，式 (4.44) は互いに等価であり，どれを定義として採用してもかまわない（ちょっと考えれば $W_{x \to O} = W'_{O \to x} = -W_{O \to x}$ であることがわかるだろう）。教科書や学者によってどの定義を採用するかは様々だ。しかし物理学の実体としてはどれも同じことだ。

問 62　質量 m の物体が質量 M の物体から距離 R だけ離れているときの，万有引力によるポ

テンシャルエネルギー $U(R)$ を考える。無限遠（$R = \infty$）を基準点とすると，$U(R)$ は次式のようになることを示せ。また，関数 $U(R)$ をグラフに描け。

$$U(R) = -\frac{GMm}{R} \tag{4.45}$$

よくある質問 97　無限遠が基準点ってどういうことですか？…　文字通りの意味です。式 (4.40) では物体を無限遠から運んでくるという意味になりますし式 (4.44) では物体を無限遠まで物体を運ぶということになります。と言っても違和感ありますよね。普通基準点といえば $x = 0$ とか $h = 0$ みたいに座標がゼロのところを選びますからね。しかし重力は距離が 0 に近づくほどどんどん強くなるので，座標 R がゼロのところに物体を持って行くと仕事は無限大になってしまいます（P.55 式 (4.26) の R_1 を 0 に近づけてみてください）。その結果，ポテンシャルエネルギーも無限大になってしまいます。それは具合が悪いので，あえて座標がゼロのところではなく，逆に無限に遠いところを基準点にするのです。

よくある質問 98　具合が悪いって…そんな主観的な理由で勝手に基準点を選ぶのってテキトーすぎじゃないですか？…　それでうまくいくから OK なのです。ポテンシャルエネルギーはその値自体ではなく，その差や変化を使います（いずれ学ぶ「力学的エネルギー保存則」で経験します）。その際，どこが基準点かは，どうでもよくなります（どこかに決めなければならないけど，その選択は結果には影響しない）。

学びのアップデート

ポテンシャルエネルギーの基準点など，適当に選んで決めてよいことが物理学にはある。それでもうまくいくように物理学はできている。

実は式 (4.45) は式 (4.41) を一般化した式である。前者から後者を導出できるのだ。やってみよう。今，地球の質量を M，地球の半径を r，地表からの高さを h とすると，地表から高さ h にある質量 m の物体のポテンシャルエネルギー（無限遠を基準点

とする）は，式 (4.45) より

$$U(r + h) = -\frac{GMm}{r + h} \tag{4.46}$$

となる（この U と式 (4.41) の関数 U は別物であることに注意）。関数 $f(x) = -GMm/(r + x)$ の線型近似は（よくわからないという人は問 56 の解答を参照），

$$-\frac{GMm}{r + x} \fallingdotseq -\frac{GMm}{r} + \frac{GMm}{r^2}x \tag{4.47}$$

となる（$x \fallingdotseq 0$ とする）。ここで高さは地球の半径に比べて十分に小さいとしよう。つまり $h << r$ とする。すると $h \fallingdotseq 0$ と仮定できて，式 (4.47) で $x = h$ とすれば

$$\begin{aligned} U(r + h) &= -\frac{GMm}{r + h} \\ &\fallingdotseq -\frac{GMm}{r} + \frac{GMm}{r^2}h \end{aligned} \tag{4.48}$$

となる。ここで地表での重力を考えれば

$$\frac{GMm}{r^2} = mg \tag{4.49}$$

である。これを使って式 (4.48) を書き換えると

$$U(r + h) \fallingdotseq -\frac{GMm}{r} + mgh \tag{4.50}$$

となる。つまり

$$U(r + h) + \frac{GMm}{r} \fallingdotseq mgh \tag{4.51}$$

となる。なんと‼ この右辺（mgh）は式 (4.41) の右辺に一致しているではないか！ なぜだろう？

　式 (4.51) 左辺の第一項 $U(r + h)$ は「物体を高さ h から無限遠まで移動する仕事」である（ポテンシャルエネルギーの定義 (3) より）。また，式 (4.51) 左辺の第二項 GMm/r を式 (4.45) と比べると，これは物体が地表にあるときのポテンシャルエネルギー（無限遠を基準点とする）の符号を変えたものである。つまり「物体が地表から無限遠まで移動するときの仕事」の符号を変えたもの，つまり「物体が無限遠から地表へ移動するときの仕事」である。

　したがって式 (4.51) の左辺は「物体を高さ h から無限遠まで移動し，そこから地表まで移動するときの仕事」，要するに「物体を高さ h から地表へ移動するときの仕事」，つまり「地表を基準とする，物体のポテンシャルエネルギー」である。それは式 (4.41) の左辺と同じことを意味している。つじつま

があっているではないか‼

問 63　以下の値をそれぞれ求めよ。必要な数値は各自で調べよ。

(1) 地上 10 m の高さにある質量 2.0 kg の物体に関する重力のポテンシャルエネルギー。（地表を基準点とする）

(2) 長さ 10 m，直径 2.0 mm の鉄線を 1.0 mm 伸ばしたとき，鉄線の弾性力のポテンシャルエネルギー。（伸ばす前の端を基準点とする）

(3) 月に関する地球の重力のポテンシャルエネルギー。（無限遠を基準点とする）

問 64　傾斜角 θ の滑らかな斜面に沿って，質量 m の物体を斜距離 L だけ運びあげた。かかった仕事は？ また，ポテンシャルエネルギーの変化は？

4.5　保存力

　ここでひとつ注意。ポテンシャルエネルギーという考え方は，物体にかかる力が保存力（conservative force）という，ある種の力についてのみ定義される。保存力とは，物体にかかる力が位置だけで決まり（速度などには依らないという意味で），なおかつ，物体が移動するときその力がなす**仕事**が移動の経路によらず，出発点と到達点だけで決まるというような力である。

　そもそもポテンシャルエネルギー $U(x)$ は，物体をある特定の位置（基準点）から位置 x まで運ぶときに力がなす仕事 $W_{O \to x}$ を用いて定義された。

　もしもこの $W_{O \to x}$ が移動の経路によってまちまちの値をとりうるならば（それは保存力ではないということ），$W_{O \to x}$ の値が x で一意的に定まらない。つまり $U(x)$ の値が一意的に定まらないので，ポテンシャルエネルギーが定義できないのだ。

　我々の知る力の多くは保存力である。ひとつの例外は摩擦力だ。摩擦力は保存力ではない。

問 65　保存力とは何か？

問 66　上の問（保存力とは何か？）について，「物体にかかる力が位置だけで決まり，」に続いて以下のような回答があった。それぞれについて，正し

いか正しくないか，正しくないならどこがどのように間違っているかを述べよ。

(1) 「物体を移動させるとき，どの経路をたどっても仕事が変わらないもの」

(2) 「物体を移動させるとき，その力がなす仕事が，移動の経路によらず，出発点と到達点だけで決まること」

(3) 「物体を移動させるとき，その力がなす仕事が，移動の経路によらず一定であるような力」

(4) 「物体を移動させるとき，移動の経路によらず一定であるような力」

問 67 ▶ 摩擦力が保存力でないことを証明しよう。

(1) 物体を位置 x_0 から位置 x_1 に運ぶときの仕事を W_{01} とし，その逆戻り，つまり物体を位置 x_1 から位置 x_0 に運ぶときの仕事を W_{10} とする。もし力が保存力なら $0 = W_{01} + W_{10}$ となることを示せ（ヒント：物体を x_0 から x_0 まで運ぶ経路には「何も動かさない」とか「x_0 から x_1 までを往復する」などがある。）

(2) 摩擦力では上の式が成り立たないことを示せ。

問 68 ▶ 傾斜角 θ の斜面に沿って質量 m の物体を斜距離 L だけ誰かが運び上げた。物体と斜面の間の動摩擦係数を μ' とする。かかった仕事は？　また，重力のポテンシャルエネルギーの変化は？

4.6　仕事率

単位時間あたりになされる仕事のことを仕事率という。すなわち，時間 Δt の間に仕事 ΔW が行われた場合，仕事率 P は

$$P = \frac{\Delta W}{\Delta t} \tag{4.52}$$

と定義される。ここで仕事率が時々刻々と変わるような場合についても対応できるように，Δt として十分に短い時間をとると

$$P = \frac{dW}{dt} \tag{4.53}$$

となる。つまり仕事率は時刻 t までになした仕事 $W(t)$ を時刻 t で微分したものであると言ってもよい。

例 4.8 質量 m の物体を Δt の時間をかけて高さ Δh まで持ち上げる場合を考えよう。仕事 ΔW は $mg\Delta h$ となる。仕事率 P は

$$P = \frac{\Delta W}{\Delta t} = \frac{mg\Delta h}{\Delta t} \tag{4.54}$$

となる。Δt を 0 に近づけると

$$P = mg\frac{dh}{dt} \tag{4.55}$$

となる。dh/dt は物体を持ち上げる速度だ。これを v とおくと

$$P = mgv \tag{4.56}$$

となる。（例おわり）

仕事率の単位は，SI では $\mathrm{J\,s^{-1}}$，もしくは同じことだが $\mathrm{kg\,m^2\,s^{-3}}$ だ。この単位をワットといい，W とあらわす。

よくある質問 99　W という記号に混乱しています。先程 W は仕事を表していましたが今は W は仕事率ですか？　仕事と仕事率って同じなのですか？… 違います。よく見て下さい。先程まで「仕事」を表していた記号は W ではなく W です。斜めな文字でしょ？ そして今，仕事率の話で使っている W は斜めではないでしょ？　W と W は全く意味が違います。前者は仕事（英語で work）を表す変数の慣習的な記号です。後者は仕事率の単位「ワット」を表す記号で，スコットランドの科学者 James Watt の姓の頭文字です。同じアルファベットになったのは偶然です。

よくある質問 100　紛らわしくないですか？… 確かにちょっと紛らわしいですが，科学では変数を斜字体で表し，単位を立体で表すということが国際的な取り決め（国際単位系）で決まっています。そのようなことに注意を払えばよいのです。

> **学びのアップデート**
> W と W は意味が違う。字体にもメッセージが込められている。

問 69 ▶ 質量 2.0 kg の物体を，地表付近で

3.0 m/s の速さで持ち上げる時の仕事率を求めよ。

式 (4.52) を見ると仕事率は「仕事を時間で割ったもの」だとわかる。この関係を逆転すると，仕事率に時間をかけたら仕事になることがわかる[*11]。なので仕事の単位（ということはエネルギーの単位でもある）として「仕事率かける時間」という量の単位を使うこともできる。その代表例が W h（ワット時）という単位だ（W は仕事の単位で h は時間の単位である）。1 W の仕事率を 1 時間続けたときの仕事（やそれに相当するエネルギー）が 1 W h だ。

問 70 1 W h のエネルギーを J を単位として書きなおせ。

4.7 電位・電位差・電圧

小中学校理科でよく「電圧」や「ボルト」というものが出てきた。しかし実は電圧の定義は小学生や中学生が理解できるようなものではないのだ。あのときは電圧は「水路の高さ」や「その差」という喩え話で教えられたが，ここで本当の定義を教えよう。その前に以下の問題をやって欲しい：

問 71 電荷 Q を持つ物体 1 が原点にあり，電荷 q を持つ物体 2 が位置 x にあるときの，クーロン力によるポテンシャルエネルギー $U(x)$ は次式になることを示せ：

$$U(x) = \frac{kQq}{x} \tag{4.57}$$

ただし無限遠を基準点とする。k は式 (2.14) に現れる定数である。

前問のように，電気的な力（クーロン力）によるポテンシャルエネルギーは電荷に比例する。そこで，電気的なポテンシャルエネルギーについてはそれをその場所の電荷で割った値で表現することが多い。それを電位とよぶ。つまり電位とは「その場所の単位電荷あたりのポテンシャルエネルギー」と定義するのだ。

電位の単位は SI では J C^{-1} である。これを V

と書き「ボルト」とよぶ。

空間の 2 点の間の電位の差を電位差という。電位差の SI 単位は電位と同じく V である。

問 72 問 71 の続き。
(1) 物体 1 が位置 x に作る電位を式であらわせ。
(2) 100 年ほど前の理論（ボーア模型という；後述）では，水素原子は陽子から 0.529×10^{-10} m の付近に電子があると考えられていた。その付近の電位は何 V か？

空間の 2 つの点の間を仮想的に荷電粒子を移動させるとき，かかる仕事を電荷で割ったもの（単位電荷あたりの仕事）を，その 2 点間の電圧とか起電力という（定義）。電圧や起電力の SI 単位も V である。

多くの場合，電位差と電圧（起電力）は同じだ。ただし電位差と電圧が異なることもある。それは，電気的な力がクーロン力だけでなく，磁場の時間的変化によってももたらされる場合である。その場合は電気的な力は保存力ではなくなる（経路によって仕事が変わる）。その詳細については本書が読者に想定する数学力ではちょっと手に余るので本書では述べない。とりあえずそのような場合は電位差よりも電圧や起電力という言葉が用いられる，ということを頭の片隅に置いておこう。

問 73
(1) 電位とは何か？
(2) 電圧とは何か？
(3) SI での電位の単位を述べよ。
(4) 2.0 V の電位に 0.30 C の電荷があるときのポテンシャルエネルギーを求めよ。
(5) 1.0 V の電位に電子が 1 個あるときのポテンシャルエネルギーを求めよ。

問 73(5) で考えた，1 V の電位にある電子 1 個のポテンシャルエネルギーの絶対値である $1.602176634 \times 10^{-19}$ J が 1 eV とよばれる。eV はエレクトロン・ボルトという新たな単位であり，電子や原子や分子の様々な形のエネルギーを表現するのによく使う。特に化学でよく使う。

[*11] 正確には仕事率を時刻で積分したものが仕事になる。

4.8 電流・電力・電力量

　P.21 で電荷とは何かを学んだ。ここでは「電流」を学ぼう。導線の中などで，ある場所を多くの荷電粒子が次々と通り過ぎるとき，通り過ぎた荷電粒子の電荷の総量を，それにかかった時間で割ったものを電流という（定義）。すなわち単位時間あたりに通り過ぎる電荷が電流である。

　定義から，電流は，C/s（クーロン毎秒）という単位で表現できることがわかる。C/s という単位を A（アンペア）という[*12]。

　電気的な力によって行われる仕事の仕事率（単位時間あたりの仕事）を電力という（定義）。特に 2 点の間を電流 I が流れているとき，2 点間の電圧が V ならば仕事率は VI となる。なぜか？　電荷 q が電圧 V の 2 点間を移動するときの仕事は qV である（それが電圧の定義！）。それを時間 Δt で行ったなら，仕事率は $qV/\Delta t$ だ。ところが $q/\Delta t$ は移動した電荷を時間で割ったものだから，それは電流 I である。したがって仕事率は VI。

　V の単位は V，つまり J/C であり，I の単位は A だから，VI の単位は J A/C である（ここで出てきた斜字体の V と立体の V は互いに意味が違うことに君は気づいているだろうか？　SI の規定では斜字体は変数，立体は単位を表す約束だった！[*13]）。ここで C＝A s であることを思い出すと，J A/C は結局，J/s，つまり W（ワット）になる。うまくつじつまがあっているではないか！

　電気的な力によって行われる仕事を電力量という。電力量を時間で微分したもの（単位時間あたりの電力量；つまり電気的な力によって行われる仕事率）が電力である。電力を時間で積分すると電力量になる。電力量は仕事なのでその SI 単位は J（ジュール）である。しかし一般社会では先述の W h（ワットアワー）という単位がよく使われる。

　問 74　電流・電力・電力量をそれぞれ簡潔に説明せよ。またそれぞれの SI 単位を述べよ。

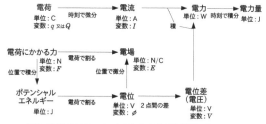

図 4.7　電気に関する概念の関係図。斜字体と立体の区別に注意せよ。斜字体は変数を，立体は単位を表す。変数には，よく使われる記号を示すが，人によって例外もあることに注意せよ。単位の読み方は，A: アンペア，C: クーロン，F: ファラド，J: ジュール，N: ニュートン，V: ボルト，W: ワット，Ω: オーム

　問 75　電池の容量（電荷）を表すのに A h という単位がよく使われる。ある自動車のバッテリー（8000 円くらい）は 36 A h の容量だった。

(1) このバッテリーが流すことのできる電荷の総量を求めよ。

(2) このバッテリーができる仕事の総量を求めよ。ただしこのバッテリーも含めて自動車のバッテリーはほとんどが電圧 12 V である。

(3) ある車はこのバッテリーを積んでいる。この車のヘッドランプは LED（発光ダイオード）であり，片方が 23 W の消費電力である。左右両方のヘッドランプをつけっぱなしにしたらどのくらいの時間でバッテリーは空っぽになるか？

演習問題

演習問題 3　昔は水田に水を入れるのに足踏み水車というものを使った。足踏み水車を使って灌漑水路から水田（面積 1 a）に水を入れようと思う。灌漑水路の水面と水田の間には畦があり，畦は水路水面よりも 50 cm 高い。この水田に水深が 0 cm から 5 cm になるまで水を 5 時間で汲み上げる場合の仕事率を求めよ。

┌─────────────────────────┐
│　　　　　　 **問の解答**　　　　　　│
└─────────────────────────┘

答 49　(1) 力と，その力が働く点が力と同じ向きに動いた距離との積。(2) J ＝ N m＝kg m² s⁻²。(3) 力が

[*12] A は SI 基本単位のひとつなので，本来は C ＝ A s が C の定義なのだが，A ＝ C/s が A の定義だと思っておくほうがわかりやすいだろう。

[*13] 『ライブ講義 大学 1 年生のための数学入門』第 2 章参照。

つり合っている系では仮想的な微小変位に伴って外力の
なす仕事の総和は 0 である，という原理。

答50

(1) 略（ヒント：直角三角形の高さを三角関数で表す）。

(2) 物体 1 について重力は鉛直下向きで大きさ $m_1 g$
である。その重力が働く点である物体 1 の，重力方向
（鉛直下向き）の変位[*14] は h_1 であり，それは前問より
$l_1 \sin\theta$ である。したがって重力が物体 1 にした仕事は
$m_1 g h_1 = m_1 g l_1 \sin\theta$。

物体 2 については重力は鉛直下向きで大きさ $m_2 g$ であ
る。物体 2 の重力の方向（鉛直下向き）への変位は
$-h_2$ である（マイナスがつくのは重力とは逆向きだか
ら）。それは前問より $-l_2 \sin\theta$ である。したがって重力
が物体 2 にした仕事は $-m_2 g h_2 = -m_2 g l_2 \sin\theta$。

(3) 仮想仕事の原理より，前小問の 2 つの仕事の和は 0
だから $m_1 g l_1 \sin\theta - m_2 g l_2 \sin\theta = 0$。したがって
$m_1 l_1 = m_2 l_2$。

答51

(1) ハンドルを 1 回まわす距離は $2\pi r$。ハンドルを回す
力はハンドルの移動（回転）の方向と常に一致しており，
その大きさは F。したがってハンドルを 1 回転させると
きに回す手がなす仕事は $2\pi r F$。

(2) ハンドルが 1 回転するときに上載物は Δy だけ持ち
上がる。このとき上載物にかかる重力は下向き（上載物
の移動とは逆方向）に mg の大きさでかかるから，重力
のなす仕事は $-mg\Delta y$ となる。

(3) ハンドルが 1 回転することを微小な変位とみなせば，
仮想仕事の原理より，ハンドルを回す手がなす仕事（式
(4.8)）と重力がなす仕事（式 (4.9)）の和は 0 である。し
たがって与式が成り立つ。

(4) 式 (4.10) を $F =$ のように変形すればよい。

(5) 式 (4.11) に各数値を代入して 23 N。これは約 2 kg
の物体にかかる重力，つまり水が 2 リットル入ったペッ
トボトルを直接持ち上げる程度の力である。ジャッキを
使えばそれで 1000 kg の上載物を持ち上げることができ
るのだ。

答52
仕事が形を変えた量，もしくは仕事に形を変え
ることができる量。

答53

(1) 略。

(2) $k = 6.0$ N/m, $x_0 = 0$ m, $x_1 = 3.0$ m として式

---

*14 位置の変化量のことを変位（displacement）という。

(4.21) に代入すると，-27 J。

(3) $k = 6.0$ N/m, $x_0 = 0$ m, $x_1 = -3.0$ m として式
(4.21) に代入すると，-27 J。

(2) と (3) はともに負の値になることに注意せよ。バネ
は引き延ばす時も押しこむ時も「移動の方向」と「バネ
が発揮する力の方向」は逆向きだからである。

答54
(1) は略。(2), (3) は有効数字 2 桁で考える。

(2) $m = 0.14$ kg, $h_0 = 50$ m, $h_1 = 0$ m, $g = 9.8$ m s^{-2}
として，$W = mg(h_0 - h_1) = 0.14$ kg$\times 9.8$ m s$^{-2} \times$
(50 m$-$0 m)$=69$ kg m^2 s$^{-2}=69$ J。

(3) $m = 60$ kg, $h_0 = 0$ m, $h_1 = 3800$ m と
して，$W = mg(h_0 - h_1) = 60$ kg$\times 9.8$ m s$^{-2} \times$
(0 m$-$3800 m)$=-2.2 \times 10^6$ J。

(3) が負の量になることに注意。重力の向きと移動の向
きが逆だからである。なお富士山登山は実際は鉛直上下
方向ではなく斜めに移動するが，そのうち水平方向の移
動は重力に対して直交する向きなので，重力のなす仕事
には関係しない。このことは後の章で学ぶ。

答56
（略解）(1) $f(x) = 1/(1+x)$ として，$f(0) = 1$,
$f'(x) = -(1+x)^2$，したがって $f'(0) = -1$。線型近似
の式（ライブ講義数学入門参照）：$f(x) \fallingdotseq f(0) + f'(0)x$
に入れると $f(x) \fallingdotseq 1 - x$。(2) $y = (1/a)\{1/(1+x/a)\}$
と変形し，x/a を前小問の x に相当するものとみなす
と $y \fallingdotseq (1/a)(1 - x/a) = (1/a) - (x/a^2)$。(3) 前小問で
$a = r$, $x = h_0$ または $x = h_1$ のときを考えて

$$\frac{GMm}{r + h_0} \fallingdotseq \frac{GMm}{r} - \frac{GMm}{r^2}h_0 \tag{4.58}$$

$$\frac{GMm}{r + h_1} \fallingdotseq \frac{GMm}{r} - \frac{GMm}{r^2}h_1 \tag{4.59}$$

これらを式 (4.28) に代入すると

$$W_{h_0 \to h_1} = \frac{GMm}{r + h_1} - \frac{GMm}{r + h_0}$$
$$\fallingdotseq -\frac{GMm}{r^2}h_1 + \frac{GMm}{r^2}h_0 = \frac{GMm}{r^2}(h_0 - h_1)$$

これは（m を分数の右に移せば）式 (4.29) に一致する。

(4) ここで式 (2.7) より $GM/r^2 = g$ なので，式 (4.29)
は $W_{h_0 \to h_1} \fallingdotseq mg(h_0 - h_1)$ となる。これは等号と近
似等号の違いを除けば式 (4.24) と一致する。つまり式
(4.24) は式 (4.26) の近似式である。

答57
（略解）

(1) $E_1 = mgh$, $E_2 = GMm\{1/r - 1/(r + h)\}$

(2) $h = 100$ m のとき，$E_1 = 9.82 \times 10^3$ J, $E_2 =$
9.82×10^3 J（有効数字 3 桁では同じ）。$h = 10$ km のと
き，$E_1 = 9.82 \times 10^5$ J, $E_2 = 9.81 \times 10^5$ J。$h = 1000$ km

のとき，$E_1 = 9.82 \times 10^7$ J, $E_2 = 8.49 \times 10^7$ J。

(3)（略）

答 58

(1) シリンダーの内部は底面積 A，高さ h の筒形の空間である。したがってその体積は $V = Ah$。

(2) 気体は圧力 P でピストンを押し上げようとする。一般に，一定の圧力がかかる面には圧力かける面積という力がかかる。したがって，この場合は気体はピストンを PA という力で押し上げようとする。いま，座標軸を鉛直上向きにとっているので，上向きが正。したがって $F_1 = PA$。

(3) ピストンは静止しているので，ピストンにかかる力はつり合っていなければならない。したがって F_1 を打ち消す力が外から働いているはずである。したがって外力は $F_2 = -F_1 = -PA$。

(4) ピストンの移動がゆっくり（ほぼ静止）なので力のつり合いは維持されると考えてよい。外力がなす仕事 dW は力 F_2 と変位 dh の積である。したがって

$$dW = F_2\, dh = -PA\, dh \tag{4.60}$$

(5) 変化前の気体の体積は $V = Ah$，変化後の気体の体積は $V + dV = A(h + dh)$ である。これらの式より $dV = A\, dh$ を得る。

(6) 略。

(7) 略。（式 (4.34) の両辺に $\int$ をつけて積分。）

(8) 状態方程式より $P = nRT/V$。これを前小問の結果に代入すれば与式を得る。

(9) 温度一定なので前小問の式 (4.37) より

$$W_{V_1 \to V_2} = -nRT \int_{V_1}^{V_2} \frac{dV}{V} = -nRT \left[\ln |V| \right]_{V_1}^{V_2}$$
$$= -nRT \ln \frac{V_2}{V_1} = nRT \ln \frac{V_1}{V_2} \tag{4.61}$$

注：体積 V_1, V_2 は正なので対数内の絶対値は結局不要。

(10) $n = 1$ mol, $R = 8.31$ J mol^{-1} K^{-1}, $T = 273$ K, $V_1/V_2 = 2$, $\ln 2 = \log_e 2 \fallingdotseq 0.693$ を前小問の式 (4.38) に代入し，$W_{V_1 \to V_2} = 1570$ J。（有効数字 3 桁）

答 59　基準点から位置 x まで物体を運ぶときの仕事を $W(x)$ とするとき，$U(x) = -W(x)$ で定義される関数 $U(x)$ をポテンシャルエネルギーという。位置エネルギーと同じ。

答 61　P.53 式 (4.21) で $x_0 = 0$, $x_1 = x$ とおきなおせば

$$U(x) = -W_{0 \to x} = \frac{1}{2}kx^2 \tag{4.62}$$

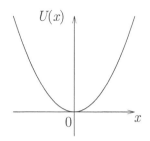

図 4.8　バネのポテンシャルエネルギー

グラフは図 4.8 のようになる。

答 62　P.55 式 (4.26) で $R_0 = \infty$, $R_1 = R$ とおきなおせば

$$U(R) = -W_{\infty \to R} = -\frac{GMm}{R} \tag{4.63}$$

グラフは図 4.9 のようになる。

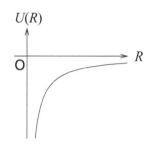

図 4.9　万有引力のポテンシャルエネルギー

答 63　(1) 式 (4.41) において $m = 2.0$ kg, $g = 9.8$ m s^{-2}, $h = 10$ m とすれば $U = 196$ J $\fallingdotseq 200$ J。
(2) 問 47(3) よりバネ定数 k は $k = 6.2 \times 10^4$ kg s^{-2}。また，$x = 0.0010$ m としてこれらを式 (4.42) に代入すれば $U = 0.031$ J。(3) 地球の質量を M，月の質量を m，地球と月の距離を x とすれば

$$G = 6.7 \times 10^{-11} \ \text{m}^3 \ \text{kg}^{-1} \ \text{s}^{-2}$$
$$M = 6.0 \times 10^{24} \ \text{kg}$$
$$m = 7.3 \times 10^{22} \ \text{kg}$$
$$x = 4.0 \times 10^8 \ \text{m}$$

これらを式 (4.45) に代入して $U = -7.3 \times 10^{28}$ J。

答 64　物体にかかる重力を斜面に垂直な方向と斜面に平行（下向き）な方向に分解して考える。前者は斜面から受ける垂直抗力とつり合って打ち消しあう。後者は $mg\sin\theta$ となる（θ は傾斜角）。誰かがこれと等しい大きさの力を斜面に平行で上向きにかけることで物体が斜

距離 L だけ移動する。そのとき「誰か」が行った仕事は $mgL\sin\theta$ となる。これは式 (4.43) より，ポテンシャルエネルギーの変化にも等しい。

答 65 保存力とは，物体にかかる力が位置だけで決まり，なおかつ，物体をある位置から別の位置に運ぶときにその力がなす仕事が，移動の経路によらずに出発点と到達点だけで決まる，というような力である。

答 67 (1) 物体を位置 x_0 から位置 x_1 に運んで位置 x_0 に戻すという移動も，物体を位置 x_0 に置いたまま動かさないというのも，ともに「物体を位置 x_0 から位置 x_0 に移動する」経路である。前者の仕事は $W_{01} + W_{10}$ であり，後者の仕事は 0 である（移動距離が無いから）。したがってもし力が保存力なら $W_{01} + W_{10} = 0$ である。(2) 動摩擦力の大きさを F_m とし，x_0 と x_1 の間の距離を X とすると，$W_{01} = -F_\mathrm{m}X$ である。ここでマイナスがつくのは，力の向きが移動方向と逆だからである。同様に $W_{10} = -F_\mathrm{m}X$ である。したがって $W_{01} + W_{10} = -2F_\mathrm{m}X$ となり，前小問の式は成り立たない。したがって摩擦力は保存力でない（背理法）。

答 68 問 64 とほぼ同様だが，この場合，物体には斜面平行・下向きに $\mu'mg\cos\theta$ という大きさの摩擦力もかかる。そのぶん「誰か」ががんばらねばならない。結果的に「誰か」が斜面に平行で上向きに物体にかける力は

$$mg\sin\theta + \mu'mg\cos\theta \tag{4.64}$$

となる。物体は斜距離 L だけ移動するので「誰か」が行った仕事は

$$mgL\sin\theta + \mu'mgL\cos\theta \tag{4.65}$$

となる。ところが摩擦力は保存力ではないのでポテンシャルエネルギーの増減には関与しない。したがってポテンシャルエネルギーの増加は問 64 より $mgL\sin\theta$。

答 69 式 (4.56) に $m = 2.0$ kg, $g = 9.8$ m s^{-2}, $v = 3.0$ m s^{-1} を代入すると，有効数字 2 桁で $P = 59$ W。

答 70 1 W h = 1 J s^{-1} × 3600 s=3600 J

答 71 原点に電荷 Q を固定し，x 軸上に電荷 q を動かす。位置 x に電荷 q があるとき（$0 < x$ とする），それに働く力 F は，P.22 式 (2.14) より $F = kQq/x^2$ である。無限遠（基準点）から位置 x まで電荷 q を動かすときにこの力がなす仕事は

$$W_{\infty \to x} = \int_{\infty}^{x} F\,dx = \int_{\infty}^{x} \frac{kQq}{x^2}\,dx = \left[-\frac{kQq}{x}\right]_{\infty}^{x}$$

$$= -\frac{kQq}{x} \tag{4.66}$$

となる。P.57 式 (4.40) より $U(x) = -W_{\infty \to x} = kQq/x$ となる（証明終わり）。

注：式 (4.66) で積分変数 x（つまり dx の x）と積分区間の上端の x（つまり $\int_{\infty}^{x}$ の x）が「かぶっている」が，これは別物と解釈する。すなわち積分変数 x は本当は X や s など，何か適当に x 以外の記号で置くのが形式的には正しいのだが，それは煩雑でむしろわかりにくくなるので，横着して x のままにしておくのだ。このような書き方は物理学でよく出てくる。

答 72 (1) 位置 x におけるポテンシャルエネルギー（式 (4.57)）を位置 x における電荷 q で割ればよい：$U(x)/q = kQ/x$

(2) $x = 0.529 \times 10^{-10}$ m とする。陽子の電荷は電荷素量なので $Q = 1.602 \times 10^{-19}$ C。また，P.22 式 (2.14) より $k = 8.987 \times 10^9$ N m^2 C^{-2}。これらを (1) で得た式に代入すると（途中計算過程をレポートに記載せよ），27.2 V。

答 73 (1) 単位電荷あたりのポテンシャルエネルギー。(2) 空間の 2 つの点の間を仮想的に荷電粒子を移動させるとき，かかる仕事を電荷で割ったもの。多くの場合，2 点間の電位の差（電位差）。(3) J C^{-1}，言い換えると V。(4) 0.6 J。(5) 電子の電荷は -1.602×10^{-19} C なので，それが 1 V の電位にあると -1.602×10^{-19} J。

答 75 (1) 36 A h=36 (C/s)×3600 s=130000 C。(2) 12 V×36 A h=12 × 36 × 3600 V A s=1.6 × 10^6 J。(3) 左右両方で 46 W。12 V の電圧では 46 W/(12 V)=3.8 A の電流が流れる。36 A h/(3.8 A)=9.4 h。およそ 9 時間で空になる。これが LED でなく昔のハロゲンランプならもっと短い時間（数時間）で空になってしまう。

よくある質問 101 代入する値がほしいです。… そのうち文字（変数）だけの答えにも慣れますよ。そっちのほうが，いろんな量どうしの関係がわかりやすいですよ。

よくある質問 102 なんとなくわかるけど，問題を解くときにわけわからなくなります。… だから問題演習は大事。しっかり考えて，わからなければ解答を読んでまた考えて下さい。

よくある質問 103 高校の先生が「物理ができるか

どうかは絵が上手に描けるかどうかで決まる」と
言っていましたがそうなんですか？… 決まるかどう
かはわかりませんが（笑），絵や文章など，自分を表現
するツールを豊かに持っている人は成長しやすいと思い
ます。

受講生の感想 6　本当なのかなーって疑いたくなる
値が答えだったり，物理ってなんなんだー

受講生の感想 7　電位，電場，電荷，電流など様々な
単語が出てきたが，それらの数値を微分したり積分
したり割ったりすることで体系化されすべてつなが
るというのが面白かった。感覚やイメージを捨てて
定義から様々な情報を求める，ということの大切さ
とその具体的なやり方がここで身についたと思う。

第**5**章

運動の三法則

これから物体の運動，つまり物体の位置が時刻とともに変化する様子を論じる。そのためには物体を「質点」としてモデル化し，その質点の運動を考えるのだ。我々の当面の目標は，質点の位置が時々刻々と変わる様子を時刻の関数として表すことだ。

よくある質問104　物体が同じ位置で変形したり回転したりも運動ではないですか？… そうなのですが，その物体を細かい小さな物体の集まりと考えれば，小さな物体の位置の変化として大きな物体の変形や回転も論じることができます。

これからベクトル，微分，積分という 3 つの数学が必要なので，まずその準備をしよう。

5.1　ベクトルとスカラー

中学校理科で学んだように速度や力は「向き」と「大きさ」を持つ。このように向きと大きさを持つ量のことをベクトルとよぶ（定義）。それに対して，大きさだけを持ち向きを持たない（ただしプラスとマイナスはあってもよい）ような量をスカラーとよぶ（定義）。たとえば力はベクトルだが力の大きさはスカラーだ。

ベクトルを記号で表すときは高校では $\vec{F}$ や $\vec{v}$ のように「アルファベットに上付き矢印」を使っていたが，大学では $\mathbf{F}$ や $\mathbf{v}$ のように「アルファベットの太字」を使う（慣習）。それに対してスカラーは上矢印もつけず太字でもない普通の細字で斜字体のアルファベットで表す（慣習）。

ベクトルとスカラーは異なる扱いが必要なので[*1]，それを区別し用心するために

---

*1　たとえば一般的にベクトルで割ることはできない。

```
┌─────────────────────────┐
│          慣習           │
│   ベクトルの記号は太字    │
│   スカラーの記号は細字    │
└─────────────────────────┘
```

で書き分けるのだ。

ベクトルは 3 次元空間[*2]の中の 3 つの座標軸（x, y, z）の各方向の大きさ（ただし座標軸と逆向きの場合はマイナスとする）の組み合わせとして表すこともできる。それをベクトルの座標とよび，それを構成する数値を成分とよぶ。たとえば力のベクトル $\mathbf{F}$ は

$$\mathbf{F} = (F_x, F_y, F_z) \tag{5.1}$$

のように座標で表され，その 3 つの成分は F_x, F_y, F_z である。

ベクトルの成分はスカラーである。なぜならば座標軸によって向きが決められているので大きさ（とプラスマイナス）しか意味を持たない。したがって成分は細字で書かねばならない。つまり式 (5.1) の左辺の $\mathbf{F}$ は太字であり，右辺の F_x, F_y, F_z は細字である。式 (5.1) を

$$F = (F_x, F_y, F_z) \quad \text{と書いてはダメだし，}$$
$$\mathbf{F} = (\mathbf{F}_x, \mathbf{F}_y, \mathbf{F}_z) \quad \text{と書いてもダメ}$$

である。

よくある間違い 6　手書きのとき，筆圧高めでぐりぐり濃く書けば太字になると思っている… 印刷物ではそんな雰囲気に見えますが，手書きで太字を書くとき

---

*2　我々が住む普通の意味での空間。3 次元ユークリッド空間ともいう。

はどこかを二重線にするのです。『ライブ講義 大学 1 年生のための数学入門』P.153 参照。

問 76 以下のアルファベットの太字を手書きせよ：

(1) **F** … 力を表す（force）のによく使う。

(2) **a** … 加速度（acceleration）を表すのによく使う。

(3) **v** … 速度（velocity）を表すのによく使う。

(4) **r** … 位置ベクトルを表すのによく使う。

ヒント：筆圧高めでグリグリ書けばよいのではありません!! 上の「よくある間違い」参照。

よくある質問 105　力はベクトルなので大字で書くべきですよね。でも P.29 では $F = -kx$ のように細字で書いていましたが？… それはバネに関するフックの法則ですね。バネは普通，1 方向にしか伸縮しません。その方向に x 軸をとり，それに垂直な方向に y 軸と z 軸をとれば，力 **F** は

$$\mathbf{F} = (F_x, 0, 0) \tag{5.2}$$

と書けますね（x 軸方向以外の成分はいつもゼロ）。ということは y 方向や z 方向のことを気にする必要が無いから，改めて F_x を F と書いて

$$\mathbf{F} = (F, 0, 0) \tag{5.3}$$

と書いても OK です。そしてこの x 成分を取り出したのが $F = -kx$ の左辺の F なのです（そして右辺の x はバネの変位を表すベクトル $(x, 0, 0)$ の x 成分を取り出したもの）。ベクトルを太字で書くのは，いろんな方向をとり得る量ですよ，ということを忘れないためです。このように直線上に限定された現象は，「いろんな方向をとり得る」ことはありません。1 方向の成分だけを取り出して細字で書けば十分であり，むしろ手軽です。それをあえて他の成分もキープしてベクトル（太字）として扱うと，「あれ？ 直線から外れることもあるのかな？」のように混乱を生じかねません。

慣習

直線上に限定した議論ではベクトルであっても（成分を取り出して）細字を使う。

5.2　位置を微分すると速度，速度を微分すると加速度

　物理学では質点の位置をベクトルで表す。すなわち空間のどこかに原点とよぶ固定点を設定し，この原点から見た向きと距離の組み合わせや座標で位置を表す。それを位置ベクトルという。単に位置ともいう。位置ベクトルは慣習的に **r** で表すことが多い[*3]。

　ここで大事な概念を 2 つ定義する：

速度と加速度の定義

速度とは位置を時刻で微分したもの。
加速度とは速度を時刻で微分したもの。

　位置，速度，加速度はニュートン力学の主役である。これらを使って物理法則を数学的に表し，それを解くのがニュートン力学なのだ。というわけでまずこれらの定義を数式で表現してみよう：

　時刻を t とし，質点の位置ベクトル（座標）を以下のように表す：

$$\mathbf{r}(t) = (x(t), y(t), z(t)) \tag{5.4}$$

ここで (t) は「これは t の関数だ」というしるしである。しかし位置（の座標成分）が時刻の関数であるのは当たり前だし，それをいちいち書くのは面倒だ。そこでこの (t) は省略して

$$\mathbf{r} = (x, y, z) \tag{5.5}$$

と書いてもよいことにしよう。ただしここに具体的な値や特定の値，たとえば t_1 が入るような場合は

$$\mathbf{r}(t_1) = (x(t_1), y(t_1), z(t_1)) \tag{5.6}$$

のように明示的に書く必要がある。

[*3]　なぜ **r**？ 位置だから position で **p** の方がよいのでは？ と思う人もいるだろう。これは数学で出てくる極座標の表記 (r, θ) から来ている。その r は半径（radius）から来ている。

慣習

$\mathbf{r}(t)$ や $x(t)$ などの (t) は，面倒または煩雑なときは省略することが多い。

また，質点の速度を

$$\mathbf{v}(t) = (v_x(t), v_y(t), v_z(t)) \tag{5.7}$$

とし，質点の加速度を

$$\mathbf{a}(t) = (a_x(t), a_y(t), a_z(t)) \tag{5.8}$$

とする。すると上記の「速度と加速度の定義」は以下の式のように表現できる：

$$\mathbf{v}(t) = \frac{d}{dt}\mathbf{r}(t) = \mathbf{r}'(t) \tag{5.9}$$

$$\mathbf{a}(t) = \frac{d}{dt}\mathbf{v}(t) = \frac{d^2}{dt^2}\mathbf{r}(t) = \mathbf{v}'(t) = \mathbf{r}''(t) \tag{5.10}$$

よくある質問 106　この $\frac{d}{dt}$ って何ですか？… その後の関数を変数 t で微分するという意味の記号です。$\mathbf{r}'$ や $\mathbf{v}'$ の肩のダッシュもそうです。

よくある質問 107　ベクトルを微分する？ そんなの見たことありません。… 数学の教科書[*4]にありますがここでも説明しておきましょう。ベクトル値関数 $\mathbf{r}(t)$ について，$\mathbf{r}(t)$ と $\mathbf{r}(t+dt)$ を考えます（dt は限りなく 0 に近い微小量）。dt は微小量なので $\mathbf{r}(t+dt)$ と $\mathbf{r}(t)$ は互いに近いものどうしでしょう。この 2 つのベクトルの差を dt で割ったもの，つまり

$$\frac{\mathbf{r}(t+dt) - \mathbf{r}(t)}{dt} \tag{5.11}$$

を $\mathbf{r}(t)$ の微分（正確には微分係数や導関数）とよび，$\mathbf{r}'(t)$ と書きます。あるいは同じことですが

$$\mathbf{r}(t+dt) = \mathbf{r}(t) + \mathbf{r}'(t)\,dt \tag{5.12}$$

となるようなベクトル $\mathbf{r}'(t)$ が $\mathbf{r}(t)$ の微分です。形式的には普通の関数の微分と変わりません。足し算や引き算がベクトルの足し算や引き算になるだけです。

ここで $\mathbf{r}(t+dt) - \mathbf{r}(t)$ を $d\mathbf{r}$ と書けば式 (5.11) は

$$\frac{d\mathbf{r}}{dt} \tag{5.13}$$

[*4] 『ライブ講義 大学 1 年生のための数学入門』10.10 節

となります。そのままでもよいのですが，これを形式的に

$$\frac{d}{dt}\mathbf{r} \tag{5.14}$$

と書いたのが式 (5.9) の真ん中です。

よくある質問 108　式 (5.9) には (t) がついているけど式 (5.14) にはついていませんね。なぜですか？… 式 (5.14) に (t) をつけてもよいのですよ。でもその前に d/dt がかかっているので $\mathbf{r}$ は t の関数であることは明らかです。そこで（前述したように）煩雑さを避けるために (t) を省略したのです。

よくある質問 109　dt や $d\mathbf{r}$ など，"d" がたくさん出てきますがどういうことですか？… d は difference の頭文字から来ている数学記号というか慣習で，「d なんとか」で「なんとかの微小な差」や「なんとかの微小な変化」を表します。たとえば dt は時刻の微小な差（変化）を意味します。このとき dt は d かける t ではなく dt でひとつの量です。

よくある質問 110　では $\frac{d}{dt}\frac{d}{dt}$ って何ですか？… 変数 t で微分し，さらにもう 1 回，変数 t で微分するという意味です。$\frac{d}{dt}\frac{d}{dt}$ を縮めて書くとそうなりますよね。

よくある質問 111　それなら $\frac{d^2}{dt^2}$ であるべきでは？… 先程も述べましたが分母の dt は d かける t ではなく dt でひとつの量です。

ベクトルの微積分はベクトルの座標成分ごとの微積分に置きかえて考えればよい。たとえば式 (5.9) を各成分にわけると以下のようになる：

$$v_x(t) = \frac{d}{dt}x(t) = x'(t) \tag{5.15}$$

$$v_y(t) = \frac{d}{dt}y(t) = y'(t) \tag{5.16}$$

$$v_z(t) = \frac{d}{dt}z(t) = z'(t) \tag{5.17}$$

また，式 (5.10) を各成分にわけると以下のようになる：

$$a_x(t) = \frac{d}{dt}v_x(t) = \frac{d^2}{dt^2}x(t) = v_x'(t) \tag{5.18}$$

$$a_y(t) = \frac{d}{dt}v_y(t) = \frac{d^2}{dt^2}y(t) = v_y'(t) \tag{5.19}$$

$$a_z(t) = \frac{d}{dt}v_z(t) = \frac{d^2}{dt^2}z(t) = v_z'(t) \qquad (5.20)$$

ところで君は「速度」と「速さ」は意味が違うと知っているだろうか？ 速さは速度の絶対値だ。だから向きは無い（スカラー）。小学校で習う「距離割る時間」は速さであって速度ではない（距離は向きを持たないので）。

そこで中学校や高校では速度を「速さと向きをあわせたもの」と教わる。でもそれも不十分だ。「向き」や「あわせる」の定義が欠けているからである。

よくある質問 112　向きなんて自明じゃないですか？… 学問は自明なことの客観的な言語化が基礎です。君は物体の動く向きをどう判断していますか？ 物体を目で追って，少し前と今で位置を比べますよね。つまり，少し前の位置から今の位置へ頭の中で矢印を引いているのです。つまり君もベクトルの引き算で「動きの向き」を定義しているのです。物体の運動をコンピュータで解析するときも，その定義は有用です。ベクトルの引き算はコンピュータでもできますからね。

学びのアップデート

学問の基礎は自明なことの言語化。

よくある質問 113　速度と速さを区別しなければならない具体例は？… 時計の針の先のように，いつも同じ「速さ」で円上を回る運動を考えましょう。それを「等速円運動」と言います（後で学びます）。この「等速」は「等しい速さ」であって「等しい速度」ではありません。上述したように「等しい速度」の運動は必ず直線上の運動です。

学びのアップデート

速さと速度は違う。似ているけど違う。

5.3　「解析学の基本定理」で加速度から速度を，速度から位置を求める

前節では位置を使って速度を定義し，速度を使って加速度を定義した。要するにそれぞれを時刻で微分すればよい。本節では逆に加速度を使って速度を，そして速度を使って位置を求める数学的方法を述べる。この考え方は他の様々な概念どうしの関係でも出てくるので[*5]しっかり理解しよう。

有名な「解析学の基本定理」[*6]によれば，微分可能な関数 $f(x)$ について

$$\int_a^x \frac{d}{dt}f(t)\,dt = f(x) - f(a) \qquad (5.21)$$

が成り立つ。ここで $a = 0$ とおいて変形すると

$$f(x) = f(0) + \int_0^x \frac{d}{dt}f(t)\,dt \qquad (5.22)$$

となる。ここで x を形式的に t と置き直す。つまり積分区間の上端の t と積分変数の t が「かぶる」ことになる（これが気持ち悪いという人は P.61 答 71 の解説を参照しよう）。すると次式のようになる：

$$f(t) = f(0) + \int_0^t \frac{d}{dt}f(t)\,dt \qquad (5.23)$$

さて式 (5.23) で f を x で置き換えれば（これは式 (5.21), (5.22) で出てきた x とは無関係），

$$x(t) = x(0) + \int_0^t v_x(t)\,dt \qquad (5.24)$$

となる。ここで式 (5.15) を使ったことに注意。

同様に式 (5.23) で f を v_x で置き換えて考えれば，

$$v_x(t) = v_x(0) + \int_0^t a_x(t)\,dt \qquad (5.25)$$

となる。ここで式 (5.18) を使ったことに注意。

$\mathbf{r}$ や $\mathbf{v}$ の y 成分と z 成分についても同様に考えれば，

$$y(t) = y(0) + \int_0^t v_y(t)\,dt \qquad (5.26)$$

$$z(t) = z(0) + \int_0^t v_z(t)\,dt \qquad (5.27)$$

[*5]　たとえば力と仕事の関係，電流と電荷の関係，円周と円の面積の関係など。

[*6]　『ライブ講義 大学 1 年生のための数学入門』8.4 節

$$v_y(t) = v_y(0) + \int_0^t a_y(t)\,dt \tag{5.28}$$

$$v_z(t) = v_z(0) + \int_0^t a_z(t)\,dt \tag{5.29}$$

が成り立つ。式 (5.24), 式 (5.26), 式 (5.27) をまとめて, ベクトルの座標で書けば,

$$(x(t), y(t), z(t)) = (x(0), y(0), z(0))$$
$$+ \left(\int_0^t v_x(t)\,dt, \int_0^t v_y(t)\,dt, \int_0^t v_z(t)\,dt \right) \tag{5.30}$$

となるが, 式 (5.30) の 2 行目の括弧内を

$$\int_0^t (v_x(t), v_y(t), v_z(t))\,dt \tag{5.31}$$

と書き, さらに式 (5.6), 式 (5.7) を思い出せば, 式 (5.30) は次のように簡潔に書ける:

$$\mathbf{r}(t) = \mathbf{r}(0) + \int_0^t \mathbf{v}(t)\,dt \tag{5.32}$$

この式は各時刻での速度が分かっている状況で各時刻での位置を求めてくれる。

同様に式 (5.25), 式 (5.28), 式 (5.29) をまとめて次のように簡潔に書ける:

$$\mathbf{v}(t) = \mathbf{v}(0) + \int_0^t \mathbf{a}(t)\,dt \tag{5.33}$$

この式は各時刻の加速度が分かっている状況で各時刻の速度を求めてくれる。

式 (5.32), 式 (5.33) は, あらゆる運動について成り立つ, 一般性の高い式である。なぜならこれらは物理学の式ではなく数学（微積分学）の式だからである。

学びのアップデート

イメージだけで片付きそうなことも, あえて言葉や数学を使って論じる。

問 77 ある質点が直線上を移動している。時刻 t のとき位置を $x(t)$, 速度を $v(t)$ とする。v_0, k を定数として, $x(0) = 0$, $v(t) = v_0 \exp(kt)$ が成り立つとき, $x(t)$ を v_0, k, t で表わせ。ヒント：いきなり難しそう!! と思う必要はない。この問題は見掛け倒しだ。各時刻での速度がわかっている場合に, 速度から位置を求めるにはどの式を使えばよかっただろうか？

5.4 等速度運動（等速直線運動）

ではこれから, これらの式を駆使していくつかの典型的・限定的な運動を調べていく。本節ではまず最もシンプルな運動を考えよう。

速度 $\mathbf{v} = (v_x, v_y, v_z)$ が（向きも含めて）一定であるような運動[*7]を等速度運動や等速直線運動とい

---

*7 ここではあえて教育的に「向きも含めて」と書いたが, そもそも速度は大きさと向きを持つ量（ベクトル）なので「速度が一定である」と言えば向きも含めて一定であることを自動的に意味する。

う（定義）。この場合，v_x, v_y, v_z は t によらない定数である。すると式 (5.24) の積分は簡単にできて，

$$x(t) = x(0) + \int_0^t v_x \, dt = x(0) + [v_x \, t]_0^t$$
$$= x(0) + v_x \, t \tag{5.34}$$

となる。同様のことを式 (5.26), 式 (5.27) についても行うと，以下のような 3 つの式が得られる：

$$x(t) = x(0) + v_x t \tag{5.35}$$
$$y(t) = y(0) + v_y t \tag{5.36}$$
$$z(t) = z(0) + v_z t \tag{5.37}$$

となる。ベクトルの記法を使えば，まとめて以下のように簡潔に書ける：

$$(x(t), y(t), z(t))$$
$$= (x(0), y(0), z(0)) + (v_x, v_y, v_z)t$$

これは式 (5.6), 式 (5.7) を思い出せば次式のようにも書ける：

$$\mathbf{r}(t) = \mathbf{r}(0) + \mathbf{v} \, t \tag{5.38}$$

これは式 (5.32) で $\mathbf{v}(t)$ を t によらないベクトル $\mathbf{v}$ として考えたものである（最初からそう説明しなかったのは，微積分の扱いに慣れてもらうためである）。この式から，質点 $\mathbf{r}(t)$ の軌跡は，固定点 $\mathbf{r}(0)$ を通り，方向ベクトルが $\mathbf{v}$ であるような直線を描くことがわかる。すなわち速度が一定の運動（等速度運動）は必ず直線運動である。

よくある質問 118　なぜ等速「直線」運動というのでしょうか？… 微積分を知らない人のためですかね。上で見たように，微積分を使えば「等速度であれば必然的に直線運動になる」ことが証明できるので，本来は「等速度」で十分であり，「直線」は蛇足です。

　さて，速度が $\mathbf{0} = (0, 0, 0)$ で一定である状態を静止という。静止も「速度一定」なのだから当然，「等速度運動」である（動いていないのに「運動」というのも妙な気がするが笑）。

よくある質問 119　速度 $\mathbf{0} = (0, 0, 0)$ は，単位をつけなくてよいのですか？「0」じゃなくて「0 m/s」じゃないですか？… つけたければつけてもよいです

よ。でも 0 には単位は無くてよいのです。物理量は数値 × 単位です。単位に 0 がかかるのだから単位も消えて 0 です。それに 0 m/s も 0 cm/s も 0 km/h も同じでしょ？ なら単位をつける意味はありません。

5.5　等加速度運動

　次にシンプルなのは，速度は変わり得るが加速度は一定という運動である。それを等加速度運動という（定義）。この場合，a_x は t によらない定数であり，したがって式 (5.25) の積分は「定数の積分」になるので，

$$v_x(t) = v_x(0) + \int_0^t a_x \, dt = v_x(0) + [a_x \, t]_0^t$$
$$= v_x(0) + a_x \, t \tag{5.39}$$

となる。これを式 (5.24) に代入すると

$$x(t) = x(0) + \int_0^t v_x(t) \, dt$$
$$= x(0) + \int_0^t (v_x(0) + a_x t) \, dt$$
$$= x(0) + \left[v_x(0) \, t + \frac{1}{2} a_x \, t^2 \right]_0^t$$
$$= x(0) + v_x(0) \, t + \frac{1}{2} a_x \, t^2 \tag{5.40}$$

となる。すなわち加速度一定の運動は時刻の 2 次関数で表されるのだ。この具体例を後ほど学ぶ。さて上の式と同様のことが y 成分，z 成分でも言えるので，まとめて

$$\mathbf{v}(t) = \mathbf{v}(0) + \mathbf{a} \, t \tag{5.41}$$
$$\mathbf{r}(t) = \mathbf{r}(0) + \mathbf{v}(0) \, t + \frac{1}{2} \mathbf{a} \, t^2 \tag{5.42}$$

とも書ける。これらは式 (5.33) と式 (5.32) で $\mathbf{a}(t)$ が t によらず一定としたものに相当する。

　式 (5.39) と式 (5.40) は高校物理で大きく取り上げられる式だが，ここで見たように定数関数や一次関数を積分しただけで出てくる。そして **「加速度が一定」という限定的な条件でしか使えない**。次節で詳述するが，世の中には加速度が変化するような運動の方がずっと多く，そのような運動にはこの式は無力なのだ。

よくある質問 120　式 (5.39) と式 (5.40) は高校で

頑張って覚えたのですが意味無かったのですか？…
意味の無い勉強はありませんよ。高校物理では微積分が
封印されているので覚えるより仕方なかったのです。今
だからこそ，これらの式が微積分を使えば簡単に導出
できる上に適用範囲も狭いということを理解できるの
です。

学びのアップデート

高校で暗記したことの理屈や意味を大学では
理解する。

問 78 以上の解説を参考にして式 (5.39), 式
(5.40) の導出を再現せよ。

よくある質問 121 等加速度運動は等加速度「直線」
運動と言ったりはしないのですか？… 直線上に限定
された等加速度運動をそのようによぶことはあります。
でも等加速度でありながら直線上でない運動もあるので
す (6.3 節)。等速度運動は必ず直線運動になるのとは対
照的ですね。

5.6 運動の三法則

第 2 章の冒頭で力とは何かを考えた時，「物体の
速度を変えたりするはたらき」という言葉が出てき
た。それを説明するのが以下のニュートンの「運動
の三法則」（特に第二法則）だ。これらはニュート
ン力学の基本法則[*8]であり，歴史的にも理論体系と
しても科学の根幹である。これらを発見したとき，
人類は科学の扉を大きく開いたのだ。

運動の三法則（基本法則。記憶しよう）

- 第一法則：質点に働く合力が **0** のとき質
  点は等速度運動をする。（慣性の法則）
- 第二法則：合力 **F** がかかる質量 m の質
  点が加速度 **a** で運動するとき，次式（運
  動方程式）が成り立つ：
$$\mathbf{F} = m\mathbf{a} \tag{5.43}$$

[*8] 基本法則とは何かわからない人は索引を使って該当部分（第
1 章のどこか）を復習しよう。

- 第三法則：2 つの質点 A, B において，A
  が B に力を及ぼすとき，A は B から，
  同じ大きさで逆向きの力を及ぼされる。
  （作用・反作用の法則）

よくある質問 122 物理の公式は理解すれば暗記し
なくてよいって，先生，言ってませんでした？… そ
んな乱暴なこと言っていません。基本法則から導出で
きる派生的なものまで闇雲に暗記する必要はない，と
言っているだけです。この「運動の三法則」は派生的な
ものではなく基本法則です。基本法則を理解しようとす
るのは良いことですが，だからといって覚えなくてよい
というものではありません。スポーツはルールを覚えな
いと始まらないように，物理学は基本法則を覚えないと
始まりません。

よくある質問 123 理解するまで考え続ければ，覚
えようとしなくても勝手に頭に残るものでは？…
スポーツやトランプのルールを「プレーしながら覚える」
というアプローチに似ていますね。四六時中，そればか
りやるなら有効でしょう。でも農学部は物理学以外にも
たくさんの科目に同時に取り組む必要があります。程度
によりますが，大事なルール（基本法則）を先に覚える
ほうが早く物理学を「プレー」できるようになり，結果
的に理解も深まると思います。

よくある質問 124 どれが基本法則でどれが派生的
なのか，どう見分けるのですか？… 教科書を丁寧に
読んで考えていれば，「なるほど，この法則はこの基本法
則に遡れるのか」とか，「なるほど，この基本法則はこう
派生していくのか」と思うシチュエーションにたくさん
出会うでしょう。そうならないならば，勉強のやり方を
改善する必要があります。

学びのアップデート

基本法則はまず暗記する。

5.7 慣性の法則（第一法則）は 世界観の革命

ではこれから運動の三法則を解説していく。まず

最初の「慣性の法則」をとりあげる。これは中学校で習うが，正確に理解している人は実は多くない。

まず多くの人は，物体は力がかかってこそ運動すると思い込んでいる。ところがこの法則によれば，力がかかっていなくても（合力が 0 でも[*9]）物体は「等速度運動」という運動をするというのだ。つまり

　　「力がかからなくても物体は動く」 .... (*)

のだ。そう言うと多くの人が驚いた顔をする。その原因の一部は，おそらく言葉の誤解によるものだ。というのも「動く」には

　(A) 「（止まっていたものが）動き始める」

　(B) 「動いている状態にある」

という 2 つの解釈がある。慣性の法則が言っているのは (B) なのだ。

　(A) の意味に解釈すると命題 (*) は間違っている。止まっている物体が動き始めるには力が必要だ。したがって (A) のように解釈した人が命題 (*) に驚くのは当然である。

　(B) の意味に解釈してもなお命題 (*) に驚く人は，**本質的な誤解にここで気付いて頂きたい**。既に運動状態にある物体は，さらに押したり引いたりせず放っておいてもその運動状態（それは等速度運動）を維持するのだ。物体が動いていることに力は必要ない。力がかかっていなくても物体は動いていられるのだ。

問 79 ▶ 上の命題 (*) を君は (A), (B) のどちらに解釈していたか？　その上で，命題 (*) について，"納得して受け入れていた"，"変だと思っていた"，"何も思わず受け入れていた" のどれに近い態度をとっていたか？

例 5.1 周囲に何もない宇宙空間を等速度で飛んでいる隕石は，何かに引かれたり押されたりして飛んでいるわけではなく，それにかかる力が 0 でありながらそのまま飛び続ける。

よくある質問 125　机の上に乗っているコップを横から手で押すとコップは動きますが，押すのをやめるとコップは止まります。こんなふうに，力がかからなくなると物体は止まるのではないでしょうか？　… 机の上のコップが止まるのは摩擦力のせいです。摩擦力が無ければコップは動き続けますよ。氷の上のカーリングストーンをイメージしましょう。手は最初に押すだけで，後はストーンは勝手に滑り続けます。ストーンにも摩擦は働きますが，ストーンをすぐに止めるほど強くはないのです（ストーンも長い距離を移動した後，いずれ止まるでしょう）。

よくある質問 126　私はわかっていなかったかもしれません。動いている物体は，力がかかっているから動いているのだと思っていました。… 素晴らしい。間違いに気づきましたね。これは「はじめに」でも言及した話題です。人類は 17 世紀まで，あなたと同じような誤解をしていたのです[*10]。あなたは今，物理学の入り口に立ち，世界観の革命を始めたのです。

よくある質問 127　革命だなんておおげさでは？… いえ，本当に革命ですよ。今のあなたは，洞窟の中で真実だと思いこんでいたのが実は影だったと気付いた囚人（P.9）なのです。力が無くても物体は動き続けることは小中学校でも習ったのに今まで誤解に気づかなかったのは，誤った世界観に慣れ切っていたからでは？

よくある質問 128　力のことがちょっとわかっただけじゃないですか？… それが大きなことなのです。たったひとつの誤解ですが，人類はそれを解いたことで，かけ違えていたボタンがドミノ倒しのように正しくはまるように，17 世紀以降，堰を切ったように様々な科学の法則を解明し始めたのです。この誤解を解けていない人は科学的知性が 17 世紀以前に留まっているのです。

> **学びのアップデート**
>
> 物体が動いていることに力は必要ない。力がかかっていなくても物体は動いていられる。これは人類史レベルの「学びのアップデート」。

[*9]　この 0 が太字であることに注意せよ。これはベクトルとしての 0 である。

[*10]　このような人には，「はじめに」で紹介した，関口知彦・鈴木みそ『マンガ 物理に強くなる 力学は野球よりやさしい』（講談社ブルーバックス）の一読を強くおすすめする。

ところで第 2 章（P.16）では「物体に働く力（合力）が 0 であるとき，静止している物体は静止し続ける」と学んだ。「静止」は「速度 0 の等速度運動」である。したがってこれは慣性の法則の特別な場合である。

よくある間違い 7　物体の速度が 0 のとき，物体に働く力（合力）は 0 である，と思ってしまう… これは「静止」と「速度 0」を混同することによる誤解です。静止は「速度 0 が**続く**」という状態です。「一瞬だけ速度 0 が実現する」のは静止ではありません。たとえばボールを鉛直上向きに投げ上げたら，最高到達点でボールは一瞬だけ速度 0 になりますが，その直前や直後は速度は 0 ではありません。そしてこのような運動ではボールには鉛直下向きの力（重力）がかかり続けています。つまり最高到達点で速度 0 になったボールにも 0 でない力がかかっているのです。

問 80　「物体が静止している」を条件 A，「物体が等速度運動をしている」を条件 B，「その物体に働く力（合力）は 0 である」を条件 C とする。
(1)　A は C の必要条件？ 十分条件？
(2)　B は C の必要条件？ 十分条件？
(3)　B は A の必要条件？ 十分条件？
ヒント：必要条件や十分条件がわからない人は数学の教科書[*11]を見よう！

問 81　エスカレーターで「手すりにおつかまり下さい」と言われるのはなぜか？ 慣性の法則の観点で説明せよ。ヒント：何かの不具合や事故のためにエスカレーターが突然止まるとどうなるか想像してみよう。乗っている人の体はどう動くだろうか？ 手すりを持たないと上りよりも下りの方が危ないことがわかるだろう。

慣性の法則は，その対偶[*12]をとって「質点が等速度運動以外の運動をするとき，質点に働く合力は 0 ではない」と言い換えることもできる。ではそのようなときにどういう合力が働くのか？ それを説明する基本法則が次節の第二法則である。

例 5.2　ある円の周上を質点が一定の速さ（速度ではない！）でまわるような運動を考える。それを「等速円運動」という。速度の大きさ（つまり速さ）は一定でも速度の方向が時々刻々と変化するので「等速度運動」ではない。したがって等速円運動では必ず何らかの力（0 でない合力）が質点にかかっている[*13]。

5.8　運動方程式（第二法則）はニュートン力学の主役

第二法則（運動方程式）は物体に力（合力）が働くときの運動を説明する。これは**ニュートン力学で最も活躍する法則**だ。この法則の意味や役割を説明しよう：

運動方程式，すなわち P.73 式 (5.43) の $\mathbf{F} = m\mathbf{a}$ において，$\mathbf{F}$ と $\mathbf{a}$ はベクトルだから座標で書けば 3 つの成分を持つ。つまり

$$\mathbf{F} = (F_x, F_y, F_z), \quad \mathbf{a} = (a_x, a_y, a_z) \quad (5.44)$$

とすれば，P.73 式 (5.43) は

$$F_x = ma_x, \quad F_y = ma_y, \quad F_z = ma_z \quad (5.45)$$

という 3 つの方程式と同じことだ。

よくある質問 129　なぜ $\mathbf{F} = m\mathbf{a}$ なのですか？ この式の根拠を知りたいです。… それは「聞かないお約束」です。これは基本法則つまり「ニュートン力学というゲームのルール」なのです。これらを信じて受け入れれば多くのことが整合的に説明されるのです。

よくある質問 130　頭から信じて受け入れろと？ なんか宗教みたいですね… そう感じるかもしれませんが，ちょっと違います。科学の基本法則は実験事実や他の科学理論と矛盾していないことを確認した上で受け入れるのです。それが $\mathbf{F} = m\mathbf{a}$ などの基本法則の根拠です。

[*11] 『ライブ講義 大学 1 年生のための数学入門』12.6 節
[*12] 対偶とは何かがわからない人は『ライブ講義 大学 1 年生のための数学入門』12.4 節参照。

[*13] 詳しくは 6.4 節で述べる。

式 (5.43) は辺の左右を入れ替えて次式のように表すこともあるが，正直どちらでもよい：

$$m\mathbf{a} = \mathbf{F} \tag{5.46}$$

よくある質問 131　高校の先生は $\mathbf{F} = ma$ ではなく $ma = \mathbf{F}$ だと言っていましたが？…　「物理学では等号の左辺と右辺で意味は違う」という考え方ですね。それは個人のポリシーであり，広く受け入れられた約束や慣習ではありません。むしろ等号は左右を入れ替えても成り立つと数学では約束されているし（等号の公理），物理学の法則は数学で記述されるので，$\mathbf{F} = ma$ と $ma = \mathbf{F}$ は同じでありどちらも正しいのです。ただ，その先生は教育的に意味や効果があると思ってそう教えられたのでしょう。

運動方程式 (5.43) は P.69 式 (5.10) を使って以下のように表されることも多い：

$$\mathbf{F} = m\frac{d\mathbf{v}}{dt} \tag{5.47}$$

$$\mathbf{F} = m\frac{d^2\mathbf{r}}{dt^2} \tag{5.48}$$

式 (5.43) から，力は質量（SI 単位は kg）と加速度（SI 単位は $\mathrm{m\,s^{-2}}$）の積と同じ単位を持たねばならぬ。だから力の SI 単位が $\mathrm{kg\,m\,s^{-2}}$ になるのであり，この単位を N（ニュートン）とよぶのだ。

さて式 (5.47) と式 (5.48) を見ると，運動方程式は位置や速度に関する微分方程式（関数の微分を含む方程式）だとわかる。一般に，微分方程式は未知の関数の方程式であり，それを「解く」ことによって未知だった関数が具体的に求まる[14]。今の場合は，力 $\mathbf{F}$ と初期値（ある時刻における位置と速度）があらかじめ定まっていれば運動方程式が解ける。その結果，速度 $\mathbf{v}$ や位置 $\mathbf{r}$ が任意の時刻 t について関数 $\mathbf{v}(t)$，$\mathbf{r}(t)$ として具体的に求まる。つまり**質点の運動の全てが数学的に決まってしまう**。このように，運動方程式は質点の運動を完全に予測する能力を秘めているのだ[15]。

ところで式 (5.43) で $\mathbf{F} = \mathbf{0}$ と（恒等的に）置いてみよう。すると $\mathbf{0} = m\mathbf{a}$ となる。質量 m が 0 で

なければ結局 $\mathbf{a} = \mathbf{0}$ だ。$\mathbf{a}$ は速度の導関数なので，それが $\mathbf{0}$ ということは速度が（向きも含めて）時刻によらず一定ということだ。つまり働く力がゼロなら質点は等速度運動をするということだ。これは第一法則（慣性の法則）と整合する。つまり質点に力がかかる場合とかからない場合のどちらの場合も，第二法則で表現できてしまう。ということは第 1 章で学んだ「オッカムの剃刀」によって第一法則は削ってしまうべきではないだろうか？（運動の “二” 法則の方が “三” 法則よりシンプルだ！）いや，それでもなお第一法則は削ってはならないのだ。これは「慣性系」という概念を学ぶとき（P.97）に詳述する。

また，第三法則（作用・反作用の法則）は既に述べた。

以上がニュートン力学の基本法則だ。あとはこれらから導出される派生的な法則である。

問 82　運動の三法則を 3 回書いて記憶せよ。（それぞれの名前だけでなく内容を！ $\mathbf{F}$ と $\mathbf{a}$ は太字であることに注意！）

よくある質問 132　何回も書くのはただの作業であって記憶の効果は無いと思います…　ただ手を動かすだけの作業と思って書けばそうでしょう。これは大事な法則だから覚えて理解しよう，と思ってひとつひとつの言葉や記号の意味を考えながら書けば違った結果になります。

学びのアップデート

同じことでもただの作業と思ってやるのと，意味や目的を考えてやるのとでは得られるものは違う。

問 83　運動の三法則について，以下の記述それぞれについて，正しいか正しくないか，理由もつけて述べよ。

(1)　質点 A が質点 B に力を及ぼすとき，A は B から同じ力を受ける。

(2)　質点が等速度運動をしているとき，質点にかかる合力は $\mathbf{0}$ である。

---

[14] 『ライブ講義 大学 1 年生のための数学入門』8.14 節参照。

[15] 実はこのことは量子力学で揺らぐことになるが，今は気にせず先に進もう。

(3) 質量 m の質点に合力 F がかかるとき，質点の加速度を a とすると $F = ma$ が成り立つ。

よくある質問 133　作用・反作用の法則を述べよとの問題で，「質点 A が質点 B に作用したら，質点 B は質点 A に…」と書いたらダメ出しされました。なぜですか？…　以前も述べましたが，「力を及ぼす」を単に「作用する」と言い換えるのは良くありません。物理学では「作用」は別の意味を持ちます。詳細は述べませんが，「解析力学」という高度な物理学で使う言葉です。

よくある質問 134　なら「作用・反作用の法則」という言葉の中の「作用」もダメなのでは？…　「力をかける・かけられるの法則」とかの方がぴったり来ますね。しかし物理学ではなぜかこの法則を「作用・反作用の法則」とよぶ慣習なのです（P.16）。というわけでこの法則名は例外としましょう。

5.9　質量と速度の積を運動量という

ところで，唐突だがここで運動量というものを以下のように定義する：

運動量の定義

m を質点の質量，$\mathbf{v}$ を質点の速度とすると，

$$\mathbf{p} := m\mathbf{v} \tag{5.49}$$

を質点の運動量とよぶ。

すると，m を定数とみなせば運動方程式 (5.43) は

$$\mathbf{F} = \frac{d\mathbf{p}}{dt} \tag{5.50}$$

$$\frac{d\mathbf{p}}{dt} = \mathbf{F} \tag{5.51}$$

などともあらわされる。これらはもちろん全て互いに同じ方程式である[*16]。運動量は端的に言えば，運動の「勢い」のようなものだ。その詳細は第 9 章で学ぶ。

[*16] m が一定でないような場合（光速に近い高速運動など）も $\mathbf{F} = d\mathbf{p}/dt$ は成り立つ。したがって $\mathbf{F} = m\mathbf{a}$ より $\mathbf{F} = d\mathbf{p}/dt$ のほうがより一般性の高い記述である。

問 84　運動量の定義を 5 回書いて記憶せよ。（$\mathbf{p}$ と $\mathbf{v}$ は太字であることに注意！）

よくある質問 135　サッカーで「○○選手の驚異の運動量」とかよく言いますが，あれのことですか？…　○○選手は疲れ知らずでよく走り回るという意味ですね。でも違います。物理学用語の「運動量」はそれとは違うことを意味します。

よくある質問 136　運動量の定義について。「$\mathbf{p}$ を運動量，m を質量，$\mathbf{v}$ を速度とする。$\mathbf{p} = m\mathbf{v}$ が成り立つ」と書いたらなんかダメっぽいことを言われました。なぜですか？…　これは「が成り立つ」がダメなのです。そこを「とする」や「と定義する」と書けば OK でした。

「成り立つ」は「そうなる」ということです。ところがここでは定義を述べています。$\mathbf{p} = m\mathbf{v}$ は「そうなる」のではなく「そうする」「そう決める」「そう約束する」「そう定義する」ものなのです。運動量 $\mathbf{p}$ の意味や正体がこの式によって初めて定まるのです。

こういうところで「成り立つ」を使ってしまうと，あたかも運動量 $\mathbf{p}$ が別のところで別の意味として定義され，そしてそれが何かの理論や奇跡によって $m\mathbf{v}$ と等しいことが確かめられた！　みたいに受け取られます。

言葉尻を捉えているように思うかもしれませんが，これは大事なことです。科学を体系的に理解するとき，定義（約束），基本法則（理由なく認めざるを得ない自然現象のルール），定理（定義や基本法則から理論的に導かれるもの）を区別すべきです。その第一歩は，それが「成り立つ」ようなもの（基本法則か定理）か，それとも「そう約束する」ようなもの（定義）かの区別です。

学びのアップデート

定義なのか法則なのかを区別しよう。定義なら「〜〜となる」「成り立つ」とは言わず，「〜〜とよぶ」「〜〜とする」と言おう。

よくある質問 137　「$\mathbf{p} = m\mathbf{v}$ となる $\mathbf{p}$ を運動量という」と書いたらまたダメ出しされたのですが。…　これは全くダメではないけれど曖昧な表現です。「となる」にあなたはどのような意味を込めましたか？　上の

質問の「が成り立つ」をちょっとぼやかして言い換え、読み手の解釈に委ねたのではないですか？ その曖昧さが見抜かれたのでしょう。

学びのアップデート

曖昧な言葉を使って読み手によしなに読んでもらおうとするのはやめよう。シャープな言葉を使って自分の考えを突き詰めよう。

5.10　力が一定なら等加速度運動

これからしばらく具体的な運動について運動方程式を解いてみよう。なお、ここから章末までに出てくる問はすべて直線上の運動なので、力や位置や速度や加速度はスカラーと考えてよい（あえて 3 成分のベクトルとして考える必要はない）。次章以降ではベクトルとして考える必要が出てくる。

まず本節では、力が時間とともに変わったりせず、常に一定であるような状況で起きる運動を考えよう。その場合、第二法則によって加速度も一定であるとわかる。そのような運動は P.72 で学んだ「等加速度運動」である。その最も身近な例は重力に任せて落ちていく運動、すなわち自由落下である。

問 85　地表付近で重力だけを受けて上下運動をする、質量 m の質点の運動を考える。空気抵抗は考えない。重力加速度を定数 g、時刻を t とする。地表から鉛直上向きに x 軸をとる。時刻 t での質点の位置、速度、加速度をそれぞれ $x(t), v(t), a(t)$ とする。

(1) この質点に関する運動方程式は次式になることを示せ。

$$-mg = ma \tag{5.52}$$

(2) 式 (5.52) より、鉛直方向の加速度は $-g$ という一定値をとる。したがってこの運動は等加速度運動である。次式を示せ（ヒント：P.72 式 (5.39)、式 (5.40)）：

$$v(t) = v(0) - gt \tag{5.53}$$
$$x(t) = x(0) + v(0)t - \frac{g}{2}t^2 \tag{5.54}$$

(3) 特に $x(0) = 0$ かつ $v(0) = 0$ の場合、以下のようになることを示せ。

$$v(t) = -gt \tag{5.55}$$
$$x(t) = -\frac{1}{2}gt^2 \tag{5.56}$$

問 85 では、式 (5.53) や式 (5.54) が $x(0)$ と $v(0)$ という値を未知数として含んでいた。それらの値を別途与えることで式 (5.55)、式 (5.56) という具体的な運動が決定された。これは大事な教訓である。

本問に限らず、運動方程式を解くときは、ある特定の時刻（多くの場合は $t = 0$）における位置と速度を与える必要がある。それらをそれぞれ初期位置、初速度という。これらをまとめて初期条件という[*17]。

ところで式 (5.55)、式 (5.56) には質量 m が入っていない。つまり質点の落下運動は、質量の大小とは無関係なのだ（空気抵抗が無ければ）。

よくある質問 138　空気抵抗があれば重い物の方が早く落ちますよね？ … そうとも限りません。1 g の砂粒と 10 g の綿菓子を同時に落としたら、綿菓子の方が重いのに空気抵抗のせいでゆっくり落ちるでしょう。

よくある質問 139　P.17 式 (2.1) によると、地球中心と質点との距離が小さいほど重力は強いはずです。でも問 85 では重力加速度 g が定数、つまり重力は一定としています。それでよいのですか？ … 問題冒頭に「地表付近で」とあるでしょ？ その定義は微妙ですが、大きめの幅をとって、旅客機が飛ぶあたり（高度 10 km 程度）からマリアナ海溝（深さ 10 km 程度）としましょうか。その差は 20 km 程度で、地球半径（約 6400 km）の 0.3 パーセント程度。式 (2.1) に代入しても 0.6% くらいの誤差です。その程度の誤差を許容するなら重力一定というモデルは十分妥当です。

問 86　地表付近で初速度 0 で質点を投下し、自由落下させる。空気抵抗は働かないとする。地面と

---

*17 初期条件として初期位置と初速度という 2 つの情報が必要なのは、運動方程式が 2 階微分を含む方程式（2 階微分方程式）だからだ。2 階微分方程式を解くには積分に相当する操作が 2 回必要であり、それぞれで積分定数に相当する未知数が現れる。だから 2 つの未知数を決める情報が必要なのだ。

質点の間には十分な空間があって，いま考える範囲では質点は地面には激突しないとする。

(1) 投下の 10 秒後には質点はどれだけの距離を落ち，どのくらいの速度になっているか？

(2) 投下後，何秒たったら質点の速度は音速（1 気圧，常温で約 $340 \ \mathrm{m \ s^{-1}}$）を超えるか？ そのとき質点は初期位置からどのくらいの距離を落下しているか？（実際はそうなる前に空気抵抗がだいぶ働くが）

(3) 地表からの高さ $1000 \ \mathrm{m}$ を飛ぶ飛行機のエンジンが突然故障し，飛行機が自由落下を始めた。地表に激突する前にパイロットは機体を立てなおさねばならない。パイロットに与えられた時間的猶予はどのくらいか？

問 87 野球投手がボールを真上に投げ上げる。鉛直上向きに x 軸をとり，ボールの初期位置を $x = 0$ とし，初速度を $v_0 = 40 \ \mathrm{m \ s^{-1}}$（約 $140 \ \mathrm{km \ h^{-1}}$ に相当）とする。ボールの運動を横軸 t，縦軸 $x(t)$ のグラフに描け。ボールは最大でどのくらいの高さまで届くか？ ヒント：$x_0 = 0 \ \mathrm{m}, \ v_0 = 40 \ \mathrm{m \ s^{-1}}$ として，式 (5.54) を考え，この $x(t)$ の最大値を求める。t に関する二次関数とみなして平方完成すればよい。

問 88 地表近くで質量 $m = 1 \ \mathrm{kg}$ のボールを手放したら，(1) ボールの加速度はどのくらいの大きさか？ (2) 地球の加速度はどのくらいの大きさか？ なお地球の質量は $M = 6.0 \times 10^{24} \ \mathrm{kg}$ とせよ。

次の問題は自由落下ではないが，同様に等加速度運動である。

問 89 カーリングというスポーツでは，目標地点にうまく停止するように氷の上で石（ストーン）を滑らせる。いま君は氷の上で質量 m のストーンを初速度 v_0 で滑らせて手放そうとしている。ストーンを手放す位置を原点とし，ストーンの進行方向に x 軸をとる。ストーンを質点とみなし，時刻 t におけるストーンの位置を $x(t)$ とする。ストーンを手放す時点を $t = 0$ とする。

(1) ストーンと氷の間に働く動摩擦力の大きさを F_m とし，ストーンに関する運動方程式を立てよ。

(2) その運動方程式を解いて関数 $x(t)$ を求め，グラフにかけ。動摩擦力は位置や速度によらず一定とする。注：速度が 0 になった時点でストーンは停止する。

(3) $v_0 = 1.5 \ \mathrm{m \ s^{-1}}$ のときストーンは $20 \ \mathrm{m}$ 進んで停止した。ストーンの質量は $20 \ \mathrm{kg}$ であった。F_m の大きさを求めよ。

(4) このときの動摩擦係数の値を求めよ。

(5) 次にストーンを $x = 25 \ \mathrm{m}$ の位置で停止させたいと思う。そのためには v_0 をどのくらいにすればよいか？

(6) 同じ氷上で質量 $30 \ \mathrm{kg}$ のストーン（ただし $20 \ \mathrm{kg}$ のストーンと同じ底面材質のもの）を同様に $x = 25 \ \mathrm{m}$ の位置で停止させるには v_0 をどうすればよいか？

以上の例や問題は等加速度運動の公式，つまり式 (5.39)，式 (5.40) で解ける。高校物理で出てくるのはせいぜいこの程度の問題だから，高校物理を学んだ人は運動方程式 $F = ma$ よりも式 (5.39)，式 (5.40) の方をよく覚えていたりする。しかしその作戦は大学では通用しないのだ。その例を次節でお見せしよう。

5.11 等速度でも等加速度でもない直線運動

問 90 質量 $m = 2.0 \ \mathrm{kg}$ の質点が x 軸上を動く。時刻 0 では原点にあって速度 0 とする。この質点に，時刻 t に比例する力 $F(t)$ が x 軸の正方向にかかる。$F(2.0 \ \mathrm{s}) = 6.0 \ \mathrm{N}$ である。この質点の $t = 4.0 \ \mathrm{s}$ での位置を求めよ。計算式には単位を埋め込むこと。ヒント：この問題では式 (5.40) は使えない。式 (5.40) が使えるのは加速度が変化しないときだけ。この問題では加速度は変化する。

問 91 質量 m の物体（質点とみなす）が一定の速度 v_0 で x 軸上を正の向きに運動している。ところが突然，この物体にとりつけられたパラシュートが開き，物体は空気抵抗を受けて減速を始めた。時刻を t とし，パラシュートが開いた時刻と位置をそれぞれ $t = 0$ と $x = 0$（原点）とする（図 5.1）。速

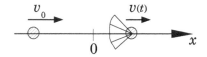

図 5.1　等速度運動している物体に突然空気抵抗がかかる。

度を $v(t)$，空気抵抗による力を $-\alpha v(t)$ とする（α は適当な定数。マイナスは速度 v とは逆向きという意味）。

(1) $t < 0$ では運動方程式は次式になることを示せ：

$$0 = m\frac{dv}{dt} \tag{5.57}$$

(2) $0 < t$ では運動方程式は次式になることを示せ：

$$-\alpha v = m\frac{dv}{dt} \tag{5.58}$$

(3) 式 (5.58) は関数 $v(t)$ に関する微分方程式だ。数学の教科書を参考にして[18]これを解け。結果は次式のようになるはずだ：

$$v(t) = v_0 \exp\left(-\frac{\alpha}{m}t\right) \tag{5.59}$$

(4) 関数 $v(t)$ のグラフを描け。

　物体が空気や水などの流体[19]から受ける抵抗力は速さや物体の大きさに依存する。低速で小さな物体なら抵抗力は前問のように速度に比例する。それを粘性抵抗という。高速で大きな物体なら抵抗力は速さの 2 乗に比例する。それを慣性抵抗という[20]。

問 92　粘性抵抗とは何か？　慣性抵抗とは何か？

問 93　問 91 においてパラシュートによる空気抵抗が粘性抵抗でなく慣性抵抗ならどうなるだろう？　いま，空気抵抗が $-\beta v^2$ であるとする（β は適当な定数）。

(1) パラシュートが開いてから物体が停止するまでの間，次式が成り立つことを示せ：

$$-\beta v^2 = m\frac{dv}{dt} \tag{5.60}$$

---

[18] 『ライブ講義 大学 1 年生のための数学入門』8.14 節。
[19] 3.9 節参照。
[20] このあたりの法則は流体力学という物理学で説明されるが，そのほとんどはニュートン力学に基づく。

(2) 上の微分方程式を変数分離すると次式のようになることを示せ：

$$\beta\,dt = -\frac{m\,dv}{v^2} \tag{5.61}$$

(3) これを不定積分すると次式のようになることを示せ（C は積分定数）：

$$\beta\,t = \frac{m}{v} + C \tag{5.62}$$

(4) 以下の式が成り立つことを示せ。

$$C = -\frac{m}{v_0} \tag{5.63}$$

(5) 以下の式が成り立つことを示せ。

$$v(t) = \frac{mv_0}{v_0\,\beta\,t + m} \tag{5.64}$$

(6) 関数 $v(t)$ のグラフを描け：

問 94　雨粒の落下を考えよう。雨粒は重力を受けて加速するが，空気抵抗も受けるので際限なく加速はしない。また，雨粒が十分小さければ空気抵抗は粘性抵抗とみなせる。鉛直上向きに座標軸をとる。質量 m の雨粒が鉛直線上を落下するとし，時刻 t における落下速度を $v(t)$ とする。$v(0) = 0$ とする。雨粒にかかる空気抵抗（粘性抵抗）を $-\alpha v$ とする（α は適当な正の定数）。注：落下は下向きだから v は負であり，空気抵抗 "$-\alpha v$" は v にマイナスがかかっているから正，つまり上向き。

(1) 雨粒の運動方程式は次式になることを示せ：

$$-mg - \alpha v = m\frac{dv}{dt} \tag{5.65}$$

(2) これを変数分離すると次式になることを示せ：

$$\frac{dv}{g + \alpha v/m} = -dt \tag{5.66}$$

(3) これを両辺を積分すると次式になることを示せ（C は積分定数，$\ln$ は自然対数）：

$$\frac{m}{\alpha}\ln\left|v + \frac{gm}{\alpha}\right| = -t + C \tag{5.67}$$

(4) これを v について解き，$v(0) = 0$ に注意して次式を示せ：

$$v(t) = \frac{mg}{\alpha}\left\{\exp\left(-\frac{\alpha}{m}t\right) - 1\right\} \tag{5.68}$$

(5) $v(t)$ のグラフを描け。

(6) 時間が十分にたって速度が一定になったときの

速度を**終端速度**という。この場合，終端速度は次式になることを示せ：

$$v = -\frac{mg}{\alpha} \tag{5.69}$$

降雨時，雨粒は地表面に衝撃を与え，土壌侵食を起こすことがある。これは農地や，間伐が不十分なスギ・ヒノキ人工林などで問題になっている。

粘性抵抗を受ける落下の問題は，微粒子（穀物の粉や大気汚染源の粉塵など）の運動を議論する上で基礎的なものだ。また，微粒子の大きさの計測にもこの理論がよく利用される。

5.12 運命は決まっているのか？（ラプラスの悪魔）

本章の最後に少し哲学めいたことを考えよう。運動の三法則は物体の運動が物理学で予測できることを世界に示した。それは未来をオカルト的に占っていた人に衝撃を与えただろう。そこで生まれたのが「ラプラスの悪魔」という概念である。

問95 「ラプラスの悪魔」とは何か？ それは近代の宗教や思想にどのような影響を与えただろうか？ それは物理学的にはどのように反駁（はんばく）されたか？

演習問題

演習問題 4 質量 m の質点に，x 軸の正の方向に $F = Ae^{-kt}$ という力がかかっている。ここで A, k は正の定数であり，t は時刻。質点の速度を t の関数 $v(t)$ として表せ。ただし $v(0) = 0$ とする。ヒント：運動方程式と式 (5.25)。

演習問題 5 （慣性抵抗を受ける落下運動）君は高い崖の上からパラシュートで降下しようとしている（図 5.2）。君は重力を受けて加速しながら落下するが，同時に空気抵抗も受けるので際限なく加速することはあり得ない。また，このような場合，君が受ける空気抵抗は慣性抵抗とみなすことができる。いま鉛直上向きに座標軸をとる。質量 m の君が鉛直方向に直線的に落下するとし，時刻 t における君の

図 5.2 崖からパラシュートで降下する。詳しくは問 5 参照。

落下速度を $v(t)$ とする。君にかかる空気抵抗（慣性抵抗）を βv^2 とする（β は適当な正の定数）。注：落下は下向きだが空気抵抗は上向き，つまり空気抵抗の符号は正である。

(1) 君に関する運動方程式は次式になることを示せ：

$$-mg + \beta v^2 = m\frac{dv}{dt} \tag{5.70}$$

(2) 時間が十分にたつと空気抵抗と重力がつり合って速度は一定値になるはずだ。そのとき上の式で $dv/dt = 0$ となる。それを利用して終端速度の大きさ v_∞ は

$$v_\infty = \sqrt{\frac{mg}{\beta}} \tag{5.71}$$

となることを示せ。（ここでは速度の大きさだけ，つまり速さを考えていることに注意。向きまで考えて速度にしたいならこの式に負号が付く。）

(3) v_∞ を使うと式 (5.70) は次式のように書き換えられることを示せ：

$$m\frac{dv}{dt} = \beta(v^2 - v_\infty^2) \tag{5.72}$$

(4) これを変数分離して部分分数分解（数学の教科書を参照）すると次式になることを示せ：

$$\left(\frac{1}{v - v_\infty} - \frac{1}{v + v_\infty}\right)\frac{dv}{2v_\infty} = \frac{\beta}{m}dt \tag{5.73}$$

(5) 両辺積分すると次式になることを示せ（ここで C は積分定数）

$$\frac{1}{2v_\infty}\ln\left|\frac{v - v_\infty}{v + v_\infty}\right| = \frac{\beta}{m}t + C \tag{5.74}$$

(6) 初期条件 $v(0) = 0$ を課すと次式のようになる

ことを示し，$v(t)$ のグラフを描け。

$$v = -v_\infty \tanh\left(v_\infty \frac{\beta}{m} t\right) \tag{5.75}$$

ただし $\tanh x$ は「ハイパボリック・タンジェント」という関数であり（『ライブ講義 大学生のための応用数学入門』参照），次式で定義される：

$$\tanh x = \frac{e^x - e^{-x}}{e^x + e^{-x}} \tag{5.76}$$

実験 2　トイレでロール状のトイレットペーパー（ミシン目の無いもの）を切り取るとき君はどうしているだろうか？ 片手で上蓋を押さえて，別の片手でトイレットペーパーの端を持って引きちぎるだろう。ところが上蓋を押さえなくても，勢いをつけて瞬間的に大きく引けば引きちぎることができる（これは便利なライフハックである笑）。やってみよう。うまくいったらその理由やうまくいく条件を考えてみよう。（ヒント：静止しているロールが動き出すとき，紙にかかる力はロールの質量と紙を引っ張る加速度に比例する。だから大きな勢い（加速度）で引けば大きな力がかかってひきちぎられるのだ。しかもロールの質量が大きいほど大きな力がかかる。だからロールの残りが少ないとうまくいかない。）

実験 3　空気抵抗を実感する簡単な実験をしてみよう。適当な本（A4 サイズで 200〜300 ページくらいがよい；大事な本はやめておこう）を用意を水平に持って，その上にティッシュペーパーを載せる。そして手を話すと本は床に落ちるが，そのときティッシュペーパーはどうなるだろうか？ 次に本無しでティッシュペーパーを落としてみよう。この 2 つの実験の違いを説明せよ。

実験 4　(1) 体重計に乗って，立ち姿勢からしゃがんだり，しゃがみ姿勢から立ち上がったりしてみよう。体重計の指す値はどのようなタイミングでどのように変わるだろうか？ ヒント：立ち上がる→静止→しゃがみ込む→静止→立ち上がる→ … のように，動作と動作の間に数秒間の静止を入れると観察しやすくなる。(2) それを運動の法則で説明してみよう。ヒント：立ち上がったりしゃがんだりを重心

の運動として考える。かかる力は「重力」と「体重計からの垂直抗力」である。(3)（オプション）同様のことを，体重計に乗ってではなく，代わりに加速度センサーのアプリの入ったスマホを頭の上に載せて，加速度を記録しながら行ってみよう。x 方向，y 方向，z 方向という 3 つの方向の加速度がそれぞれ時系列で記録される。上下運動がどれかを確認して行うこと。得られた加速度のグラフについて特徴を述べ，それを運動の法則で説明せよ。

<hr/>

問の解答

答 77　式 (5.24) より，（v_x を v に置き換えて）

$$x(t) = x(0) + \int_0^t v(t)\,dt = \int_0^t v_0 \exp(kt)\,dt$$
$$= \frac{v_0}{k}\{\exp(kt) - 1\} \tag{5.77}$$

答 80　(1) A は C の十分条件。必要条件ではない。静止していれば合力はゼロだが，合力がゼロであっても静止していない場合（**0** 以外の速度での等速度運動）があり得る。(2) B は C の必要条件であり十分条件でもある（必要十分条件）。(3) B は A の必要条件。十分条件ではない。静止は等速度運動の一種（速度 **0** での等速度運動）。

答 83　(1) 間違い。「A は B から同じ**大きさで逆向き**の力を受ける」(2) 正しい。慣性の法則。質点が等速度運動をしているとき加速度 **a** は **0** である。したがって第二法則より，物体にかかる合力 **F** は **0** である。(3) 直線方向の運動（1 次元の運動）に限定すれば正しい。しかし一般には力も加速度もベクトルなので，F と a のかわりに **F** と **a** と書かねばならない。

答 85　(1) P.18 式 (2.4) より，質点には鉛直下向きに大きさ mg の重力がかかる。座標系は鉛直上向きを正にとっているので，この重力 F は $F = -mg$ と書ける[*21]。重力以外の力は働いていない。したがって運動方程式より，$-mg = ma$ となる。(2) 式 (5.39)，式 (5.40) で，a_x を $-g$，v_x を v とすれば与式を得る。(3) $x(0) = 0$，$v(0) = 0$ とすればよい。

答 86　初期位置を原点とし，鉛直上向きに x 軸をとる。時刻 t における位置と速度をそれぞれ $x(t)$, $v(t)$

<hr/>

[*21] 式 (2.4) は力の向きは考えず力の大きさだけを考えていたことに注意せよ。

とする。(1) 式 (5.55), 式 (5.56) で $t = 10$ s とすれば, $v = -98$ m s^{-1}, $x = -490$ m。したがって落下距離は 490 m。(2) 式 (5.55) より $t = -v(t)/g$。いま $v(t) = -340$ m s^{-1} なので, $t = 340$ m s$^{-1}/(9.8$ m s$^{-2})$ $= 35$ s。したがって約 35 秒後。式 (5.56) で $t = 35$ s とすれば, $x = -6000$ m。したがって約 6000 m 落下する。(3) 式 (5.56) で $x(t) = 1000$ m とすれば (中略), $t = 14$ s。

答87 ▶ 式 (5.54) で, $x(0) = 0$ とすれば

$$x(t) = v_0 t - \frac{1}{2}g t^2 = -\frac{1}{2}g\left(t^2 - \frac{2v_0}{g}t\right) \tag{5.78}$$

$$= -\frac{1}{2}g\left(t - \frac{v_0}{g}\right)^2 + \frac{v_0^2}{2g} \tag{5.79}$$

したがって $t = v_0/g$ のとき最高高度 $v_0^2/(2g)$ に到達する。ここで $v_0 = 40$ m s^{-1} とすると最高高度は

$$\frac{(40 \text{ m s}^{-1})^2}{2 \times 9.8 \text{ m s}^{-2}} = 82 \text{ m} \tag{5.80}$$

すなわち約 80 m の高さまで届く。(グラフは省略。式 (5.79) のグラフを描けばよい。)

答88 ▶ (1) 式 (5.52) より $a = -g = -9.8$ m s^{-2}。よって 9.8 m s^{-2}。(2) 加速度を A とすると, $-mg = MA$。よって $A = -gm/M = \dots = -1.6 \times 10^{-24}$ m s^{-2}。よって 1.6×10^{-24} m s^{-2}。

答89 ▶ (1) 手放された後のストーンに働く力は重力と氷面からうける動摩擦力 F_m, そして氷面から受ける垂直抗力である。重力は垂直抗力と打ち消し合う。また摩擦力 F_m は x 軸の逆方向に働く。したがってストーンに働く力の総和 F は $F = -F_m$ となる。加速度を a とすると, 運動方程式は $-F_m = ma$

(2) 前小問より $a = -F_m/m$ となるが, これは時刻によらない一定値。すなわちこれは等加速度運動である。P.72 式 (5.39), 式 (5.40) で, a_x を $-F_m/m$, 速度 v_x を v とすれば,

$$v = v_0 - \frac{F_m}{m}t, \qquad x = v_0 t - \frac{F_m}{2m}t^2 \tag{5.81}$$

となる。ここで $x(0) = 0$, $v(0) = v_0$ を用いた。グラフは図 5.3 のようになる。

(3) ストーンが停止した時刻を t, そのときの位置を x とすると, そのとき速度 v は 0 になるから, 式 (5.81) の第 1 式より

$$0 = v_0 - \frac{F_m}{m}t \tag{5.82}$$

したがって $t = mv_0/F_m$。これを式 (5.81) の第 2 式に

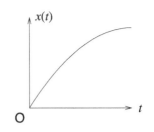

図 5.3 カーリングのストーンの運動。

代入すると

$$x = \frac{mv_0^2}{2F_m} \tag{5.83}$$

したがって

$$F_m = \frac{mv_0^2}{2x} \tag{5.84}$$

ここで $x = 20$ m, $m = 20$ kg, $v_0 = 1.5$ m s^{-1} とすれば, $F_m = 1.1$ N。

(4) クーロンの摩擦法則 (P.38 式 (3.9)) より, 動摩擦係数 μ' について

$$F_m = \mu' N \tag{5.85}$$

が成り立つ。ここで N は垂直抗力 (ストーンが氷の接触面から垂直上向きに受ける力) であり, 今の場合は $N = mg$ である。したがって $F_m = \mu' mg$ である。したがって (3) の結果から $\mu' = F_m/(mg) = 5.7 \times 10^{-3}$。(無次元なので単位は不要)

(5) 式 (5.83) より, 停止するまでの距離 x は初速度 v_0 の 2 乗に比例する。x を 20 m から 25 m にするとき, x は 1.25 倍になるが, そのためには v_0 が $\sqrt{1.25} = 1.12$ 倍になればよい。したがって v_0 は $\sqrt{1.25} \times 1.5$ m s^{-1}=1.68 m s^{-1}。つまり約 1.7 m s^{-1} にすればよい。

(6) 式 (5.83) と式 (5.85) で F_m を消去し, $N = mg$ を使えば

$$x = \frac{v_0^2}{2\mu' g} \tag{5.86}$$

となる。したがって x は質量に依存しない。したがって 30 kg だろうが何 kg だろうが, 摩擦の条件 (氷の表面状態とストーンの底面材質) が同じなら前小問で求めた初速度 (約 1.7 m s^{-1}) でよい。

よくある質問 140　問 89(6) に驚きました。重い物体が軽い物体と同じ初速度で同じ距離で止まるのですか?… そうです。不思議ですね。これは力がクーロ

ンの摩擦法則にしたがう摩擦力だからです。この場合の
摩擦力は重力に比例します。重い物体にはそのぶん，垂
直効力が大きくなるため，大きな摩擦力がかかるのです。
つまり $F = ma$ の左辺の F が m に比例するため，右辺
の ma の m と打ち消し合って，結果的に質量の影響は
無くなるのです。

答90 この問では力は時刻に比例するとのことなの
で，適当な定数 b を使って

$$F(t) = bt \tag{5.87}$$

と書けるはず。運動方向に x 軸をとり，位置を $x(t)$，
速度を $v(t)$，加速度を $a(t)$ とする。運動方程式より，
$F(t) = ma(t)$。これに式 (5.87) を代入して変形すると，

$$a(t) = \frac{bt}{m} \tag{5.88}$$

となる。P.70 式 (5.25) のように考えて（a_x, v_x はここ
では a, v），

$$v(t) = v(0) + \int_0^t a(t)\,dt \tag{5.89}$$

である。ここで $v(0) = 0$ と式 (5.88) を代入して

$$v(t) = \int_0^t \frac{bt}{m}\,dt = \frac{bt^2}{2m} \tag{5.90}$$

また，P.70 式 (5.24) のように考えて

$$x(t) = x(0) + \int_0^t v(t)\,dt \tag{5.91}$$

である。ここで $x(0) = 0$ と式 (5.90) を代入して

$$x(t) = \int_0^t \frac{bt^2}{2m}\,dt = \frac{bt^3}{6m} \tag{5.92}$$

さて式 (5.87) と条件 $F(2.0\,\mathrm{s}) = 6.0\,\mathrm{N}$ より，$b =$
$3.0\,\mathrm{N/s}$。これと $m = 2.0\,\mathrm{kg}$，$t = 4.0\,\mathrm{s}$ を式 (5.92) に
代入すると

$$x(4.0\,\mathrm{s}) = \frac{(3.0\,\mathrm{N/s})(4.0\,\mathrm{s})^3}{6 \times 2.0\,\mathrm{kg}} = 16\,\mathrm{m} \tag{5.93}$$

答91

(1) $t < 0$ では等速度運動をしているから，慣性の法則
より，働く力（の総和）は 0 である。したがって，
運動方程式より式 (5.57) が成り立つ。

(2) $0 < t$ ではパラシュートによる空気抵抗力 $F = -\alpha v$
がかかる。したがって，運動方程式より式 (5.58) が
成り立つ。

(3) 式 (5.58) を変数分離すると以下のようになる：

$$-\alpha\,dt = m\frac{dv}{v} \tag{5.94}$$

この式の両辺を積分すると（C は積分定数）

$$\int -\alpha\,dt = \int m\frac{dv}{v} \tag{5.95}$$

$$-\alpha t = m\ln|v| + C \tag{5.96}$$

したがって次式のようになる：

$$
\begin{aligned}
v &= \pm\exp\left(-\frac{\alpha}{m}t - C\right) \\
&= \pm\exp(-C)\exp\left(-\frac{\alpha}{m}t\right)
\end{aligned} \tag{5.97}
$$

ここで $t = 0$ のとき $v = v_0$ だから，

$$\pm\exp(-C) = v_0 \tag{5.98}$$

したがって

$$v = v_0\exp\left(-\frac{\alpha}{m}t\right) \tag{5.99}$$

(4) 図 5.4 のようになる。

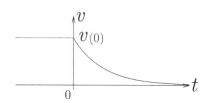

図 5.4　粘性抵抗を受けて減速する物体の運動。

答93 (1) $0 < t$ ではパラシュートによる空気抵抗力
$F = -\beta v^2$ がかかる。したがって，運動方程式より式
(5.60) が成り立つ。(2), (3) 略。(4) 式 (5.62) で $t = 0$
とすれば $0 = m/v(0) + C$。したがって $C = -m/v(0)$。
(5) 式 (5.63) を式 (5.62) に入れて v についてとけば式
(5.64) が成り立つ。（自分で計算してみよう）(6) 図 5.5
のようになる。

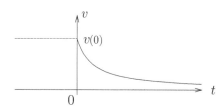

図 5.5　慣性抵抗を受けて減速する物体の運動。

答 94

(1) 雨粒にかかる力は重力（$-mg$）と粘性抵抗（$-\alpha v$）の和。したがって運動方程式より式 (5.65) が成り立つ。

(2) 式 (5.65) の両辺を m で割ると，

$$-g - \frac{\alpha v}{m} = \frac{dv}{dt} \tag{5.100}$$

両辺に dt をかけ，さらに両辺を $g + \alpha v/m$ で割ると，

$$-dt = \frac{dv}{g + \alpha v/m} \tag{5.101}$$

この左辺と右辺を入れ替えると式 (5.66) を得る。

(3) 式 (5.66) の両辺に積分記号 $\int$ をつける：

$$\int \frac{dv}{g + \alpha v/m} = -\int dt \tag{5.102}$$

この左辺の不定積分は

$$
\begin{aligned}
\int \frac{dv}{(\alpha/m)(v + gm/\alpha)} &= \frac{m}{\alpha} \int \frac{dv}{v + gm/\alpha} \\
&= \frac{m}{\alpha} \ln\left| v + \frac{gm}{\alpha} \right| + C_1
\end{aligned}
$$

となる（C_1 は積分定数）。右辺の不定積分は $-t + C_2$ となる（C_2 は積分定数）。これらをまとめて

$$\frac{m}{\alpha} \ln\left| v + \frac{gm}{\alpha} \right| + C_1 = -t + C_2 \tag{5.103}$$

となる。C_1 を右辺に移項し，$C_2 - C_1 = C$ とおけば式 (5.67) を得る。

(4) 式 (5.67) より

$$\ln\left| v + \frac{gm}{\alpha} \right| = -\frac{\alpha}{m}(t - C) \tag{5.104}$$

したがって

$$v + \frac{gm}{\alpha} = \pm\exp\left[-\frac{\alpha}{m}(t - C) \right] \tag{5.105}$$

したがって

$$v = \pm\exp\left[-\frac{\alpha}{m}(t - C) \right] - \frac{gm}{\alpha} \tag{5.106}$$

ここで $t = 0, v = 0$ とおけば（$v(0) = 0$ だから），

$$0 = \pm\exp\left(\frac{\alpha}{m}C \right) - \frac{gm}{\alpha} \tag{5.107}$$

したがって

$$\pm\exp\left(\frac{\alpha}{m}C \right) = \frac{gm}{\alpha} \tag{5.108}$$

となる（左辺の $\pm$ も含めて右辺のように決まる）。これを式 (5.106) に代入して

$$v = \frac{gm}{\alpha} \exp\left(-\frac{\alpha}{m}t \right) - \frac{gm}{\alpha} \tag{5.109}$$

これを整理すると式 (5.68) を得る。

(5) 図 5.6 の曲線のようになる。

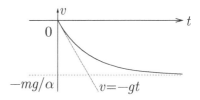

図 5.6　粘性抵抗を受ける落下（実線の曲線；式 (5.68)）。直線 $v = -gt$ は粘性が無い場合（自由落下）。

(6) 式 (5.68) において t の ∞ への極限で v は $-mg/\alpha$ に近づく。あるいは終端速度では速度は時間とともに変わらないから，式 (5.65) の右辺を 0 とおけば同じく $v = -mg/\alpha$ を得る。

答 95

略（各自，調べよ）。

よくある質問 141　摩擦の無い面に 10 t くらいの物体が載って静止しているとします。この物体を面と平行な方向に動かし始めるには，ほんの少し力をかけてやるだけでよいのでしょうか。イメージできない。… はいそうです。実際，小惑星探査機「はやぶさ」は 500 kg ほどですが，それを動かすイオンエンジンは 1 円玉を持ち上げるくらいの力しかなかったらしいですよ。

よくある質問 142　解答をみるとわかるのですが，一から自分で解答を作り出せません。… 基本から丁寧に理解することが重要で，「一から作り出す」ことにはこだわらなくてよいです。入試の為の勉強ではなく新しいことを学んでいるのですから。

よくある質問 143　重力の式 $F = mg$ は要するに運動方程式 $F = ma$ の加速度 a に g を代入したということですよね？… 違います。$F = ma$ の F は物体にかかる力（合力）であり，重力でも電気力でもバネでも張力でも摩擦力でもなんでも構いません。ところが $F = mg$ の F は重力です。$F = ma$ は力と運動の関係を説明する式で，$F = mg$ は重力を説明する式です。重力を受けて運動する物体の運動を表す式は，この 2 つを連

立させて $ma = mg$ です。だから重力に身を任せて落ち
る物体の加速度 a は重力加速度 g に等しくなる，という
ことが導かれるのです。最初から $a = g$ が言えるのでは
ないのです。

受講生の感想 8　基本的なことを理解するのは実は
簡単ではないという心構えを持つことが重要だと感
じた。

受講生の感想 9　世の中にはたくさんの現象があ
り，一見繋がりがなくても説明していくと同じ式を
使って表せてしまうことがあるのはとても不思議
だ。逆に考えれば，基本がわかっていれば物理は理
解しやすいのではないかと思った。今まで物理は複
雑だと思っていたが，ばらしていけば元はシンプル
であることが多いとわかり「物理も頑張ってやって
いけるかもしれない」と思った。

第6章

様々な運動

前章までに学んだ力の法則と運動の法則を組み合わせて，物体の様々な運動を解析してみよう。端的にいえば，力の法則で力を表現し，運動方程式に代入して微分方程式を立て，それを数学で解くことで各時刻における物体の位置や速度がわかる，という流れだ。注：この章は三角関数の知識が必要である。

6.1 単振動

例 6.1 図 6.1（上）のように，一端が壁に固定されたバネがあり，もう一端に質量 m の物体（質点）がとりつけられて床に静止している系を考えよう。バネ定数を k とし，バネ自体の質量は無視する。バネは左右方向にだけ伸縮するものとする。

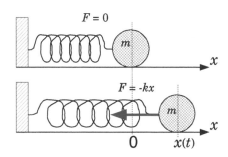

図 6.1 バネにつけられて振動する物体

この物体を図 6.1（下）のように少し動かしてから離したり，右か左から指で弾いたりすると，物体は左右に往復（振動）し始めるだろう。物体にかかる空気抵抗や床との摩擦が無視できる（空気は十分に薄く，床は十分に滑らか）と想定すると，振動運動は永遠に続くだろう。この運動を物理的に考えよう。

バネが自然長にあるときの物体の位置を原点と

し，左から右に向かって x 軸をとる。時刻 t での物体の位置を $x(t)$ とする。

物体の運動の解析は常に運動方程式（P.73）が出発点だ。運動方程式は質量 m が一定であれば力のベクトルと加速度のベクトルの関係式だ。したがって運動方程式を考えるということは，x, y, z の各方向について力と加速度の関係を考えるということだ。ところが図 6.1 の物体は上下や手前・奥行き方向には動かないので，x 軸上（左右方向）の運動方程式（P.75 式 (5.45) の最初の式）だけを考えればよい。時刻 t で物体が位置 $x(t)$ にあるとき（図 6.1 の下図），バネの伸びは $x(t)$ なので，フックの法則（P.29 式 (3.3)）により物体にはバネから $-kx(t)$ の力がかかる（k はバネ定数）。したがって x 方向の運動方程式は以下のようになる[*1]：

$$-kx = m\frac{d^2x}{dt^2} \tag{6.1}$$

これを変形すれば次式になる：

$$\frac{d^2x}{dt^2} = -\frac{k}{m}x \tag{6.2}$$

この微分方程式 (6.2) を数学的に解けば，関数 $x(t)$ すなわち「時刻 t における物体の位置」が得られ，物体の運動が決まるわけだ。ただしそれには結構な数学力が必要なので，ここでは正面からは解かない[*2]。

そのかわりに我々が持つ経験と直感を使う。すなわち，我々はこの物体が振動運動することを知っているので，その運動は次式のように書けるのではな

[*1] P.75 式 (5.45) の最初の式：$F_x = ma_x$ で F_x を $-kx(t)$ と置き，a_x を dx^2/dt^2 と置けば式 (6.1) が得られる。$x(t)$ の (t) を省略して書いている。そのほうが見やすいからだ。

[*2] 式 (6.2) を正面から解く手法は，『ライブ講義 大学生のための応用数学入門』の 2.5 節（マクローリン展開を使う方法）と 5.2 節（重ね合わせの原理と演算子法を使う方法）で解説してある。

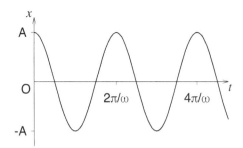

図6.2　式 (6.3) のグラフ。

いかと**仮定**しよう：

$$x(t) = A\cos\omega t \tag{6.3}$$

ここで A と ω は適当な（未知の）正の定数である（それらの意味はすぐ後で説明する）。ω はギリシア文字の「オメガ」の小文字であり，ダブリュー w ではないことに要注意。$\cos$ は三角関数のひとつだが，変数の値は度ではなくラジアンで表すものとする。この式 (6.3) のグラフは図 6.2 のようになる。いかにも振動しているグラフではないか！　この振動の最大値は A，最小値は $-A$ であることが読み取れる（この A は式 (6.3) の中の A である）。つまりグラフは $\pm A$ の間を振動する。この A を振幅という。また，振動は一定時間ごとに同じパターンで繰り返すことも読み取れる。このような繰り返しの時間間隔を周期とよんで，慣習的には T と表すことが多い。グラフから明らかなように

$$T = \frac{2\pi}{\omega} \tag{6.4}$$

である。そしてこの ω は角速度や角振動数とよばれる量である。

　角速度は今後も頻出する用語だが，**とりあえずは**「時刻 t の入った $\sin$ や $\cos$ が出てきたら，t の係数が角速度だ」[*3]と思っておけばよい（気になる人は次節を読もう）。あるいは，式 (6.4) を使うと

$$\omega = \frac{2\pi}{T} \tag{6.5}$$

となる。つまり「角速度は 2π わる周期のこと」と思っておいてもよい。

　なお，本節でもそうであるように，多くの場合，角速度には ω というギリシア文字を使う。ただしそれは規則ではなく慣習である。角速度は時間の逆数の次元を持ち，通常，s^{-1}，つまり「毎秒」という単位であらわされる。「毎秒」のことを「ヘルツ」とよび，Hz と書くこともある（記憶せよ）。

　さて，式 (6.3) が式 (6.2) を満たすのではないかという希望を持って，式 (6.3) を式 (6.2) に代入してみよう。すると式 (6.2) の左辺は

$$-A\omega^2 \cos\omega t \tag{6.6}$$

となり，右辺は

$$-A\frac{k}{m}\cos\omega t \tag{6.7}$$

となる。これらが任意の時刻について一致する（つまり式 (6.2) が恒等的に成り立つ）には，$A = 0$ か $\omega^2 = k/m$ であればよい[*4]。

　$A = 0$ のときは式 (6.3) が恒等的に 0 となる，つまり物体は原点でじっと静止したままだ。今は振動運動を考えているのでこれは除外しよう。

　$\omega^2 = k/m$ のときは

$$\omega = \sqrt{\frac{k}{m}} \tag{6.8}$$

となる（A の値は何でも構わない）。式 (6.8) が成り立てば，式 (6.3) は運動方程式 (6.2) の解になる。したがって，式 (6.8) という条件のもとで，式 (6.3) はこの系で実現可能な運動（のひとつ）である。

よくある間違い 8　式 (6.8) を角速度の定義だと思っている… 違います。角速度は「時刻 t の入った $\sin$ や $\cos$ の t の係数」です（もっとしっかりした定義は次節）。それがこの問題（バネの単振動）の場合は式 (6.8) として現れるということです。実際，後で学ぶ「等速円運動」にも角速度は出てきますが，そこでは式 (6.8) は通用しません。

[*3] たとえば a, b, c を定数として，$a\sin(bt + c)$ なら b が角速度。$a\cos(bt + c)$ でも b が角速度。ただし t は 1 次でなければならない（$a\sin\left(bt^2 + c\right)$ のような場合は考えない）。また，「オイラーの公式」を使って $ae^{i(bt + c)}$ という関数を考えることもよくある。これは $a\cos(bt + c) + ia\sin(bt + c)$ を意味するものであり，三角関数を拡張したようなものであり，これにも角速度の考え方を適用し，b を角速度とよぶ。ちなみにここで出したいずれの関数でも，a を振幅，c を「初期位相」という。

[*4] ほかにも $\cos\omega t = 0$ となるときにも式 (6.2) は成り立つが，それは t が特定の値，たとえば $t = \pi/(2\omega)$ や $t = 3\pi/(2\omega)$ などをとるときに限られるので，式 (6.2) が**恒等的**に成り立つとは言えない。

学びのアップデート

個別の具体事例に現れる公式をその概念の定義や本質だと思ってはならない。

式 (6.8) が成り立つならば，式 (6.3) 以外にも，以下のような関数のいずれも式 (6.2) の解であることは，代入してみれば簡単にわかるだろう（A, B, ϕ は任意の定数で，各々の式で違ってかまわない）：

$$x(t) = A \sin \omega t \tag{6.9}$$

$$x(t) = A \cos(\omega t + \phi) \tag{6.10}$$

$$x(t) = A \sin(\omega t + \phi) \tag{6.11}$$

$$x(t) = A \cos \omega t + B \sin \omega t \tag{6.12}$$

しかしそもそも現実の運動は単純な振動運動のはずだから，式 (6.2) の解はそんなにいろいろあるはずはない。実はこれらの関数は互いに別物ではなく重複があるのだ。

実際，たとえば式 (6.12) で $B = 0$ とおけば式 (6.3) になるし，式 (6.12) で $A = 0$ とおいて改めて B を A と置き変えれば式 (6.9) になる。つまり式 (6.3) や式 (6.9) は式 (6.12) の特殊なケースに過ぎない。

また，式 (6.10) において $\phi = \phi' - \pi/2$ とおけば，$\cos$ の性質[*5]から

$$x(t) = A \cos\left(\omega t + \phi' - \frac{\pi}{2}\right) = A \sin\left(\omega t + \phi'\right)$$

となって，ϕ' を改めて ϕ と置けば式 (6.11) の形になるし，式 (6.11) において，$\phi = \phi' + \pi/2$ とおけば，$\sin$ の性質[*6]から

$$x(t) = A \sin\left(\omega t + \phi' + \frac{\pi}{2}\right) = A \cos\left(\omega t + \phi'\right)$$

となって，ϕ' を改めて ϕ と置けば式 (6.10) の形になる。つまり式 (6.10) と式 (6.11) は，同じ関数を違った形で表現しているに過ぎない。

また，式 (6.12) に「三角関数の合成」（数学の教科書を参照せよ）を適用すれば式 (6.11) の形に変形できるし，逆に式 (6.11) や式 (6.10) に三角関数の加法定理を適用すれば式 (6.12) のように変形で

きる。つまり式 (6.10), 式 (6.11), 式 (6.12) の 3 つは数学的には互いに等価である（もちろん各々で A や ϕ の値は違う）。

式 (6.10) から式 (6.12) のいずれかのように表現できる現象を単振動や調和振動という。

この中の代表として式 (6.12) で単振動を統一的に表現してみよう。まず $t = 0$ を代入すると

$$x(0) = A \tag{6.13}$$

である。また，式 (6.12) を t で微分すると

$$x'(t) = -A\omega \sin \omega t + B\omega \cos \omega t \tag{6.14}$$

である。これに $t = 0$ を代入すると

$$x'(0) = B\omega \tag{6.15}$$

である。したがって式 (6.12) は

$$x(t) = x(0) \cos \omega t + \frac{x'(0)}{\omega} \sin \omega t \tag{6.16}$$

と書ける[*7]。この式は図 6.1 のような系で起きるあらゆる振動運動を，初期条件（つまり $x(0)$ と $x'(0)$ の値）だけで統一的に表現する（ただし ω は式 (6.8) を満たさねばならない）。

さて式 (6.2) は式 (6.8) を使うと次式のようになる：

単振動の微分方程式

$$\frac{d^2 x}{dt^2} = -\omega^2 x \tag{6.17}$$

このような方程式に従う現象は「バネについた物体」以外にもたくさんある。それらはどんなものであっても単振動という。以下に例を挙げよう：

- 振り子（振幅が十分に小さいとき）
- コイルとコンデンサーからなる電気回路（電波を受けるアンテナ）
- 安定した大気の中で発生する「ブラント・バイサラ振動」

[*5] 任意の角 θ について $\cos(\theta - \pi/2) = \sin \theta$

[*6] 任意の角 θ について $\sin(\theta + \pi/2) = \cos \theta$

[*7] この式は『ライブ講義 大学生のための応用数学入門』の P.69 式 (5.32) で登場し，解説されている。

● 大気よりも遥か上空の電離層で起きる「プラズマ振動」

今のところ君はこれらの中身を詳しく知る必要はない。とりあえず単振動という現象は様々なところにあるという実感を持てたなら十分だ。

問 96　図 6.1 のような系で物体の質量を 2 倍にすると角速度は何倍になるか？　振動の周期は何倍になるか？

問 97　図 6.1 のような系で，$t = 0$ で物体を $x = X_0$ の位置に持ってきて静かに（初速度 0 で）離すとどのような運動になるか？　その解を書き，そのグラフを描け。ヒント：式 (6.16)。

問 98　図 6.1 のような系で，$t = 0$ で物体を $x = 0$ の位置のままで指でピンと弾いて初速度 V_0 を与えたらどのような運動になるか？　その解を書き，そのグラフを描け。

ここで微分方程式 (6.17) についてもうすこし検討する。以前（P.78）でも述べたが，運動方程式は二階微分方程式だからそれを解く，つまり関数を得るには微分の逆である不定積分に相当する操作が 2 回必要であり，したがって積分定数に相当する任意の（未知の）定数が 2 つ現れるはずだ。式 (6.17) の場合は，それが式 (6.12) における A, B である。それは式 (6.16) のように初期条件，つまりある時刻における位置と速度を与えることで具体的に決まる[*8]。

6.2　（発展）角速度と位相

（発展的な話題なので，余裕のある人だけ読めばよい。）

前節で角速度を紹介した時に「とりあえずは」という表現をしたが，それにひっかかった人もいるだろう。きちんと定義するなら，角速度は「単位時間あたりの位相の変化」である。そして位相は角度を

[*8]　このように，初期条件まで考慮して微分方程式の解を一意的に定めることを「微分方程式の初期値問題」という。

拡張したような概念である。すなわち，位相とは周期的な現象において周期の中のどのあたりにいるかを角（ラジアン）で表現する量である。すなわち，周期が T であるような周期的関数 $f(t)$ について，$t = t_0$ を基準とするとき，

$$\theta := 2\pi(t - t_0)/T \tag{6.18}$$

を位相という。この場合，位相は任意の実数値を取り得る。ところが別の流儀として，

$$\theta := 2\pi(t - t_0)/T - 2\pi m \tag{6.19}$$

が 0 以上 2π 未満の値となるように整数 m を決めたときの θ を（t における）位相とする定義もある。

式 (6.3) では周期は $2\pi/\omega$ であり，$t = 0$ を基準とすれば，式 (6.18) に当てはめると $\theta = 2\pi(t - 0)/T = 2\pi t/(2\pi/\omega) = \omega t$ が（前者の意味での）位相である。ところが周期関数は一周期進むと元に戻るので，2π 以上の位相は 2π の整数倍を引くことで 0 以上 2π 未満の位相と同一視しても構わないだろうと考え，式 (6.18) の θ から「2π の整数倍を引くことで 0 以上 2π 未満にした量」を位相と定義するのが後者（式 (6.19)）の考え方である。たとえば前者で位相が $\theta = 7\pi$ のとき，後者の意味での位相は（2π の 3 倍を引いて）π である。

よくある質問 144　違う定義が 2 つあると混乱しませんか？ … 多くの場合は後者（位相は 0 以上 2π 未満に限定する定義）だと思いますが，たまに混乱します（笑）。実際，前者か後者かを明言しない論文や資料が多いです。どちらとみなしても構わない（結論は同じ）ことも多いからだと思います。

6.3　斜め投げ上げ

これまで検討してきた運動はいずれも直線上に限定していた。ここからは平面的な運動や空間的な運動を検討しよう。といっても難しいことはない。座標系を適切に設定して，x, y, z の各方向について運動方程式を考えるだけだ。

例 6.2　君は平坦な地表のある点から空に向かって斜め方向に質量 m のボールを投げ上げる。図 6.3 のように原点と x 軸，y 軸を設定する。空気抵抗は

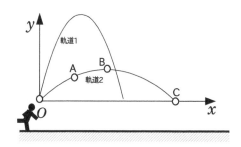

図 6.3　ボールの斜め投げ上げ

無視し，重力加速度は一様[9]とする。軌道 1 のように かなり上向きに投げ上げたら，高くは上がるものの遠くには飛ばない。軌道 2 のように若干水平ぎみに投げ上げたら，高くは上がらないがそこそこ遠くに飛ぶ。

問 99　軌道 2 で A, B, C のそれぞれの位置にボールが来た時を考える。

(1) 速さが最大なのは A, B, C のうちどの位置か？

(2) A, B, C の各位置でボールにかかる合力を矢印で図に描き込め。矢印の長さは適当でよいが，複数の矢印どうしで長さはつじつまがあっていなければならない（大きい力は長く，小さい力は短く）。

(3) A, B, C の各位置でボールの加速度を点線矢印で図に描き込め。矢印の長さは適当でよいが，複数の矢印どうしで長さはつじつまがあっていなければならない（大きい加速度は長く，小さい加速度は短く）。

(4) 加速度の大きさが最も大きいのは A, B, C のうちどの位置のときか？

問 100　どのような角度で投げ上げたら最も遠くまでボールを飛ばせるか考えよう。君の位置を原点 O とし，水平方向に x 軸，鉛直方向に y 軸をとる。時刻を t とし，君がボールを手放した瞬間を $t = 0$ とする。$t = 0$ のときにボールの速度は x 軸から角 θ の方向で，その大きさは v_0 であったとする。

　時刻 t におけるボールの位置と速度をそれぞれ $\mathbf{r}(t)$, $\mathbf{v}(t)$ とする[10]。重力加速度を g とする。

(1) $\mathbf{r}(0) = (0, 0)$, $\mathbf{v}(0) = (v_0 \cos\theta, v_0 \sin\theta)$ であ

ることを示せ。

(2) $\mathbf{r}(t) = (x(t), y(t))$ とする。手を離れてから地上に落ちるまでのボールの運動方程式は次式になることを示せ：

$$m\frac{d^2 x}{dt^2} = 0 \tag{6.20}$$

$$m\frac{d^2 y}{dt^2} = -mg \tag{6.21}$$

(3) 式 (6.20), 式 (6.21) の解はそれぞれ次式になることを示せ：

$$x = (v_0 \cos\theta)t \tag{6.22}$$

$$y = (v_0 \sin\theta)t - \frac{1}{2}gt^2 \tag{6.23}$$

(4) 前問の結果から t を消去して次式を示せ：

$$y = (\tan\theta)x - \frac{g}{2v_0^2 \cos^2\theta}x^2 \tag{6.24}$$

(5) 前問の結果を横軸 x，縦軸 y のグラフに描け。これがボールの軌跡だ。

(6) 投げ上げたボールが着地する場所の x 座標を X とする。次式を示せ：

$$X = \frac{v_0^2 \sin 2\theta}{g} \tag{6.25}$$

(7) v_0 が一定のとき，投げ上げの角 θ がどのくらいのとき X は最大になるか？

問 101　ハンマー投は，ハンマー（ワイヤーの先に質量 7.26 kg の金属球がついたもの）を振り回して投げ上げ，飛ばした距離を競うスポーツである。2023 年現在，世界記録は 86.7 m である。投げ上げの角度が前問で求めた角に一致していたと仮定して，世界記録樹立時にハンマーが空中に放たれた瞬間の速さを推定せよ。

6.4　円運動

　質点が円周上を動く運動（円運動）のうち，逆戻りをせず，**速さ**（速度ではない！）が一定であるような運動を等速円運動という。世の中には等速円運動はたくさんある。遠心分離機の中の試料は等速円運動をする。太陽のまわりを地球がまわるのはほぼ等速円運動である（厳密にはちょっと違うが）。

よくある質問 145　速さが一定というのと速度が一

定というのは同じでは？… 違います。既に学んだよ
うに「速度」は大きさと向きを持つ量（ベクトル）であ
り，その大きさだけを切り出した概念が「速さ」です。
速度が一定だと直線運動になってしまいます。

どのようなときに等速円運動は実現するのか調べ
てみよう。とりあえず平面内の等速円運動を考え
る。xy 座標系の上で質量 m の質点が，原点を中心
とする半径 r の円周上を等速円運動しているとする
（図 6.4）。

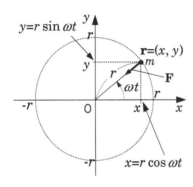

図6.4　等速円運動

時刻 t における質点の位置，速度，加速度をそれ
ぞれ

$$\mathbf{r}(t) = (x(t), y(t)) \tag{6.26}$$
$$\mathbf{v}(t) = (v_x(t), v_y(t)) \tag{6.27}$$
$$\mathbf{a}(t) = (a_x(t), a_y(t)) \tag{6.28}$$

とし，$t = 0$ で質点は x 軸上の点 $(r, 0)$ にあるとす
る。すなわち

$$\mathbf{r}(0) = (x(0), y(0)) = (r, 0) \tag{6.29}$$

であるとする。

問 102

(1) 質点が実際にこの円周上を一定の角速度 ω で
回転するならば次式が成り立つことを示せ（ヒ
ント：極座標）：

$$\mathbf{r}(t) = (r \cos \omega t, r \sin \omega t) \tag{6.30}$$
$$\mathbf{v}(t) = (-r\omega \sin \omega t, r\omega \cos \omega t) \tag{6.31}$$
$$\mathbf{a}(t) = (-r\omega^2 \cos \omega t, -r\omega^2 \sin \omega t) \tag{6.32}$$

$$\mathbf{a}(t) = -\omega^2 \mathbf{r}(t) \tag{6.33}$$

(2) 時刻 t のとき質点に働く力を $\mathbf{F}(t) = (F_x(t), F_y(t))$ とすると，次式が成り立つこ
とを示せ：

$$\mathbf{F}(t) = -m\omega^2 \mathbf{r}(t) \tag{6.34}$$
$$F_x(t) = -mr\omega^2 \cos \omega t \tag{6.35}$$
$$F_y(t) = -mr\omega^2 \sin \omega t \tag{6.36}$$

(3) $F = |\mathbf{F}|$, $v = |\mathbf{v}|$ とする。次式を示せ。

$$F = mr\omega^2 \tag{6.37}$$
$$v = r\omega \tag{6.38}$$

(4) 式 (6.37) は次式のようにもできることを示せ：

$$F = \frac{mv^2}{r} \tag{6.39}$$

(5) 質量と半径はそのままで速度の大きさ（速さ）
v が 2 倍になると力は何倍になるか？

(6) 質量と速さはそのままで半径 r が $1/2$ 倍にな
ると力は何倍になる必要があるか？

等速円運動している物体には式 (6.34) を満たす
ような**何らかの力**が働いている必要がある。このよ
うに等速円運動を実現する式 (6.34) のような力を
向心力という。「向心」という理由は，この $\mathbf{F}$ は円
運動の中心から質点へのベクトル $\mathbf{r}$ とは真逆の向
き，つまり質点から「中心への向き」だからである。

向心力はこれまで出てきた「万有引力」「電磁気
力」「弾性力」「摩擦力」「張力」など，特定の種類の
力を意味する言葉とは違う。向心力は等速円運動を
実現するために必要な力という，むしろ「役割」と
結びついた言葉である。その役割を務めるのはケー
スバイケースで，万有引力だったり電磁気力だった
り張力だったり様々である。

問 103 以下の等速円運動（厳密にはそうとは言
えないものもあるが，それも近似的に等速円運動と
みなす）において向心力となっている力は何か？
(1) 太陽の周りを地球がまわること。
(2) おもりのついた糸を手で持ってひゅんひゅん
と回すこと。

(3) 水平の広場で自転車を円形に走らせること。

(4) こどものとき，大人に手首を持ってもらってぐるぐる振り回してもらったときのこと（早く回るほど腕がひっぱられて痛かったことを覚えているだろう）。

問 104 車を運転するときになぜカーブの手前で減速すべきか述べよ。

「向心力」に似た言葉に「遠心力」がある（向心力より馴染み深いという人も多いだろう），両者は明確に別の概念だ。「遠心力」は P.101 で学ぶまで不用意に使わないようにしよう。

さて，円運動と単振動は密接な関係がある。等速円運動の方程式のひとつである式 (6.33) を考えよう：

$$\mathbf{a}(t) = -\omega^2 \mathbf{r}(t)$$

この左辺は $d^2\mathbf{r}/dt^2$ であり，さらに $\mathbf{r} = (x, y)$ とおけば上の式は

$$\frac{d^2 x}{dt^2} = -\omega^2 x \tag{6.40}$$

$$\frac{d^2 y}{dt^2} = -\omega^2 y \tag{6.41}$$

となる。これらは P.89 式 (6.17) と同じ形，すなわち単振動の微分方程式だ。したがって等速円運動は2つの単振動（x 軸方向と y 軸方向）の組み合わせと考えることができる。実際，等速円運動

$$\big(x(t), y(t)\big) = (r\cos\omega t, r\sin\omega t) \tag{6.42}$$

についてその x 座標だけを取り出した関数

$$x(t) = r\cos\omega t \tag{6.43}$$

は P.88 式 (6.3) にそっくりだし，y 座標だけを取り出した関数

$$y(t) = r\sin\omega t \tag{6.44}$$

は P.89 式 (6.9) にそっくりだ。したがって角速度，周期などの概念は円運動と単振動で共通だ。ただし「角速度」の「角」は円運動の場合は実際に円の中の角を表すので直感的にわかりやすい。

問 105 ハンマー投の世界記録樹立時（P.91 問 101 参照）に投擲者の腕にはどのくらいの力がかかっただろうか？ それは地上で何 kg の物体を持ち上げる力に相当するだろうか？ 回転の半径を $r = 1.5$ m と仮定せよ（有効数字 2 桁で十分）。ヒント：式 (6.39)。m や v の値は問 101 から流用する。

問 106 太陽のまわりをまわる地球の公転を考えよう。地球を質点とみなし，地球の公転軌道を半径 r の円とし（厳密には楕円だが），その中心に太陽があるとし，太陽は動かないとみなす。太陽と地球の質量をそれぞれ M, m とする。万有引力定数を G とする。

(1) 地球の公転を等速円運動とみなし，それを維持するために地球が太陽から受けるべき力の大きさを r, ω, m であらわせ。

(2) この力は万有引力によって実現される。このことから次式を示せ。ただし ω は角速度である。

$$\omega = \sqrt{\frac{GM}{r^3}} \tag{6.45}$$

(3) この円運動の周期 T は次式になることを示せ：

$$T = 2\pi\sqrt{\frac{r^3}{GM}} \tag{6.46}$$

(4) r, G, M に具体的な数値を代入して ω の値を求め，周期を求めよ。それは何日に相当するか？（計算に必要な数値は各自で調べよ）

問 107 以下の宇宙飛行体はそれぞれ何時間で地球のまわりを一周するか？ 地球の半径を 6400 km とし，地球や以下の飛行体を質点とし，いずれの運動も等速円運動とみなす。() 内は地表から飛行体への距離である。

(1) 国際宇宙ステーション（約 400 km）

(2) 静止気象衛星「ひまわり」（約 36000 km）

「ひまわり」のような静止衛星は赤道上空の宇宙空間で地球の自転と同じ角速度で地球のまわりをまわっているので，地表の同じ場所の雲の様子を時々刻々と観測できる。この衛星は地表から見たら常に空の同じところにいるように見える[*11]。

[*11] 実際は遠すぎて肉眼や普通の望遠鏡では見ることはできない。

よくある質問 146　自然界には円運動だけでなく楕円運動もあるのですか？ あるならそれも運動方程式に従うのですか？… はいそうです。例えば月は地球のまわりを円運動しているようですが，正確には楕円運動です。その証拠に月の見え方は季節によって大きくなったり小さくなったりするでしょ？ 最も大きく見える満月を「スーパームーン」といいますが，それは月が地球に近づいた時だから大きく見えるのです。太陽系の惑星も太陽の周りを円運動しているようにみえますが，正確にはどれも楕円運動です。特に火星は円運動から大きく外れた運動をしています。そのことが昔，天体観測によって明らかにされ，「天体は円運動をする」と思い込んでいた人々の世界観を覆し，ニュートン力学が生まれるきっかけになったのです。また，GPS 衛星を補完して測量精度を上げるための「みちびき」という日本の人工衛星（その信号が農地のトラクターの自動運転などで使われている）は，軌道を意図的に楕円にすることによって日本上空の滞在時間を長くしています。そしてこれらは全て運動方程式に従います。

よくある質問 147　公式がごちゃごちゃになってしまいます… 物理学で出てくる式を十把一絡に「公式」と呼んでしまうことが私は気になります。どの式にも物理学の体系の中での位置づけがあります。まず最上位にあるのが，基本的な概念を定義する式と，基本法則を述べる式です。そしてそれらから様々な法則が導出されていきます。その導出過程は，一般的・抽象的な状況から少しずつ条件を限定し，具体化していくという流れです。たとえば運動方程式（基本法則）があり，力が一定という条件をつけると加速度 a が一定という式が出てきて，さらに直線運動に限定すれば，$v = v(0) + at$，$x = x(0) + v(0)t + at^2/2$ という式が出てくる，という体系です。このストーリーを見抜かないで全部の式を単に「うわー，いっぱい式があるなー」と見ているとごちゃごちゃになってしまいます。

よくある質問 148　そもそも物の動きがわかって何が嬉しいのですか？ 病気を治す薬やバイオ燃料を作る微生物や乾燥に強い植物などの研究開発とは無関係では？… そう短絡的に考えてはダメです。薬の分子やタンパク質の構造は酸性度や温度で変わりますよね。それは結局分子や原子の動きに帰着します。微生物の生体反応も同じ。植物の乾燥耐性には植物体内の水

の動きが関わっています。結局科学の本質は「動き」に代表される物理現象に帰着するのです。

よくある質問 149　そんなの屁理屈にしか聞こえませんが… 実際，薬の分子の動態を物理学と数学を使って膨大な数の方程式で表してコンピュータで解析することが行われています。そうすることで試験管で実験するよりも効率的にたくさんの種類の分子を調べることができるのです。

むしろあなたの考え方の狭さが心配です。明確な夢があるのは素晴らしいですが，それを直線的に考え過ぎると大事なことを見落としてしまい，夢からかえって遠ざかる恐れはないでしょうか。それに，状況や価値観の変化によって夢や目標が無意味・実現不可能になることもありえます。そのようなときに汎用的で本質的な科学のスキルは夢や目標の再構築・再出発に役立ちます。そういうのを「潰しが利く」というのです。若いときは潰しが利く学びをすることも大事です。

学びのアップデート

若いときはいろんな可能性に備えて，潰しの利く学びをしよう。

演習問題

演習問題 6　以下の問に答えよ。ただし「遠心力」という言葉を使ってはならない（というか本来，使う必要は無いのに使おうとする人が多い … 泣）。

(1) 自転車競技場（競輪場）のトラックのカーブ部分は斜面になっている。その理由を物理学的に説明せよ。

(2) 飛行機（旅客機）が旋回するとき機体を傾けるということを知っているだろう。飛行機が左に旋回するとき左の翼は上げるか下げるか？ その理由を物理学的に説明せよ。(1) とは違う理由であることに注意！

(3) 無重力だが空気はあるという環境（国際宇宙ステーションの中など）で紙飛行機を飛ばしたらどのような運動をするか？

問の解答

答96 $\omega = \sqrt{k/m}$ より，質量 m が 2 倍になると角速度 ω は $1/\sqrt{2} \fallingdotseq 0.71$ 倍になる（つまり振動はゆっくりになる）。また，周期を T とすると $T = 2\pi/\omega$ だから T は $\sqrt{2} \fallingdotseq 1.4$ 倍になる。

答97 式 (6.16) で $x(0) = X_0$, $x'(0) = 0$ とすると $x(t) = X_0 \cos \omega t$。グラフは図 6.5 のようになる。

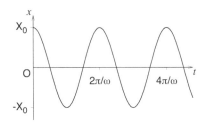

図 6.5　単振動する質点の位置の経時変化

答98 式 (6.16) で $x(0) = 0$, $x'(0) = V_0$ とすると

$$x(t) = \frac{V_0}{\omega} \sin \omega t \tag{6.47}$$

となる。グラフは図 6.6 のようになる。

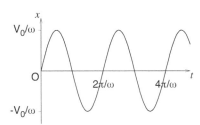

図 6.6　単振動する質点の速度の経時変化

答99 略。ヒント：飛行中のボールに働く力は重力のみ（空気抵抗は無視している）。

答100 $\mathbf{r}(t) = (x(t), y(t))$, $\mathbf{v}(t) = (x'(t), y'(t))$ となることに注意せよ。(1) ボールは時刻 $t = 0$ で原点（君の位置）にあるから $\mathbf{r}(0) = (0,0)$。また，$|\mathbf{v}(0)| = v_0$ で，$\mathbf{v}(0)$ が x 軸からなす角が θ であることから，$\mathbf{v}(0) = (v_0 \cos \theta, v_0 \sin \theta)$。(2) x 方向には力が働かないので式 (6.20) が成り立つ。y 方向には重力つまり $-mg$ が働くので式 (6.21) が成り立つ。(3) 式 (6.20) を 2 回積分すると $x(t) = C_1 t + C_2$ となる。ここで C_1, C_2 は積分定数。$x(0) = 0$ より $C_2 = 0$。$x'(0) = v_0 \cos \theta$ より $C_1 = v_0 \cos \theta$。したがって $x(t) = (v_0 \cos \theta)t$。式 (6.21) を 2 回積分すると $y(t) = -gt^2/2 + C_3 t + C_4$

となる。ここで C_3, C_4 は積分定数。$y(0) = 0$ より $C_4 = 0$。$y'(0) = v_0 \sin \theta$ より $C_3 = v_0 \sin \theta$。したがって $y(t) = (v_0 \sin \theta)t - \frac{gt^2}{2}$。(4) 略（各自計算せよ）。(5) 図 6.7。

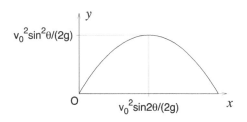

図 6.7　斜めに投げ上げられたボールの軌跡

(6) 略（式 (6.24) で $y = 0$ となるのは $x = 0$ と式 (6.25) の場合であり，前者は投げ上げの瞬間，後者は着地の瞬間に対応する。$2 \cos \theta \sin \theta = \sin 2\theta$ に注意せよ。）(7) 式 (6.25) が最大になるのは $\theta = \pi/4$，つまり 45 度のとき。

答101 前問より，$\theta = \pi/4$ がハンマー投擲の最適角度。このとき式 (6.25) は $X = v_0^2/g$ となる。したがって $v_0 = \sqrt{gX}$。$X = 86.7$ m，$g = 9.8$ m s^{-2} とすれば $v_0 = 29.1$ m s^{-1}。

答102 (1) 略（『ライブ講義 大学 1 年生のための数学入門』の極座標の説明を参照。質点は原点から距離 r，x 軸から角 ωt の点にあるから，その極座標を考えて式 (6.30) が成立。速度はそれを t で微分したものであり，実際に微分をすると式 (6.31) になる。加速度はさらにそれを t で微分したものであり，式 (6.32) になる。それを式 (6.30) を使って書き直したら式 (6.33) になる。）(2) 略（運動方程式 $\mathbf{F} = m\mathbf{a}$ に式 (6.33) を代入すると式 (6.34)。それを式 (6.32) を使って成分で書き直したらその次の式）。(3) 略（式 (6.34)，式 (6.31) のそれぞれの大きさを求める）。(4) 略（式 (6.37) と式 (6.38) で ω を消去）。(5) 式 (6.39) より，4 倍。(6) 式 (6.39) より，2 倍。

答103 (1) 太陽が地球を引っ張る万有引力。(2) 糸にかかる張力。(3) 進行方向横向きにかかる，自転車のタイヤが地面から受ける摩擦力。(4) 腕にかかる張力。

答104 タイヤは高速で転がっていても接地面では常に地面と噛み合っている。つまり接地面においてではタイヤと地面は互いに静止している。したがってタイヤが地面から受ける摩擦力は静止摩擦力である[*12]。

[*12] P.39 例 3.3 参照

さて車がカーブに入ると，その回転運動を実現するにはタイヤが地面から横向きに受ける静止摩擦力が向心力となるが，その大きさは速さの二乗に比例する（式(6.39)）。したがって高速でのカーブには大きな静止摩擦力が要求される。それが最大摩擦力を超えようとするとタイヤと地面の間で滑り（スリップ）が起き，摩擦力は静止摩擦力からより小さな動摩擦力に代わるので，車はカーブを続けることができなくなって道から外れていく。こうなった時点でブレーキを踏んでタイヤの回転を止めても既にタイヤはスリップ中なので摩擦力は動摩擦力（一定値）のまま変化しない，つまりブレーキは期待ほどには効かず，減速・停車は難しい。

カーブに入ってから慌てて減速しようと急ブレーキを踏むとさらに大変なことになる。ブレーキによってタイヤの回転が急に止まるので，タイヤのスリップがより早い段階（カーブに耐えきれなくなるよりも前）で起きてしまう。

そのような事態になっては遅いので，カーブへ**進入する前**に十分に減速する必要があるのだが，万一，高速でカーブに入ってしまったらタイヤがスリップしない程度のじんわりとしたブレーキで徐々に減速しながら「なんとかカーブを曲がりきれますように」と幸運を祈るしかない。

答 105 投擲者がハンマーを手放す直前までハンマーは回転運動している。その速さを v とすると，式 (6.39) より，$F = mv^2/r$ の力が投擲者の腕にかかったはずである。問 101 の問題文と結果より，$m = 7.26$ kg，$v = 29.1$ m s^{-1}。$r = 1.5$ m とすると，$F = 4100$ N。これに相当する重力を受ける物体の質量は，この値を $g = 9.8$ m s^{-2} で割って，約 420 kg。つまり約 420 kg の物体を地上で持ち上げるのに必要な力に相当する。

答 106 (1) 式 (6.37) より $mr\omega^2$。(2) 万有引力は GMm/r^2。したがって $mr\omega^2 = GMm/r^2$。これを ω について解けば与式を得る。(3) 式 (6.4) より $T = 2\pi/\omega$。これに式 (6.45) を代入して与式を得る。(4) $G = 6.67408 \times 10^{-11}$ N m^2 kg^{-2}，$M = 1.9891 \times 10^{30}$ kg，$r = 1.4960 \times 10^{11}$ m とすると $\omega = 1.99125 \times 10^{-7}$ s^{-1}。周期は $T = 2\pi/\omega = 3.15539 \times 10^7$ s $= 365.207$ 日 $= 365.21$ 日。注：実際の公転周期 365.25 日と少しずれたのは地球の公転軌道は厳密には楕円であるため。これを補正するには r の値に修正が必要。注：与えられた数値は有効数字 5 桁であっても途中計算は 1 桁余分にとって行い，最後に 5 桁に丸める。

答 107 式 (6.46) において M を地球の質量とすればよい。(1) $r = 6400$ km $+ 400$ km $= 6800$ km とすると $T = 5580$ s $\fallingdotseq 1.6$ 時間。(2) $r = 6400$ km $+ 36000$ km $\fallingdotseq 42000$ km とすると $T = 87000$ s $\fallingdotseq 24$ 時間。

受講生の感想 10　ラプラスの悪魔にびっくりしました。

受講生の感想 11　物理は正直苦手でしたが，何もすごく難しいわけではなく，丁寧に教科書を読んだだけで身近な出来事が計算でき，物理の素晴らしさに気づけたことこそが私にとって大きな成長と学びでした。苦手意識がだんだんとなくなり，高校で物理を選択しておけば良かったと思うくらい今は好きです。物理の楽しさを学ぶことが出来たと思います。

受講生の感想 12　高校の頃に何となく見覚えがある公式が導き出されるのが面白くて，高校の頃より公式の導出に注目するようになった。数学の授業で微分積分を理解したり使うことに抵抗が少なくなったこともあって，公式理解が深められるようになった。公式を理解できるようになると，ただ上辺を覚えただけでないので覚えやすいし，問題を解くにしても自分で導いた公式だぞ！という気持ちが出てきて楽しめるようになった。

第7章

慣性系と慣性力

車がカーブするとき搭乗者はカーブの外側に引っぱられる力を感じる。エレベーターの動き始めや停止直前では，中の人は身体が重くなったり軽くなったり感じる。このような力はこれまで学んだどの力とも違う，ある意味，力とは言えないような特殊な力である。それがこの章で学ぶ「慣性力」だ。慣性力は気象学の理解に欠かせない。農業機械の自動運転に不可欠な「慣性計測装置」の原理でもある。

7.1 慣性の法則は慣性系の舞台設定

慣性力を知るにはまず「慣性系」という概念を知る必要がある。

質点の位置 (x, y, z) は，どこかにある「原点」$(0, 0, 0)$ と，どちらかに向かう座標軸（x 軸，y 軸，z 軸）の組み合わせ，つまり座標系を定めることで初めて定量的に定まる。そうやって定まった位置を時刻で微分して速度が定まり，さらに時刻で微分して加速度が定まり，運動方程式が使える。つまり座標系が無ければ運動の法則も無いのだ。

では座標系はどう定めればよいだろう？ たとえば筑波山の頂上を原点と定めてそこから東，北，鉛直上方のそれぞれに向けて x, y, z の各座標軸を設定すれば，それはひとつの座標系になる。そのような座標系はたくさんあり得る。原点が筑波山のままで北東，北西，鉛直下向きのそれぞれに向けて x, y, z 軸を設定した座標系もありえるし，原点を札幌やハワイに持っていっても別の座標系ができる。

もっと頭を柔らかくして，つくばエクスプレスの走行車両の先頭部に原点を定めて進行方向に x 軸，右方向に y 軸と定めてもよい。それでも立派な座標系だ。そんなのありか!? と思うかもしれないが，座標系は静止していなくてもよいのだ。そもそも「静止」という状態は，何か特定の座標系を基準にして

こそ成り立つ概念であり，別の座標系で見れば動いているということは十分にありえるのだ。

よくある質問150　その座標系では筑波山がどんどん動くことになりません？… そうです。筑波山は動くのです。実際，つくばエクスプレスの先頭車両で筑波山を見ていたらどんどん動いていきますよね。

よくある質問151　そんなのダメじゃないですか。動いて見えるのは電車が動いているからであって，本当は筑波山は止まっています。… 筑波山が止まって見えるのは電車の外にいる人です。電車の中の人にしてみれば「筑波山は本当は動いている」のです。なんかメチャクチャな話のように思えますが，物理学では座標系や運動をこのように相対化して捉えるのです。

> **学びのアップデート**
> 頭を柔らかくして，ものごとの捉え方から考え直す。

そんなわけで，座標系には様々な決め方があるし，それによって運動の様子も違って見える。ところがその中に，特別な種類の座標系たちがある。それは，我々がこれまで学んだ「運動の3法則」が成り立つような座標系たちである。それらを**慣性系**という。

よくある質問152　えっ!? 運動の3法則は基本法則ですよね，成り立たないなんてことがあるのですか!? … 実は運動の3法則は「慣性系で考える」ことが前提条件です。慣性系でない座標系では運動の3法則が成り立ちませんが，それは運動の3法則が間違っている

のではなく，前提条件を満たしていないだけです。

よくある質問 153　でも運動の 3 法則には「慣性系
で考えるなら…」みたいな前提条件は無かったよう
に思いますが… それが入っているのです！「慣性の法
則」がそれです。「法則」という形なので気づきにくいで
すけどね。もう少しこの続きを読んでみて下さい。

慣性系は運動の 3 法則の中に，慣性の法則という
形で暗に言及されている。つまりこういうことだ：

> **慣性系の定義**
> 「力がつり合っていれば，質点が等速度運動
> をする」ように見える座標系，つまり慣性の
> 法則が成り立つ座標系を慣性系とよぶ。

そして慣性の法則が成り立たない座標系を非慣性
系とよぶ。それについては後で詳述する。

慣性の法則は，この世の中のどこかに慣性系，つ
まり「力がつり合っていれば，質点が等速度運動を
する」ように見える座標系が必ず存在するというの
が本当の意味（物理学における位置づけ）なのだ。
そしてそのような座標系の上で運動方程式と作用
反作用が成り立つよ，と言っているのだ。つまり慣
性の法則は運動の 3 法則の舞台を設定する法則な
のだ。

よくある質問 154　話はわかりましたが，それなら
最初からそう言えばよいではないですか… 私もそう
思います。慣性の法則を文字通り読んで，それは実は慣
性系の定義と存在保証であって，他の法則の前提条件で
もある，などと理解・読解できる人はいませんよね。「こ
れって慣性系じゃなきゃダメじゃね？」という批判に対
する後付けの理屈のような気がします。でもニュートン
力学はこういうストーリーが慣習になっているのです。
がまんして下さい！！

7.2　慣性系は複数ある

君は幼いころ「走行中の電車の中でジャンプした
ら滞空中に電車は進むから，電車内の後方に着地す

るのでは？」と思わなかっただろうか？ 実際に試
すとそうはならない。等速度で走る電車の中では，
ジャンプしても元の（電車内の）場所に着地する。
まるで電車は走っていないかのようだ。不思議だ。

地面に立って電車を眺める人から見れば，君は
ジャンプ直前まで電車と同じ速度で水平に動いてい
る。だから君が電車内でジャンプすれば，水平方向
の勢いを維持しながら飛び上がるので，君の体は斜
めに投げ上げられたボールのように放物線を描く。
そして君が着地するとき，電車の床も同じタイミン
グでそこに来ているというわけだ。

同じ「電車に乗ってジャンプ」という運動が，電
車とともに動く座標系（電車内で見る視点）では鉛
直の投げ上げの運動であり，地面に貼り付いてる，
動かない座標系（電車外から見る視点）では斜めの
投げ上げの運動として「運動の法則」を満たすのだ。

このように，ひとつの物理現象は異なる座標系で
見れば互いに違って見えるが，いずれの見え方も運
動の法則を満たすことがある。それはどちらの座標
系も慣性系である場合だ。この例では外の地面に貼り
付いた座標系と電車の床かどこかに貼り付いた座標
系のどちらも慣性系なのだ[*1]。

よくある質問 155　えっ!? 慣性系ってひとつじゃ
ないんですか… ひとつじゃないんです！ 慣性系は
たくさんあります。非慣性系もたくさんあります。

ではどのような座標系が慣性系なのだろう？ 答
えを先に言えば，「ある慣性系に対して，別の座標
系が，座標軸の向きを変えぬまま原点が等速度運動
をするならば，その座標系も慣性系である」ことが
理論的に証明できる。たとえば地面に貼り付いた座
標系は慣性系であり（厳密な意味では違うのだが今
はそうだとする），地面から見て等速度運動中の電
車内に貼り付いた座標系は上の条件を満たすので，
それも慣性系である（電車が加速・減速・カーブな
どをすると慣性系でなくなる）。

ではその証明をしよう。ある慣性系 O を考える
（その存在は慣性の法則で保証済み）。O とは別の座

[*1]　実はこれは正確ではない。電車も地面も地球の自転と公転に
伴ってゆっくり回転している。そのせいで，これらの座標系
は厳密には慣性系ではない。しかしその影響は微小なので，
多くの場合は慣性系として扱う。

標系 O' が存在し，O から見て O' の原点は，当初（つまり時刻 $t = 0$ で）(p_x, p_y, p_z) にあり，その後は一定の速度 (u_x, u_y, u_z) で移動しているとする。すると O' の原点 $(0, 0, 0)$ は，慣性系 O では

$$(p_x + u_x t, p_y + u_y t, p_z + u_z t) \tag{7.1}$$

と表せる。

よくある質問 156 式 (7.1) がよくわかりません… 簡単ですよ。O' がつくばエクスプレスに乗っかっており，O' の原点がその先頭車両の真ん中だとしましょう。つくばエクスプレスが速度 (u_x, u_y, u_z) で等速度運動をしているとき，「先頭車両の真ん中」が地上（慣性系 O）から見てどこにあるかを表すのが式 (7.1) です。単なる等速度運動の式です。

　簡単のため，3 つの座標軸は慣性系 O と座標系 O' で互いに同じ向きであるとしよう。

　さて，ある質点（質量 m）の位置が慣性系 O では

$$(x(t), y(t), z(t)) \tag{7.2}$$

とあらわされ，座標系 O' では

$$(X(t), Y(t), Z(t)) \tag{7.3}$$

とあらわされるとしよう。このとき次式が成り立つ:

$$\begin{cases} x(t) = p_x + u_x t + X(t) \\ y(t) = p_y + u_y t + Y(t) \\ z(t) = p_z + u_z t + Z(t) \end{cases} \tag{7.4}$$

よくある質問 157 式 (7.4) がよくわかりません… これも簡単ですよ。さきほどのつくばエクスプレスの例で考えましょう。慣性系の O の原点は，研究学園駅のホームとしましょう。つくば駅に向かって走っている快速電車が時刻 $t = 0$ で研究学園駅のホームを減速せずに素通りしました（快速だから）。車内の座席に座っている A 君は，座標系 O' すなわち電車に貼り付いた座標系で見れば $(X(t), Y(t), Z(t))$ の位置にいるとしましょう。A 君が同じ座席にずっと座っているならば，$(X(t), Y(t), Z(t))$ は t によらない一定のベクトルですが，せっかちな A 君はつくば駅につく前に，ドアに向かって車内を歩きはじめるかもしれません。そのときは $(X(t), Y(t), Z(t))$ は t とともに変わっていきます。い

ずれにせよ A 君の位置を慣性系 O（研究学園駅のホームを原点とするような座標系）で表すと $(x(t), y(t), z(t))$ となるとしたら，それは列車（の中の O' の原点）の位置と車内での A 君の位置の合成（ベクトルとしての和）です。前者は式 (7.1) であり，後者は式 (7.3) です。その和が式 (7.4) です。

　式 (7.4) の各式の両辺を t で 2 階微分すれば

$$\begin{cases} x''(t) = X''(t) \\ y''(t) = Y''(t) \\ z''(t) = Z''(t) \end{cases} \tag{7.5}$$

となる（p_x や $u_x t$ などは t で 2 階微分すると 0 になって消える）。つまり慣性系 O と座標系 O' では，位置や速度が違って見えても加速度は同じに見える。

　さて O は慣性系だから運動方程式が成り立つ:

$$\begin{cases} F_x = m x''(t) \\ F_y = m y''(t) \\ F_z = m z''(t) \end{cases} \tag{7.6}$$

ここで (F_x, F_y, F_z) は質点にかかる力である。これは O でも O' でも同じだ。ところが式 (7.6) は式 (7.5) によって

$$\begin{cases} F_x = m X''(t) \\ F_y = m Y''(t) \\ F_z = m Z''(t) \end{cases} \tag{7.7}$$

とできる。つまり座標系 O' でも運動方程式は成り立つ。運動方程式が成り立てば，力が 0 のときに加速度は 0 だから速度は一定（等速度運動）となるので慣性の法則が成り立つ。したがって座標系 O' も慣性系である！

7.3 非慣性系は慣性力を導入して扱う

　では非慣性系はどのようなものだろうか？ それは慣性系に対して加速度運動をする座標系である。例として，ある慣性系 O に対して座標系 O'' が座標軸の向きは変えずに原点が等加速度運動をするときを考えよう。簡単のため，時刻 $t = 0$ で座標系 O'' の原点は慣性系 O の原点に一致しており，速度も 0

だったとしよう。その場合，時刻 t での座標系 O'' の原点 $(0, 0, 0)$ は慣性系 O では

$$\left(\frac{a_x t^2}{2}, \frac{a_y t^2}{2}, \frac{a_z t^2}{2} \right) \tag{7.8}$$

と表せる（P.72 式 (5.42) より）。ここで (a_x, a_y, a_z) は座標系 O'' の原点の，慣性系 O からみた加速度である。また，簡単のため 3 つの座標軸は慣性系 O と座標系 O'' で互いに同じ向きであるとしよう。

さてある質点（質量を m とする）の位置が慣性系 O で

$$\big(x(t), y(t), z(t) \big) \tag{7.9}$$

とあらわされ，座標系 O'' において

$$\big(X(t), Y(t), Z(t) \big) \tag{7.10}$$

とあらわされるとしよう。このとき

$$\begin{cases} x(t) = \dfrac{a_x t^2}{2} + X(t) \\[2mm] y(t) = \dfrac{a_y t^2}{2} + Y(t) \\[2mm] z(t) = \dfrac{a_z t^2}{2} + Z(t) \end{cases} \tag{7.11}$$

となる。この各式の両辺を二階微分すれば

$$\begin{cases} x''(t) = a_x + X''(t) \\ y''(t) = a_y + Y''(t) \\ z''(t) = a_z + Z''(t) \end{cases} \tag{7.12}$$

となる。O は慣性系だから運動方程式が成り立つ：

$$\begin{cases} F_x = mx''(t) \\ F_y = my''(t) \\ F_z = mz''(t) \end{cases} \tag{7.13}$$

ここで (F_x, F_y, F_z) は質点にかかる力である。ところが式 (7.13) は式 (7.12) によって

$$\begin{cases} F_x = ma_x + mX''(t) \\ F_y = ma_y + mY''(t) \\ F_z = ma_z + mZ''(t) \end{cases} \tag{7.14}$$

となる。これを変形すると

$$\begin{cases} F_x - ma_x = mX''(t) \\ F_y - ma_y = mY''(t) \\ F_z - ma_z = mZ''(t) \end{cases} \tag{7.15}$$

となる。このように座標系 O'' では，運動方程式は左辺に本来の力以外の項（$-ma_x$ など）が生じる。特に力 (F_x, F_y, F_z) が $\mathbf{0}$ のとき，式 (7.15) は次式のようになる：

$$X''(t) = -a_x, Y''(t) = -a_y, Z''(t) = -a_z \tag{7.16}$$

これは座標系 O'' では質点は加速度 $(-a_x, -a_y, -a_z)$ で運動する，つまり力が $\mathbf{0}$ なのに等速でない運動をする，つまり慣性の法則が成り立たないということだ。したがって座標系 O'' は非慣性系である。

ところがここで形式的に

$$(-ma_x, \ -ma_y, \ -ma_z) \tag{7.17}$$

も**一種の力であると解釈し，**

$$(F_x - ma_x, \ F_y - ma_y, \ F_z - ma_z) \tag{7.18}$$

を合力であると考えてしまえば，式 (7.15) は見掛け上は普通の（慣性系での）運動方程式と同じ形式になる。この式 (7.17) は何かが質点に働きかけている力（第 2 章・第 3 章で学んだ力のいずれか）ではないという意味で仮想的なものである。このように，非慣性系で運動方程式を無理やり成り立たせるために形式的・仮想的に導入される力（のようなもの）を慣性力とよぶ。

たとえば君は減速する電車の中では前方に引かれる力を感じる。電車が加速するときは後方に，右カーブのときは左に，左カーブのときは右にそれぞれ引かれる力を感じる。これらは慣性力である。

このようなことを考えていれば，ただ「電車に乗る」という行為も物理学の実験に変わるのだ。

学びのアップデート

その気になれば，生活の様々な場面が物理学の実験になる。

よくある質問 158　要するに非慣性系でも慣性力を考えれば運動の 3 法則が成り立つってことですか？

… 慣性力も力として認めてしまえば運動方程式は慣性系のときと同じ形で成り立ちます。したがって合力（慣性力も含めて）が $\mathbf{0}$ のときは加速度も $\mathbf{0}$ になるので等速度運動になる，つまり慣性の法則も成り立ちます。でも

作用反作用の法則が微妙です。慣性力には反作用が無い（「相手」がいない）のです。どういうことか自分で考えてみましょう！

問108 日本の H-IIA 宇宙ロケットは打ち上げ後，約 100 秒間で高度約 50 km に到達する。
(1) このロケットの運動を等加速度直線運動とみなして加速度を求めよ。初速度は 0 とする。
(2) このロケット内の物体にはどのような慣性力や合力がかかるか？ それは重力の何倍か？

よくある質問159 **トランポリンの上も無重力らしいですが…** トランポリンで跳ねて滞空中の人は，重力に引かれて下向きの加速度で運動しています。したがって当人と一緒に動く座標系（非慣性系）では上向きの慣性力が生じます。それが重力を打ち消して無重力状態のように感じさせるのです。下りのエレベーターが動き始めたときや，上りのエレベーターが止まる直前に，中の人は体が軽くなるように感じるのと似ている現象です。

よくある質問160 **宇宙飛行士がロシアの宇宙船ソユーズで地球に帰るとき，自分の体重の 5 倍の力が体にかかるそうです。そんな力がかかったら身体はどうなってしまうのでしょう？…** 一つ前の質問と逆の現象ですね。下りのエレベーターが止まる直前に，中の人は体が重くなる気がしますね。あれの激しい場合です。ソユーズは高速で降下しますから，地面に激突しないように，着地時寸前にロケットを点火して，強い上向きの加速度をかけて減速します。それによる慣性力が体重の 5 倍になるのです。たとえばソユーズの中で直立していれば，質量 60 kg の人が地上で 240 kg の物体を持ち上げている（合わせて 300 kg）のと同じ状態です。その過酷さを和らげるために，寝た姿勢で降りてくるのです。寝ていれば，たとえば後頭部（枕）にかかる力は頭の重さの 5 倍程度なのでせいぜい数 10 kgf であり，耐えられないほどではありません。

7.4 回転する座標系の慣性力： 遠心力とコリオリ力

回転する座標系における慣性力を考えよう。いま質量 m の質点が平面内で運動している。平面内に，ある慣性系 O をとる。O では質点の位置と質点に

かかる力はそれぞれ

$$\mathbf{r}(t) = (x(t), y(t)) \tag{7.19}$$

$$\mathbf{f}(t) = (f_x(t), f_y(t)) \tag{7.20}$$

とあらわされるとする（t は時刻）。この慣性系 O の x 軸と y 軸をそれぞれ実軸・虚軸とするような複素平面を考え，$\mathbf{r}$ と $\mathbf{f}$ をそれぞれ複素数で表現しよう。といっても難しいことではなく，ベクトルの x 成分を実部，y 成分を虚部とするような複素数を考えるだけだ。このときベクトル $\mathbf{r}(t)$ に対応する複素数を $r(t)$，ベクトル $\mathbf{f}(t)$ に対応する複素数を $f(t)$ と書くと次式が成り立つ（i は虚数単位）：

$$r(t) = x(t) + iy(t) \tag{7.21}$$

$$f(t) = f_x(t) + if_y(t) \tag{7.22}$$

複素数はこのように 2 次元のベクトルを代替できる。これによって以後の計算が楽になるのだ。

さて O は慣性系なので運動方程式が素直に成り立つ。すなわち $\mathbf{f}(t) = m\mathbf{r}''(t)$ である。つまり $f_x(t) = mx''(t)$，$f_y(t) = my''(t)$ である。これを式 (7.21) と式 (7.22) に代入すると，

$$f(t) = f_x(t) + if_y(t) = mx''(t) + imy''(t)$$
$$= m(x''(t) + iy''(t))$$

とできる。一方，式 (7.21) より $r''(t) = x''(t) + iy''(t)$ である。したがって次式が成り立つ：

$$f(t) = mr''(t) \tag{7.23}$$

さて慣性系 O に対して，座標原点は同じだが一定の角速度 ω で x 軸から y 軸に向かって回転する座標系 O' を考える。時刻 $t = 0$ で O と O' の座標軸は一致していたとする。すると時刻 t での O と O' の配置は図 7.1 のようになる（その上で質点の座標がそれぞれでどう表されるかも書いてある）。

座標系 O' において質点の位置と質点にかかる力はそれぞれ

$$\mathbf{R}(t) = (X(t), Y(t)) \tag{7.24}$$

$$\mathbf{F}(t) = (F_X(t), F_Y(t)) \tag{7.25}$$

と表されるとする。慣性系 O について考えたときと同様に，座標系 O' でのベクトル $\mathbf{R}(t)$, $\mathbf{F}(t)$ にそれぞれ対応する複素数 $R(t)$, $F(t)$ を考える。すな

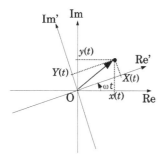

図 7.1　慣性系 O と，それに対して回転する座標系 O'。複素平面で表現する。傾いてるのが座標系 O'。O の実軸・虚軸をそれぞれ Re, Im とし，O' の実軸・虚軸をそれぞれ Re', Im' とする。

わち

$$R(t) = X(t) + iY(t) \tag{7.26}$$

$$F(t) = F_X(t) + iF_Y(t) \tag{7.27}$$

とする。ここで $r(t)$ と $R(t)$ の関係を求めよう。ある時刻 t での O と O' を別々に描くと図 7.2 のようになる。互いに比べやすいように O と O' の座標軸（実軸と虚軸）が互いに同じ向きになるように揃えて描いた。両図に描かれた斜めの矢印は図 7.1 ではもともと同じ質点の位置を表す矢印だったものである。ところが座標軸が互いに傾いていたために，座標軸の向きを揃えると矢印どうしが傾いて見える。つまり O'（右図）での矢印（複素数 $R(t)$）を左まわりに ωt だけ回転したものが O（左図）での矢印（複素数 $r(t)$）になる。そしてその回転は複素数では $e^{i\omega t}$ を掛けることに相当する（『ライブ講義 大学 1 年生のための数学入門』，問 217(1) 参照）。

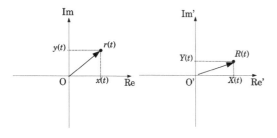

図 7.2　図 7.1 を別々の座標系に分けて描き直したもの。

したがって次式が成り立つ（$f(t)$ と $F(t)$ の関係も上と同様に考えればよい）：

$$r(t) = R(t)e^{i\omega t} \tag{7.28}$$

$$f(t) = F(t)e^{i\omega t} \tag{7.29}$$

式 (7.28) の両辺を t で 1 階，2 階と微分すると

$$r'(t) = R'(t)e^{i\omega t} + i\omega R(t)e^{i\omega t}$$

$$r''(t) = R''(t)e^{i\omega t} + 2i\omega R'(t)e^{i\omega t} - \omega^2 R(t)e^{i\omega t}$$

となる。2 番目の式の両辺に m をかけると

$$mr''(t) = mR''(t)e^{i\omega t} + 2im\omega R'(t)e^{i\omega t} - m\omega^2 R(t)e^{i\omega t} \tag{7.30}$$

となる。左辺は式 (7.23) より $f(t)$ であり，式 (7.29) よりそれは $F(t)e^{i\omega t}$ に等しいから，

$$F(t)e^{i\omega t} = mR''(t)e^{i\omega t} + 2im\omega R'(t)e^{i\omega t} - m\omega^2 R(t)e^{i\omega t} \tag{7.31}$$

となる。両辺の全ての項に $e^{i\omega t}$ が掛かっているのでこれを約分する（つまり両辺に $e^{-i\omega t}$ をかける）と

$$F(t) = mR''(t) + 2im\omega R'(t) - m\omega^2 R(t) \tag{7.32}$$

となる。右辺の第 2 項と第 3 項を左辺に移せば

$$F(t) - 2im\omega R'(t) + m\omega^2 R(t) = mR''(t) \tag{7.33}$$

となる。この式は座標系 O' で成り立つ「運動方程式に似たような式」である。ここで

$$-2im\omega R'(t) + m\omega^2 R(t) \tag{7.34}$$

を慣性力として考えよう。式 (7.34) の最初の項

$$-2im\omega R'(t) \tag{7.35}$$

は，$R'(t)$ つまり「座標系 O' での速度」に $-i$ がかかっている。複素平面で $-i$ をかけることは，y 軸から x 軸に向かう向き（「慣性系 O からみた座標系 O' の回転の方向」の逆向き）に 90 度回転することに相当する。つまりこの慣性力は速度に対して直角にかかる。またその大きさは速度と角速度 ω に比例する。このような慣性力をコリオリ力とよぶ。

式 (7.34) の 2 番目の項

$$m\omega^2 R(t) \tag{7.36}$$

は，$R(t)$ つまり「座標系 O' での位置」と，角速度 ω の 2 乗にそれぞれ比例し，$R(t)$ と同じ向き（原点，つまり回転の中心から離れる方向）にかかる。

このような慣性力を遠心力とよぶ。

問 109 慣性系 O に対して一定の角速度 ω で回転する座標系 O' において生じる慣性力を導出し，それぞれがどうよばれるかを述べよ（上の議論を再現すれば OK）。

問 110 北極点付近の上空を速さ v で飛ぶ質量 m の飛行機 P を考える。地球の自転の角速度を ω とする。
(1) P にかかるコリオリ力の大きさを m, ω, v で表せ。
(2) P にかかるコリオリ力の大きさは重力の大きさの約何倍か？ ただし $v = 1000 \text{ km h}^{-1}$ とする。
(3) P はまっすぐ飛んだつもりでもその軌跡はコリオリ力によって横方向にずれる。1 時間の飛行によってどのくらい横にずれるか？

問 111 （以下の問題でわからない用語はインターネット等で調べよ。）化学や生物学では液体試料の中に懸濁した物質を分画するために，液体試料を高速回転させてその遠心力で懸濁物を回転の外側に寄せるという方法がある。その機械を遠心分離機という。回転半径 r，単位時間あたりの回転数が f の遠心分離器がある。この遠心分離器で試料溶液中の懸濁物を沈降させようと思う。
(1) この遠心分離機の中で振り回される試料の入った管（遠沈管という）に着目し，それと一緒に回転する座標系を考える（原点は遠心分離機の回転軸に置く）。この座標系の回転する角速度（それは遠心分離機の回転の角速度）を ω とする。ω を f を使って表わせ。
(2) 遠沈管の中の試料の中に質量 m の微粒子が懸濁しているとする。この微粒子にかかる遠心力の大きさをここまでで出てきた量（記号）で表わせ。
(3) この微粒子にかかる遠心力の大きさは，この試料が遠心分離機の外で静置されているとしたときにこの微粒子にかかる重力の大きさの何倍か？ 重力加速度 g などを用いて表わせ。
(4) 回転半径 $r = 15 \text{ cm}$，単位時間あたりの回転数 $f = 4000 \text{ rpm}$ の遠心分離器がある（rpm は rotation per minute，すなわち 1 分間あたりの回転数）。この遠心分離器で試料溶液中の懸濁物を沈降

させようと思う。このとき遠心分離器なしで地上の重力にまかせて 3.0 日かかる沈降は，この遠心分離器を使うとどのくらいの時間に短縮できるか？ ただし沈降時の粒子にかかる抵抗力は沈降速度に比例するとする。沈降速度は終端速度とみなして一定と考えてよい。沈降速度は小さいのでコリオリ力（それは速度に比例する）は無視してよい。

問 112 慣性計測装置（IMU）とは何かを述べ，その利用例（農業機械やゲーム機など）を調べ，その仕組みを理解して自分の言葉で説明せよ。

問 113 以下について説明せよ。
(1) 国際宇宙ステーションの中はなぜ「無重力」なのか？
(2) 人工衛星が地球のまわりを回り続けているのはなぜか？

ここで注意。「遠心力」という言葉を不用意に使っていないだろうか？

よくある間違い 9 　人工衛星が地球のまわりを回り続けているのは万有引力と遠心力が釣り合っているから。… もしも力が釣り合って合力 0 なら等速度運動になるはずだから「回っている」と矛盾しています。正しくは「万有引力が回転運動の向心力となるため」です[*2]。

よくある質問 161 　でも人工衛星とともに動く座標系では，人工衛星に働く遠心力と万有引力が釣り合っていますよね。だから落ちてこないと言ってもよいのでは？… 問題文の「人工衛星が地球のまわりを回っている」というのは明らかに人工衛星の運動を外から見ている視点です。それを人工衛星と一緒に動く座標系で論じることがまず不自然です。そしてその「力の釣り合い」は何も説明していません。というのもどんな運動であっても，運動する物体と一緒に動く座標系で見れば静止しているので，その物体に働く力は慣性力も含めれば必然的に釣り合います（慣性力はそもそもそうなる

[*2] 人工衛星の運動は等速円運動に限らない。楕円運動もある。したがって，より正しくは「万有引力が人工衛星の軌道をカーブさせる横方向の加速度を生むことで地球のまわりを（円軌道・楕円軌道に限らず）回っているため」である。

ように導入されるものです）。たとえば地球に向かって自由落下中の人工衛星を考えてみましょう。その人工衛星と一緒に動く座標系では，人工衛星には落下運動の加速度とは逆向きの慣性力が働き，それと万有引力は釣り合っています（だから自由落下する人工衛星や飛行機の中は「無重力」になります）。あなたのロジックはこの例と同じです。でもこの例では人工衛星は落ちてきていますよ!!

「遠心力」は回転する座標系に「乗ったもの」に働く「見かけの力」（慣性力）である。問 113(1) で人工衛星内で宇宙飛行士が重力を感じないのは，確かに遠心力と万有引力が打ち消し合うからである。しかしそれと人工衛星が円運動をすること（人工衛星が落ちてこないこと）は別である。人工衛星の**円運動**を論ずるなら，それを見る座標系はそもそも回転していないのだから，その議論に遠心力を持ち出すのは筋が悪い考え方である。一方で，「静止衛星が上空で**静止**しているのは遠心力と万有引力が釣り合っているから」というのは正しい。静止衛星と地球の両方と一緒に回転する座標系で見たら，まさしくそうなっているのだ。

学びのアップデート

円運動を遠心力で説明しようとしない。向心力で説明する。

7.5　（発展）気象学のコリオリ力

地球上の風や海流は，地球の回転（自転）に伴ってコリオリ力を受ける。それは**北極を上として**風や海流の進む方向に直角に右向きにかかる。これは北半球・赤道・南半球によらず，同じである。ところが気象学では**各地における鉛直上方を上として**，各地の地球表面に接する成分（**水平成分**）だけを取り出してコリオリ力とよぶ。すなわち，回転座標系の一般論から導出される慣性力としてのコリオリ力（元々のコリオリ力）と気象学のコリオリ力は意味（定義）が違う[*3]。気象学のコリオリ力は，北半球

---
　　*3　気象学のコリオリ力は，慣性系を回転座標系に変換し，さらに

では進行方向に直角に右向きにかかり，北半球の中緯度・高緯度では 0 になり，南半球では進行方向に左向きにかかる。

よくある質問 162　**なぜ気象学のコリオリ力は南北半球で向きが逆なのですか？** … 元々のコリオリ力の向きは南北半球で変わりません。たとえば地球上で（地球と動く座標系の上で）東に向かって運動する物体は，北半球でも南半球でも地軸から離れる向きのコリオリ力を受けます。ところがそれを北半球で地表面に投影したら南向き（東向きから見たら右向き）の成分になるし，南半球で地表面に投影したら北向き（東向きから見たら左向き）の成分になります（わかりますか？）。

よくある質問 163　**でも低気圧のまわりの渦は北半球と南半球で逆に見えますよ** … それは時計を裏から見たら針が逆回りに見えるのと同じです。北極上空から見たら，北半球も南半球の低気圧の渦は同じ向きに見えるはずです（南半球は地球を透視して見る）。

よくある質問 164　**赤道ではコリオリ力はゼロだと聞きますが** … 元々のコリオリ力はゼロではありません。繰り返しますが，東向きに運動する物体には北半球・赤道・南半球によらず，地軸から離れる向きにコリオリ力がかかります。ところが赤道ではそれは鉛直上向きであり，水平成分はありません。だから**気象学のコリオリ力ではゼロ**なのです。

学びのアップデート

原理と定義に戻って理解する。北半球と南半球でコリオリ力は逆だとか，コリオリ力は赤道ではゼロ，というような話を簡単に納得してはいけない。辻褄が合うまで考える。

問 114　（この問題の答はネットや気象学の本で調べよ）台風について考える。

(1) 北半球の台風の渦はどのような向きに巻いているか？　それはなぜか？

に地表各地の局所座標系に変換（投影）するという 2 回の変換を行った結果である。気象学のコリオリ力の性質には，それぞれの変換に起因する性質が混ざっている。

(2) 北半球では台風の進行方向を向いて右側（多くの場合は東側）は左側より風が強いことが多い。なぜか？

(3) 1991 年の台風 19 号は九州に大規模な倒木被害をもたらし，青森では収穫前のリンゴの多くが落果した。このような大きな被害をもたらした背景をこの台風の進路や勢力で説明せよ。

演習問題

演習問題 7　T エクスプレスの T 駅行き快速電車は T 駅の 1.0 km 手前から減速し，T 駅で停車する。減速直前の列車の速さを $v =$ 100 km/h とする。減速中の車内で列車後尾に向かって歩く人は，まるで坂道を登っているかのような負荷を感じる。それは傾斜何度程度の坂道に相当するか？ 列車の運動は加速度 a の等加速度直線運動とみなす。なお，T 駅の手前から電車が地下に降りていくことは無視する。

演習問題 8　夜間や霧の中などで外の景色がほとんどわからない状態では，飛行機の操縦士はどちらが上なのかわからなくなってしまうことがあるらしい（空間識失調）。それは慣性力とどのような関係があるだろう？

問の解答

答 108　(1) ロケットの加速度の大きさを一定値 a とする[*4]。打ち上げを時刻 0 とする。時刻 t までの飛距離 x は P.72 式 (5.40) より $x = at^2/2$。したがって $a = 2x/t^2$。これに $t = 100$ s，$x = 50000$ m を代入すると $a = 10$ m s^{-2}。(2) 質量を m とすると慣性力の大きさは ma。一方，重力の大きさは mg。$a = 10$ m s^{-2} と重力加速度 g はほとんど同じなので，慣性力の大きさは（地上付近での）重力のそれにほぼ等しい。式 (7.15) より，この慣性力は加速方向（上向き）とは逆方向（下向き）にかかるので重力と慣性力の合力は重力の約 2 倍（下向き）。

答 110　(1) 式 (7.35) より，飛行機にかかるコリオリ

[*4]　実際はロケットの運動は等加速度ではない。理由のひとつは燃料消費に伴って質量が刻々と減っていくことである。

力の大きさは $2m v \omega$。(2) 地球の自転の周期を T とすると角速度は $\omega = 2\pi/T$。したがってコリオリ力の大きさは $2mv \times 2\pi/T$。重力の大きさは mg（g は重力加速度）。前者を後者で割ると，$4\pi mv/(Tmg) = 4\pi v/(Tg)$。$T = 24 \times 60 \times 60$ s，$v = 1000$ km h^{-1}，$g = 9.8$ m s^{-2} を代入すると（計算略），0.0041 になる。したがって約 0.0041 倍。(3) 本来は円運動になるはずだが，横方向の等加速度運動として近似すると（加速度 a は g に (2) で求めた値をかけたもので，0.0404 m s^{-2}），時間 $t = 3600$ s の間に横方向の移動距離は $at^2/2$ になるから

$$\frac{0.0404 \text{ m s}^{-2} \times (3600 \text{ s})^2}{2} = 2.6 \times 10^5 \text{ m}$$

すなわち約 260 km。

答 111　(1) 1 回転は角にすると 2π ラジアンだから，単位時間あたりに進む角（角速度）は単位時間あたりの回転数の 2π 倍。したがって $\omega = 2\pi f$。(2) 式 (7.36) より $m\omega^2 r = 4\pi^2 m r f^2$。(3) 遠心分離機の外で静置されているとしたときにこの微粒子にかかる重力の大きさは mg。したがって $4\pi^2 m r f^2/(mg) = 4\pi^2 r f^2/g$。(4) 略。10 秒から 1000 秒の間の値になるはず。

よくある質問 165　物体の運動をここまで数式で予測できるなんて凄いですが，実際に自分では思いつける気がしません。… 大丈夫。ここまで物理学が発展するのに何千年間もかかったのです。初学者がすぐに理解したり思いつけるようなものではありません。先人の業績をもとに真理を謙虚に学べばそれでよいのです。

よくある質問 166　物理は意外にいろんなことに潜んでいて，しかも結構強いのですね。驚きました…　物理学はコンクリート製の建物の壁の中に埋められた鉄骨のようなものです。普段はその存在は見えないし，意識されることもありません。しかしその建物を地震が襲ったときに頼りになるのがそれらであるように，順風満帆で「普段通り」が続く日常では物理学を意識しなくてもなんとかなるけど，困った時やなんとかしなければならないときに物理は頼りになるのです。

受講生の感想 13　自分は，なぜそうなるのかということをわからないままにするのが嫌いなのだが，それを考えすぎるとよくない場合もあることを学んだ。定義と基本法則さえしっかり押さえておけばよいのだ。

コラム：問題を解くコツ

物理学の問題を解くにはいくつかのコツがある。

1. 値の代入は最後！

答 110 (2) で見たように既に述べたが，答を数値で求める問題も，できるだけぎりぎりまで数値ではなく文字の式変形で攻めよう。そして求めたい量を表す式ができた段階で数値を代入して一気にまとめて数値を計算をするのだ。そうすると約分がたくさんでき，効率よく正確に計算できる。最初や途中から数値を代入してしまうと式変形と数値計算が混在してしまい，ミスを起こしやすく，ミスを見つけにくくなる。

2. ベクトルかスカラーかを考える。

今扱っている量がベクトル（向きを持つ量）かスカラー（向きは持たず大きさだけを持つ量）かを意識しよう。速度，加速度，力，運動量はベクトル。エネルギー，仕事，質量はスカラー。ベクトル＝スカラーというありえない等式（方程式）を立てていないかチェックしよう。そのためにもベクトルは太字で書くのだ。

3. 次元をチェック！

式変形の途中や最終結果で次元をチェックしよう。たとえば $v =$ という速度を表す式を得たら，その右辺の次元を計算して，それが速度の次元になっているかチェックする。たとえば $v = \exp(-\alpha t/m) - mg$ のような式は一瞬で「これは変だ！」と気づかねばならない[*5]。次元をチェックしていれば単位を忘れることもない。

4. 初期条件をチェック！

運動方程式に初期条件が与えられているとき，解に $t = 0$ を代入して初期条件が満たされるかをチェックしよう。

5. $t \to \infty$ をチェック！

現象によっては，永遠に時間がたてばどうなるか常識的にわかることがある。たとえば摩擦を受けて運動する物体はいずれ止まったり一定速度に落ち着くことが多い。運動方程式を解いて得た式で時刻 t を ∞ にしてみて実際にそうなるか確認しよう。

6. $x = 0$ や $t = 0$ のまわりで線型近似！

式や関数を得たら 0 のまわりで線型近似してみよう。それは多くの場合，得た式よりもシンプルで直感的に理解しやすい。たとえば空気抵抗つきの自由落下運動の速度は $t = 0$ のまわりでの線型近似は $v = -gt$ のように簡単な式になる。それが君の物理的直感に整合するかを考えよう。

7. 保存則をチェック！

力学の問題は運動方程式を解くのが正攻法だが，それを迂回するのが「保存則」だ（以後の章で述べる）。条件設定によって，保存する量とそうでない量がある。保存量があればそれに着目して問題を考えるとシンプルに解けることが多い。運動方程式を立てたり解いたりする前に保存則が使えないかを考えよう。

[*5] v は速さの次元で exp は必ず無次元。『ライブ講義 大学 1 年生のための数学入門』9.10 節参照。

第8章

力学的エネルギー保存則(1)

（本章は慣性系で考える。）

運動の3法則，特に運動方程式を使えば，原理的には質点のあらゆる運動を予測できる。しかし現実的には計算が難しすぎたり必要な情報が足りなかったりで，運動方程式を解くのが面倒・無理なことが多い。そのような場合に便利なのがここで学ぶ「力学的エネルギー保存則」である。

この法則は運動方程式が姿を変えたものだが，場合によっては運動方程式よりもずっと便利であり，簡単に運動の様子を教えてくれることがある。そこで登場するのが次節で述べる「運動エネルギー」である。

8.1 運動エネルギー

運動エネルギーは以下のように定義される（その意味や働きは後でわかる）：

運動エネルギーの定義

質量 m の質点が速度 $\mathbf{v}$ で運動するとき，次式の $T(\mathbf{v})$ をその質点の運動エネルギーという。

$$T(\mathbf{v}) := \frac{1}{2} m|\mathbf{v}|^2 \tag{8.1}$$

問 115 式 (8.1) を5回書いて記憶せよ。

$|\mathbf{v}|$ は質点の（3次元空間における）速度の絶対値，つまり速さである。特に，1次元の運動では，速度は1方向の成分だけなので細字の v と書けて，$|\mathbf{v}|^2 = |v|^2 = v^2$ となる。したがって，1次元の運動では運動エネルギーは次式の $T(v)$ になる：

$$T(v) = \frac{1}{2} mv^2 \tag{8.2}$$

ではこの運動エネルギーがどう活躍するかを説明しよう。

以後，本章では話を簡単にするために，運動を1次元つまり直線（x 軸上）に限定する（3次元への拡張は後の章で行う）。いま，直線（x 軸）上を質量 m の質点が力 F を受けながら時刻 $t = t_0$ から $t = t_1$ の間で何らかの運動をしている状況を考えよう。質点の位置を x，速度を v，加速度を a とし，これらはいずれも時刻 t の関数である。

この運動はもちろん P.73 式 (5.43) のような運動方程式に従う。ところが今は運動を1次元に限定しているので，本来はベクトルである力と加速度は F と a というふうに細字で書けばよい（P.68 の「慣習」参照）。すなわち，この場合の運動方程式は

$$F = ma \tag{8.3}$$

である。加速度は速度を時刻で微分したものなので（$a = dv/dt$），この式は以下のようにも書ける：

$$F = m\frac{dv}{dt} \tag{8.4}$$

式 (8.3) と式 (8.4) は加速度の表現が形式的に違うだけで，本質的には同じだ。これら（どちらでもよい）を解いて位置と速度を時々刻々と追跡すれば，運動の全体像が判明する。でも先述のように，微分方程式を解くのがしんどいことも多い。もっと楽ができないだろうか？ たとえばボールを高いところから投げ落とす場合は，時々刻々でなくてよいから，着地する直前の速さ（落下の衝撃を知りたいから！）がわかれば十分だったりする。そこで時々刻々の経過には立ち入らずに運動の最初（$t = t_0$）と最後（$t = t_1$）の間に何か便利な関係を見出せな

いだろうか？ それができること，そしてそこに運動エネルギーが現れることをこれから説明する。

唐突だが，式 (8.4) の両辺に dx をかけてみよう：

$$F\,dx = m\frac{dv}{dt}\,dx \tag{8.5}$$

ところが速度の定義から $dx/dt = dv$ であり，この両辺に dt をかけると

$$dx = v\,dt \tag{8.6}$$

となる。式 (8.5) の右辺の dx を式 (8.6) で置き換えれば次式になる：

$$F\,dx = m\frac{dv}{dt}v\,dt \tag{8.7}$$

ここで時刻 t_0 から t_1 までの運動をたくさんの短い断片に分割し，それぞれの断片で式 (8.7) を考えて足し合わせる。つまり時刻 t_0 から t_1 までの間で式 (8.7) を積分すると，

$$\int_{x_0}^{x_1} F\,dx = \int_{t_0}^{t_1} m\frac{dv}{dt}v\,dt \tag{8.8}$$

となる。$x_0 = x(t_0), x_1 = x(t_1)$ とした。ここで置換積分によって右辺の積分変数を t から v に変換すると[*1]，

$$\int_{x_0}^{x_1} F\,dx = \int_{v_0}^{v_1} mv\,dv \tag{8.9}$$

となる。$v_0 = v(t_0), v_1 = v(t_1)$ とした。この右辺は

$$= \left[\frac{1}{2}mv^2\right]_{v_0}^{v_1} = \frac{1}{2}mv_1^2 - \frac{1}{2}mv_0^2 \tag{8.10}$$

となる（右辺に運動エネルギーが出てきた!!）。したがって

$$\int_{x_0}^{x_1} F\,dx = \frac{1}{2}mv_1^2 - \frac{1}{2}mv_0^2 \tag{8.11}$$

である。この左辺は質点が x_0 から x_1 に移動する際に力がなす仕事 W_{01} である（わからない人は P.53 式 (4.20) を見よ）。したがって，

$$W_{01} = \frac{1}{2}mv_1^2 - \frac{1}{2}mv_0^2 \tag{8.12}$$

である。式 (8.12) を式 (8.2) を使って書き換えると，

$$W_{01} = T(v_1) - T(v_0) \tag{8.13}$$

あるいは同じことだが，

[*1]　形式的には右辺の dt を約分することに相当する。

$$T(v_1) = T(v_0) + W_{01} \tag{8.14}$$

となる。この式は味わい深い。質点にかかる力がなした仕事は質点の運動エネルギーの変化に等しい。つまり，仕事がされるぶんだけ運動エネルギーが増えるのだ。そう考えると，運動エネルギーは仕事と等価な物理量，つまり「エネルギー」の名にふさわしい。運動エネルギーは「質量を持つ物体の運動」という姿をまとったエネルギーである。

問 116 ▶ 式 (8.12) を導出せよ。ヒント：式 (8.3) 以下の議論を整理して再現すればよい。

さて式 (8.12) は運動方程式を位置（変位）で積分したものにすぎない[*2][*3]。しかしその有用性は大きい。式 (8.12) を使えば運動の過程を気にすることなく，運動の最初の状態から最後の状態を直接的に導くことができるのだ。以下の例でそれを学ぼう。

問 117 ▶ 上の話で，特に力 F が一定（したがって加速度 a も一定）の場合の運動を考えよう。
(1) 時刻 t_0 から時刻 t_1 の間に，力 F がなした仕事 W_{01} は次式になることを示せ：

$$W_{01} = F(x_1 - x_0) \tag{8.15}$$

(2) 前小問で得た式と式 (8.12) を用いて次式を示せ：

$$\frac{1}{2}m(v_1^2 - v_0^2) = F(x_1 - x_0) \tag{8.16}$$

(3) 前小問で得た式と運動方程式を用いて次式を示せ[*4]：

$$v_1^2 - v_0^2 = 2a(x_1 - x_0) \tag{8.17}$$

問 118 ▶ 式 (8.16) を用いてカーリングの問題（P.79 問 89）を再考しよう。t_0 をストーンを初速度 v_0 で放した時刻，t_1 をストーンが止まった時刻と

[*2]　dx をかけて積分するというのがそういうことである。

[*3]　高校物理では式 (8.12) を「エネルギーの原理」とよぶらしいが大学では稀である。

[*4]　これは高校物理で「$v^2 - v_0^2 = 2ax$」という形で暗記する式だが，このように簡単に導出できるので，君はいまさら暗記する必要は無い。本当に重要で記憶すべきなのは運動の三法則だ。

すれば，$x_0 = x(t_0) = 0$（原点），$v_1 = v(t_1) = 0$，$x_1 = x(t_1) = x$。手放されて滑っているストーンにかかる力は，重力と氷面から受ける垂直抗力そして動摩擦力だ。このうち重力と垂直抗力は打ち消しあうのでストーンにかかる合力は動摩擦力だけ，つまり $-F_\mathrm{m}$ である（F_m は動摩擦力の大きさ。マイナスは x 軸の方向とは逆方向を意味する）。

(1) 次式を導け（これは P.83 式 (5.84) に一致する）:

$$\frac{1}{2}mv_0^2 = F_\mathrm{m} x \tag{8.18}$$

(2) ストーンの到達距離 x は初速度の 2 乗に比例することを示せ。

前 2 問は力 F が一定の場合だったが，次問では力が位置と共に変わる場合を考える。

問 119 地球のはるか遠方に静止している質量 m の隕石が地球の万有引力に引かれて徐々に加速しながら一直線に地球に向かってきたとする。隕石を迎撃する計画を立てるためには隕石が地球に衝突する直前の速さ v_1 を求めねばならない。地球の質量を M，半径を R とし，万有引力定数を G とし，隕石を質点とみなす。

(1) 隕石が無限遠方から地球の表面（中心から距離 R）まで地球の万有引力に引かれてやってくるとき，地球の万有引力がなす仕事 $W_{\infty \to R}$ は次式になることを示せ。

$$W_{\infty \to R} = \frac{GMm}{R} \tag{8.19}$$

(2) 隕石が無限遠方から地球表面までやってくるとき，隕石の運動エネルギーの変化は次式であることを示せ。ヒント：初速度は 0 である。

$$\frac{mv_1^2}{2} \tag{8.20}$$

(3) このことから地球衝突直前の隕石の速さ v_1 は次式のようになることを示せ:

$$v_1 = \sqrt{\frac{2GM}{R}} \tag{8.21}$$

(4) 上の式に適切な数値を代入し，v_1 の値を求めよ。

8.2 力学的エネルギー保存則

前節の P.108 式 (8.12)，式 (8.13) で，「運動エネ

ルギー T はされる仕事のぶんだけ増える」と学んだ。これからその話を，P.56 で学んだポテンシャルエネルギーの話に関連付ける。そうすると本節の題の「力学的エネルギー保存則」が出てくる。

ある特定の位置（基準点 O）から位置 x まで質点を運ぶときに保存力がなす仕事を $W_{O \to x}$ とすると，ポテンシャルエネルギー $U(x)$ は $U(x) = -W_{O \to x}$ と定義された。これを使って，式 (8.12) の左辺を書き換えるのだ。そのために，質点を基準点からまず位置 x_0 まで運び，さらに位置 x_0 から位置 x_1 まで運ぶという 2 段階での操作を考えよう。第一段階での仕事は $W_{O \to x_0}$ であり，第二段階での仕事を $W_{x_0 \to x_1}$ とする。トータルの仕事はこの 2 つの和である。ところがこれらの 2 つの段階をひとつにまとめて考えると，中継地点 x_0 を経由するとはいえ，結局基準点から位置 x_1 まで運ぶことに他ならないから，トータルの仕事は $W_{O \to x_1}$ でもある。したがって

$$W_{O \to x_0} + W_{x_0 \to x_1} = W_{O \to x_1} \tag{8.22}$$

である。ところがポテンシャルエネルギーの定義から

$$W_{O \to x_0} = -U(x_0), \quad W_{O \to x_1} = -U(x_1) \tag{8.23}$$

とできるので，結局

$$-U(x_0) + W_{x_0 \to x_1} = -U(x_1) \tag{8.24}$$

である。すなわち次式が成り立つ。

$$W_{x_0 \to x_1} = -U(x_1) + U(x_0) \tag{8.25}$$

この左辺の意味を考えれば，それは式 (8.12) の左辺の W_{01} と同じである。したがって式 (8.25) の右辺で式 (8.12) の左辺を置き換えることができる:

$$-U(x_1) + U(x_0) = \frac{1}{2}mv_1^2 - \frac{1}{2}mv_0^2 \tag{8.26}$$

これを整理すると次式になる:

$$\frac{1}{2}mv_0^2 + U(x_0) = \frac{1}{2}mv_1^2 + U(x_1) \tag{8.27}$$

この式を運動エネルギー $T(v)$ を使って書き換えれば次式になる:

$$T(v_0) + U(x_0) = T(v_1) + U(x_1) \tag{8.28}$$

式 (8.27)，式 (8.28) は味わい深い。左辺は質点が

x_0 にあるときの，運動エネルギーとポテンシャルエネルギーの和であり，右辺は質点が x_1 にあるときの，運動エネルギーとポテンシャルエネルギーの和である。これらが等しいということはつまり，「運動エネルギーとポテンシャルエネルギーの和」（これを力学的エネルギーという）は運動の始めから終わりまで一定である，ということである[*5]。これを「力学的エネルギー保存則」とよぶ。ただし既に述べたようにポテンシャルエネルギーを定義できるのは「保存力」のときだ。したがって，「力学的エネルギー保存則」は働く力が保存力のときに成立する。

例 8.1 摩擦力（動摩擦力）は保存力ではない。実際，摩擦力（動摩擦力）は仕事をするが，それをポテンシャルエネルギーの変化で表すことはできない。したがって，摩擦力が関与する現象は力学的エネルギー保存則の対象外である。

例 8.2 （発展：わからなくてもよい）電荷 q を持つ荷電粒子が速度 $\mathbf{v}$ で運動中に磁場（磁束密度 $\mathbf{B}$）から受ける力 $q\mathbf{v} \times \mathbf{B}$ は位置だけでなく速度にも依存するため，保存力ではない。しかし移動方向（$\mathbf{v}$ の向き）に直交するので仕事をせず，したがって運動エネルギーを変化させない。つまりこの力が働いていても，ポテンシャルエネルギーとして他の保存力がつくるものだけを考えれば力学的エネルギー保存則は形式的には成立する。しかしこの力はポテンシャルエネルギーと結びつけられない（後に P.135 で述べる意味で）ので，力学的エネルギー保存則の対象外とする。

> ### 力学的エネルギー保存則
> 保存力だけが働く場合（非保存力が働かない場合），力学的エネルギー（運動エネルギーとポテンシャルエネルギーの和）は運動の初めから終わりまで常に一定である。

[*5] 「始め」「終わり」は便宜的なことばであり，それらの実体は我々の興味で決めればよい。すなわち，長時間続く運動の一部だけを任意に切り出して，その冒頭を「始め」（$t = t_0$, $x = x_0$, $v = v_0$）とし，最後を「終わり」（$t = t_1$, $x = x_1$, $v = v_1$）とすればこの話は成立する。

問 120

(1) 力学的エネルギーとは何か？

(2) 力学的エネルギー保存則とは何か？

(3) 力学的エネルギー保存則が成り立たないのはどのような場合か？

では力学的エネルギー保存則が成り立つ実例を見ていこう。

問 121 鉛直線上を自由落下する質点の運動（空気抵抗無し）について，力学的エネルギー保存則が成り立つことを確かめよう。P.78 問 86 の状況を考える。$t = 0$ で $v = 0$, $x = 0$ とすると以下が成り立つ：

$$v(t) = -gt \tag{8.29}$$
$$x(t) = -\frac{1}{2}gt^2 \tag{8.30}$$

(1) 時刻 t での質点の運動エネルギー T と（重力による）ポテンシャルエネルギー U はそれぞれ次式になることを示せ：

$$T = \frac{1}{2}mg^2t^2 \tag{8.31}$$
$$U = -\frac{1}{2}mg^2t^2 \tag{8.32}$$

(2) 力学的エネルギー保存則を使わずに知らなかったことにして，次式が恒等的に成り立つことを示せ：

$$T + U = 0 \tag{8.33}$$

問 122 バネにつけられて振動する質点の運動（単振動）について，力学的エネルギー保存則が成り立つことを確かめよう。P.87 図 6.1 の状況を考える。時刻 t での質点の位置と速度をそれぞれ $x(t)$, $v(t)$ とする。$t = 0$ で $v = 0$, $x = x_0$ とすると

$$x(t) = x_0 \cos \omega t \tag{8.34}$$

である。ここで $\omega = \sqrt{k/m}$ である。

(1) 時刻 t のときの質点の速度 $v(t)$ は次式になることを示せ（ヒント：$x(t)$ を t で微分）：

$$v(t) = -x_0 \omega \sin \omega t \tag{8.35}$$

(2) 時刻 t のときの質点の運動エネルギー T と（バネの力による）ポテンシャルエネルギー U はそれ

それ

$$T = \frac{1}{2} mx_0^2 \omega^2 \sin^2 \omega t \qquad (8.36)$$

$$U = \frac{1}{2} kx_0^2 \cos^2 \omega t \qquad (8.37)$$

となることを示せ。ただしポテンシャルエネルギーの基準点として，ばねが自然状態のときの質点の位置（つまり $x = 0$）を考える。ヒント：式 (4.42) の $U = kx^2/2$ の x に $x(t)$ の式を代入。

(3) 力学的エネルギー保存則を知らなかったことにして次式が恒等的に成り立つことを示せ：

$$T + U = \frac{1}{2} kx_0^2 \qquad (8.38)$$

　問 121（式 (8.33)），問 122（式 (8.38)）では力学的エネルギー保存則が成り立った。そうなったのは，働く力が保存力だけだったからだ。一方で，先に述べたように摩擦力（非保存力）が働く場合は力学的エネルギー保存則は成立しない（というか適用されない）。その実例が次の問題だ。

問 123 カーリングの問題，すなわち P.79 問 89，P.108 問 118 で力学的エネルギー保存則が成り立たないことを示せ。成り立たないのはなぜなのだろうか？

8.3 問題の解答の作り方

　ところで，物理学の問題で解答を作るにはルールというかコツがある。それをここで学んでおこう。

　例題　ある種の弾道ミサイルは[*6]，高度 2000 km まで達した後，ほぼ垂直に落下してくる。ミサイルは地表に到達するときにはどのくらいの速さになると考えられるか？ 有効数字 2 桁で答えよ。ただしここでは空気抵抗を無視する。地球の半径を $R = 6400$ km，重力加速度を $g = 9.8$ m s^{-2} とする。

（解答例）

　ミサイルを質点とみなし，質量を m，地表近くでの速さを v，最高到達点の高さを h とする。G を万有引力定数，M を地球質量とする。万有引力によるポテンシャルエネルギーを最高到達点と地表のそれぞれで，U_h, U_0 とする。（必要な記号を定義した！）

　最高到達点で速さ 0 とすると力学的エネルギー保存則から，

$$U_h = U_0 + \frac{1}{2} mv^2, \quad \text{したがって，} \quad U_h - U_0 = \frac{1}{2} mv^2$$

となる (1)。無限遠を基準点とすると，万有引力の法則より

$$U_h = -\frac{GMm}{R + h}, \quad \text{および} \quad U_0 = -\frac{GMm}{R}$$

と書ける。（必要な法則をこの問題に合わせて書き出した！[*7]）この両式の辺々を引くと，

$$U_h - U_0 = \frac{GMmh}{R(R + h)}$$

となる。ところで地表での万有引力は GMm/R^2 だが，これはほぼ mg に等しい。したがって $GM/R = gR$。これを上の式に使うと

$$U_h - U_0 = \frac{gRmh}{R + h}$$

となる。これと (1) より

$$\frac{gRmh}{R + h} = \frac{mv^2}{2} \quad \text{したがって} \quad v^2 = \frac{2ghR}{h + R}$$

$$\text{したがって} \quad v = \sqrt{\frac{2ghR}{h + R}}$$

（値の代入はせずに欲しい量をギリギリまで他の記号で表す努力をした！）

　これに $R = 6400$ km, $g = 9.8$ m s^{-2}, $h = 2000$ km を代入すると（ここでようやく一気に代入！）

$$v = \sqrt{\frac{2 \times 9.8 \text{ m s}^{-2} \times 2000 \text{ km} \times 6400 \text{ km}}{2000 \text{ km} + 6400 \text{ km}}}$$

（単位換算などはせずにそのまま数値と単位を放り込んだ！）

$$= \sqrt{\frac{2 \times 9.8 \times 2000 \times 6400 \text{ m s}^{-2} \text{ km}^2}{8400 \text{ km}}}$$

（数値は数値，単位は単位で寄せて整理した。）

[*6] ロフテッド軌道とよばれるもの。なお，兵器や戦争の話題は教科書にふさわしくないという指摘もありえるが，平和教育は兵器や戦争がいかに非人道的かを理解させることが必要であり，そのための科学教育は必要だと私は考える。

[*7] この式は基本法則ではないので答案の中で導出が必要だという考え方もあろう。それについては「正解」は無い。君と読者の間の了解で決まることである。

$$= \sqrt{\frac{2 \times 9.8 \times 2000 \times 16 \text{ m s}^{-2} \text{ km}}{21}}$$

（数値と単位のそれぞれで約分可能なものは約分した。）

$$= \sqrt{\frac{2 \times 9.8 \times 2000 \times 16 \text{ m s}^{-2} \times 10^3 \text{ m}}{21}}$$

（接頭辞（km の k など）を処理して SI 基本単位に揃えた。）

$$= \sqrt{\frac{2 \times 9.8 \times 2.0 \times 16 \text{ m}^2 \text{ s}^{-2} \times 10^6}{21}}$$

（10 のべき乗を整理して位取りを片付けた。単位も再整理。）

$$= \sqrt{\frac{2 \times 9.8 \times 2.0 \times 16}{21}} \times 10^3 \text{ m s}^{-1}$$

（10 のべき乗と単位について根号の外に出せるものは出した。）

$$= 5.5 \times 10^3 \text{ m s}^{-1}$$

（電卓を叩いて数の掛け算と割り算をして根号を外し，完成!!）

解答のポイント：

- 答案は小さな科学論文。わからないことをぼかしたり印象操作で誤魔化してはダメ（部分点狙いの入試答案とは違う）。
- まず必要な記号を定義する。後から「これも必要だった」と気づくときに備えて，多少スペースをとって書くとよい。
- 値の代入はぎりぎりまで我慢する。記号だけの式変形で粘る。
- 上の $v =$ の後の計算は教育的に丁寧に書いたが，順序を変えたり手順を省いても OK。
- 値を代入するときは**単位も代入**する。まずは素直に与えられた単位で代入し，後で式中で単位変換する。
- 数値，位取り（10 のべき乗），単位をわけて，それぞれで整理。ごっちゃにしない。
- 掛け算・割り算は最後に一気にまとめて行う。そうすれば有効数字の処理も簡単。
- 式変形の結果として答の単位が自然に出てくるようにすれば単位換算ミスは起きない。
- 「高さを h [m] とする」のような書き方がよく

あるが，[m] は蛇足。なぜか？ $h = 2000$ km は $h = 2000000$ m とも書ける。だから「高さを表す記号」に付随して単位を指定する必要も合理性も無い。[*8]。

よくある質問167　「高さを h [m] とする」と書いたり，単位を式に埋め込まずに数値だけで計算したりする本もありますが…　いろんな本があり，適切なものもそうでないものもあります。この問題については，以下の文献が参考になります（ネットで無料で読めます）：小牧研一郎 (2018) 教育現場における単位の扱い。大学の物理教育 24(3), 117–121.

よくある質問168　最高到達点で速さ 0 としましたが，水平方向には動いているから速さは 0 ではないのでは？…　それはそうです。もし水平方向に動いていなかったら，ミサイルは打ち上げた場所に落ちてきますからね。しかしこれはモデル化です。問題設定で「ほぼ垂直に落下してくる」とありますね。水平方向の移動より鉛直方向の移動のほうがずっと大きいのです。だから水平方向は無視したのです。

問 124　君はバンジージャンプに挑戦しようとしている。深い渓谷の上にかけられた橋からゴムバンドが垂れ下がっている。橋から渓谷の底までの高さは 50 m，ゴムバンドの長さ L は 20 m くらいある。ゴムバンドは十分に軽い。ゴムバンドの先端が質量 60 kg の君の体につけられたとき，君の脳裏に「こんなにゴムバンドが長ければ，自分の体は途中

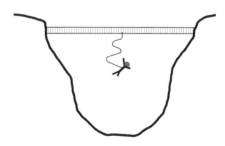

図 8.1　問 124 のバンジージャンプ。

[*8]　単位は「その量を数値で表す時」には必要だが「その量を記号で表す時」は（原則的に）不要である。なんでもかんでも単位をつければよいというものではない。必要なときにつけ，不要なときにはつけないことが大事。

で止まらずに渓谷の底に叩きつけられるのではないか？」という不安がよぎった。

そこで本番前に，試しにこのゴムバンドを 1.0 m だけ橋から出して，静かに自分の体を吊り下げてみたら 0.20 m だけ伸びた。

(1) この 1.0 m のゴムバンドのバネ定数 k_0 は？

(2) 20 m のゴムバンドは均一の素材・太さであるとすると 20 m のゴムバンドのバネ定数 k は？

(3) いよいよ飛び降りる時がきた。橋から初速度 0 で飛び降りるとき君の運動エネルギー T は 0 だ。飛び降りる地点を基準点として，重力のポテンシャルエネルギー U も 0 だ。このとき当然ながら力学的エネルギー E_0 は 0 だ。また，橋から高さ x だけ落ちたとき重力のポテンシャルエネルギーは $-mgx$ である。そのときの速さを v とする。落下距離 x がゴムバンドの長さ未満のとき，力学的エネルギー E_1 は次式になることを示せ。このときゴムバンドは弛んでいるので力はかかっていないことに注意せよ。

$$E_1 = \frac{mv^2}{2} - mgx \tag{8.39}$$

(4) 落下距離 x がゴムバンドの長さを越えたら力学的エネルギー E_2 は次式になることを示せ。

$$E_2 = \frac{mv^2}{2} - mgx + \frac{k(x-L)^2}{2} \tag{8.40}$$

(5) 君の体が運よく谷底の手前で停止したとするなら，停止の瞬間の力学的エネルギー E_3 は次式になることを示せ。

$$E_3 = -mgx + \frac{k(x-L)^2}{2} \tag{8.41}$$

(6) 以上を利用し，力学的エネルギー保存の法則（$E_0 = E_3$）から，停止点までの落下距離 x を表す式を求め，それに適当な値を代入して x を数値で求めよ。この結果を見て，君はこのバンジージャンプを安全と判断するか？

(7) 実際のバンジージャンプのアトラクションでは安全のために飛ぶ人の体重を事前に測る。なぜか？

8.4 物理学における保存則

力学的エネルギー保存則は保存力だけが関与するような運動を考えたが，「エネルギー保存則」はもっと一般的・普遍的な法則だ。たとえば氷上を滑るカーリングストーンは，氷とストーンの間の摩擦力（非保存力）の仕事によっていずれ停止してしまい，その過程では力学的エネルギーは一定でなく徐々に減っていく。ストーンの運動エネルギーはポテンシャルエネルギーに転換されないのだ。しかしそのかわりにストーンの運動エネルギーは氷とストーンの界面の摩擦によって熱に変わる。熱はエネルギーのひとつの形態だ。そして熱エネルギーとストーンの運動エネルギーの合計は運動の最初・途中・最後のどの時点でも一定である。つまり力学的エネルギーだけでは一定でないが，「力学的エネルギー ＋ 熱エネルギー」は一定なのだ。

熱エネルギー以外にも化学エネルギーや電気的・磁気的なエネルギーなど，様々な形態のエネルギーがある。

実は質量もエネルギーの形態のひとつだ。ここでは詳述しないが，P.4 式 (1.1) で触れたように

$$E = mc^2 \tag{8.42}$$

という式が質量とエネルギーの関係を表す（E はエネルギー，m は質量，c は光の速さ）。それらをすべて勘案すればエネルギーは決して無くならない（総和は一定であり，増えも減りもしない）。これをエネルギー保存則という。それはニュートン力学を超えて様々な物理法則に対して成り立つ，普遍的な法則である。だから，エネルギー源が無いのに仕事をし続ける機械（それを第一種永久機関という）は実現しない。

エネルギーのように，様々な複雑な運動や反応の過程で最初から最後まで一定であるような量を物理学では重視する。万物流転・栄枯盛衰の世で，変わらない何かを我々は求めるのかもしれないが，実際，自然現象の中にはそのような「総和は変わらない（どこかで減った分はどこかで増えるような）特別な量」がいくつか存在する。そのような量を保存量とよび，そのような事実（法則）を「保存則」とよぶ。エネルギー保存則はその例だが，それ以外にも以下のような例がある。理由や背景は今は理解しなくてもよい。そのようなものがある，ということを頭の片隅に留めておこう：

- 質量保存則

● 電荷保存則
● 運動量保存則
● 角運動量保存則

ただし，非保存力が働くときに力学的エネルギー保存則が不成立になることがあるのと同様に，これら保存則の中には，条件次第で不成立になるものもある[*9]。

なぜ物理学では保存則を大切にするのか？ それは君が勉強を進めて保存則の持つ威力を知るにしたがって，おのずと明らかになるだろう。

問 125　自動車の安全運転のために「スピードを控えめに」と言われるのはなぜだろう？ ひとつは高速での運動は制御が難しいということだ。運転者が危険を察知してからブレーキを踏んだりハンドルを切ったりするまでには時間がかかり，その間にも車は進んでしまうので危険を回避できない。しかしそれだけではない。スピードを控えめにすべき理由をエネルギー保存則の観点で説明せよ。

問 126　原子核崩壊で出る放射線に α 線，β 線，γ 線というのがある。α 線は ^{4}He（質量数 4 のヘリウム）の原子核（それを α 粒子ともいう）が飛んでくるもの，β 線は電子が飛んでくるもの，そして γ 線は光の一種（ただし波長がとても短い）だ。α 粒子の質量を m_α とし，電子の質量を m_e とする。
(1) m_α を計算で求めよ。ヒント：質量数が 4 だから 1 mol の He の質量は 4 g。^{4}He 原子核は ^{4}He 原子よりも電子 2 個ぶん軽いがその差は無視してよい。
(2) ^{239}Pu（放射性元素プルトニウム 239）の崩壊で発する α 線のエネルギーは α 粒子 1 個あたり 5.5 MeV である。このときの α 粒子の速さを求めよ。ヒント：MeV ってわからない？ M は SI 接頭辞。eV は索引で調べてみよう。
(3) ^{137}Cs（放射性元素セシウム 137）の崩壊で発する β 線のエネルギーは電子 1 個あたり 510 keV である。このときの電子の速さを求めよ。なお $m_e = 9.1 \times 10^{-31}$ kg である。ヒント：ここでいう「エ

ネルギー」は運動エネルギーである。

問 127　山に降った雨水は，川となって流下する際にポテンシャルエネルギーを失う。それはどこに行くか考えよう。麓から山の頂上までの高さを $h = 2000$ m としよう。
(1) ポテンシャルエネルギーが全部運動エネルギーに変わるとしたら，麓では川の水の速さは約 200 m/s になることを示せ。
(2) 前問の結果はどう見ても速すぎる。麓の川はせいぜい人が歩く程度の速さ（2 m/s 程度）である。したがって，ポテンシャルエネルギーの大部分は水中や川底の摩擦によって熱になると思われる。しかしそれによって川の水温は数 K 程度しか上がらないことを示せ。ヒント：ポテンシャルエネルギーが全部熱エネルギーに変わると考える。水の質量を m，重力加速度を g，比熱を C，温度変化を ΔT とすると，$mgh = mC\Delta T$ となる。

演習問題

演習問題 9　バネじかけのおもちゃの鉄砲を作った。銃身の中に仕込まれたバネのバネ定数は 40 N/m である。バネを 10 cm だけ縮めて 4.0 g の砲弾を仕込み，引き金を引いた。砲弾はどのくらいの速さで鉄砲から飛び出るか？ ただし砲身は水平に固定され，バネの質量や，砲身と砲弾の間の摩擦は無視する。ヒント：バネのポテンシャルエネルギーの式は導出せずに使ってよい。

演習問題 10　直径 4.0 mm，長さ 10 cm の鉄製の釘を木材に打ち込む。質量 1.0 kg のハンマーを釘の頭から 30 cm だけ高い位置から振り下ろして釘を叩くことを 10 回行ったら，釘の頭は木の表面まで届いた。このとき釘の頭を触ると熱かった。釘の温度は当初よりどれだけ上がったか？ ただしハンマーを振り下ろすとき手は力を加えない（ハンマーの自由落下に任せる）。また，木の熱伝導率は鉄のそれよりもはるかに小さいので，生じた熱の全ては釘に蓄えられ，木には行かないとする。鉄の密度を $\rho = 7.8$ g cm^{-3}，鉄の比熱を 460 J kg^{-1} K^{-1} とする。

[*9] たとえば質量保存則は核分裂や核融合等の反応では成り立たない。その過程では質量がエネルギーに変わってしまうのだ。ただし質量保存則をエネルギー保存則と組み合わせてしまえば，その場合でも保存則は成り立つ。

演習問題 11 太陽は核融合によって出る熱エネルギーが光エネルギーとなって光を放射している。地球に到達する太陽光の強さ（単位面積あたり，単位時間あたりのエネルギー）を S とし，太陽と地球の距離を R とする。(1) 太陽が単位時間あたりに放出する光エネルギーは $4\pi R^2 S$ であることを示せ。(2) 太陽が単位時間あたりに核融合で失う質量を m とすると，核融合で単位時間あたりに生成されるエネルギーは mc^2 であることを示せ（c は光速）。(3) $m = 4\pi R^2 S/c^2$ であることを示せ。(4) この式に適切な値を調べて代入し，太陽が 1 秒間に失う質量を t 単位で表わせ。$S = 1400$ W m^{-2} としてよい。

問の解答

答 117 $x_0 = x(t_0)$, $x_1 = x(t_1)$ に注意して，(1) 時刻 t_0 から時刻 t_1 までの間に質点は位置 x_0 から x_1 まで移動したこと，そして力は一定値 F であることを用いて，

$$W_{01} = \int_{x_0}^{x_1} F dx = \Big[Fx \Big]_{x_0}^{x_1} = F(x_1 - x_0)$$

(2) 略（式 (8.12) を用いて上の式の左辺を書き換えればよい）。(3) 略（運動方程式 $F = ma$ を用いて式 (8.16) の右辺の F を ma で置き換え，変形すればよい）。

答 118 (1) 略解：式 (8.16) を考える。問題設定から，$x_0 = 0$, $x_1 = x$, $v_1 = 0$, $F = -F_m$。これらを式 (8.16) の F に代入して整理すれば与式を得る。

(2) 略解：前小問の結果から

$$x = \frac{mv_0^2}{2F_m} \tag{8.43}$$

したがって x は v_0^2 に比例する。

答 119 (1) P.55 式 (4.26) で，$R_0 = \infty$, $R_1 = R$ とすればよい。(2) 略。(3) 式 (8.13) より式 (8.19) と式 (8.20) が等しい。したがって $GMm/R = mv_1^2/2$。したがって $v_1 = \sqrt{2GM/R}$。(4) $G = 6.67 \times 10^{-11}$ N m^2 kg^{-2}, $M = 5.97 \times 10^{24}$ kg, $R = 6.38 \times 10^6$ m とすると，$v_1 = 1.12 \times 10^4$ m s^{-1}。これは約 40000 km/h。注：これを第二宇宙速度という。

答 120 (1) 運動エネルギーとポテンシャルエネルギーの和を力学的エネルギーという。(2) 力学的エネルギーは運動の初めから終わりまで一定である，という法則。これは仕事をするのが保存力であるときに成り立つ。(3) 摩擦力のような非保存力が仕事をする運動の場合。

答 121 (1) 式 (8.2) に式 (8.29) を代入すると式 (8.31) を得る。また，P.57 式 (4.41) で h を x と書き換えると $U(x) = mgx$ である。この式に式 (8.30) を代入すると式 (8.32) を得る。(2) 式 (8.31) と式 (8.32) の辺々を加えると与式を得る。

答 122 (1) 略（式 (8.34) を t で微分するだけ）。(2) 式 (8.2) に式 (8.35) を代入すると式 (8.36) を得る。また，P.57 式 (4.42) に式 (8.34) を代入すると式 (8.37) を得る。(3) 式 (8.36) と式 (8.37) の辺々を加えると，

$$T + U = \frac{1}{2}mx_0^2\omega^2 \sin^2 \omega t + \frac{1}{2}kx_0^2 \cos^2 \omega t$$

ここで問題より $\omega = \sqrt{k/m}$ なので，上の式は

$$T + U = \frac{1}{2}kx_0^2 \sin^2 \omega t + \frac{1}{2}kx_0^2 \cos^2 \omega t$$
$$= \frac{1}{2}kx_0^2(\sin^2 \omega t + \cos^2 \omega t) = \frac{1}{2}kx_0^2$$

答 123 ストーンが放たれた直後とストーンが停止したときのそれぞれで，運動エネルギーは $mv_0^2/2$ と 0 である。一方，ポテンシャルエネルギーは摩擦力については存在せず，重力についてはストーンが放たれた直後とストーンが停止したときで互いに等しい（どちらも水平面にあるから）。したがって力学的エネルギーはストーンが放たれた直後の方がストーンが停止したときよりも $mv_0^2/2$ だけ大きい。したがって力学的エネルギー保存則は成り立たない。それはストーンの運動に関与する力が摩擦力であり，摩擦力は非保存力だからである。

答 124 君の質量（体重）を m，重力加速度を g とする。(1) ゴムバンドの弾性力と重力が釣り合う（合力が 0）から $-k_0\delta + mg = 0$ である（ここで δ はゴムバンドの伸びで，0.2 m）。したがって

$$k_0 = \frac{mg}{\delta} = \frac{60 \text{ kg} \times 9.8 \text{ m s}^{-2}}{0.2 \text{ m}} = 2940 \text{ N/m}$$

(2) バネ定数はバネの長さに反比例する（それがわからない人は P.44 問 46 あたりを復習！）。今の場合，ゴムの長さが 20 倍になるから $k = k_0/20 = 147$ N/m。(3) 運動エネルギーは $mv^2/2$。ポテンシャルエネルギーは重力によるもののみであり，$-mgx$。両者の和から $E_1 = mv^2/2 - mgx$。(4) ゴムバンドの伸びは $x - L$ である。したがってゴムバンドの弾性力によるポテンシャルエネルギーは P.57 式 (4.42) より $k(x - L)^2/2$。これを前小問の式に加えれば良い。(5) 停止する瞬間は速さが 0。したがって前小問の式で $v = 0$ とすればよい。(6) $E_0 = E_3$ より

$$0 = -mgx + \frac{k(x-L)^2}{2} \qquad \text{したがって,}$$

$$x^2 - 2\left(L + \frac{mg}{k}\right)x + L^2 = 0$$

2 次方程式の解の公式から

$$x = L + \frac{mg}{k} \pm \sqrt{\frac{2mgL}{k} + \frac{m^2g^2}{k^2}} \qquad (8.44)$$

これに適当な数値を代入すれば $x = 37.3$ m, 10.7 m となる（レポートでは過程も書くこと）。このうち求める解は少なくともゴムバンドの長さ $L = 20$ m 以上のはずなので，結局 $x = 37.3$ m となる。谷底までの深さは 50 m あるから君の体は谷底までは到達しない。したがってこのバンジージャンプは（ゴムがぶちっと切れたりしない限り）安全だろう。

答 125 高速で運動する物体の運動エネルギーは大きい。運動エネルギーは速さの 2 乗に比例するので，たとえば 40 km/h と 60 km/h では速さは 1.5 倍だが，運動エネルギーは $1.5^2 = 2.25$ 倍にもなる。そして事故で急停止したときは，エネルギー保存則のためにその運動エネルギーは車や搭乗者の身体の破壊に使われる。「事故ったときのダメージを小さくする」ためにもスピードは控えめにすべきであり，また，高速で運転するときほど事故の可能性を（低速での運転時よりも）減らすように心がけるべきなのだ。

答 126 (1) $m_\alpha = 4$ g mol^{-1}/(6.0×10^{23} mol^{-1}) $= \cdots = 6.7 \times 10^{-27}$ kg。(2) α 線のエネルギーを E, 速さを v とすると，$\frac{1}{2}m_\alpha v^2 = E$。したがって $v = \sqrt{2E/m_\alpha} = \cdots = 1.6 \times 10^7$ m s^{-1}。(3) β 線のエネルギーを E, 速さを v とすると，上と同様に $v = \sqrt{2E/m_e} = \cdots = 4.2 \times 10^8$ m s^{-1}。ところがこれは光速 $c = 3.0 \times 10^8$ m s^{-1} より大きい！ アインシュタインの特殊相対性理論によると，世の中には光より速く動くものは無いはずだ。となるとこの結果はおかしい。実はこのくらいの高速運動にはニュートン力学は通用しない。特殊相対性理論を使って計算し直すと（その詳細は今はわからなくてよい），$v = 2.6 \times 10^8$ m s^{-1} となる。注：eV を J に直して計算しないと正しい答にはならない。単位を埋め込んで計算すれば気がつくはず！

よくある質問 169　なぜカーリングでは U が 0 になるのですか？… まず摩擦力は非保存力なので U は無い。また，ストーンは水平方向に動くので重力のする仕事は 0。したがって U の変化は 0。したがって，もし重力による U をストーンの出発点で 0 と置けば，U は氷面上のどこに行っても 0。

よくある質問 170　「示せ」という問題は数式だけでなく言葉（文章）も使って説明するのですか？ 言葉での説明が苦手です。… はい，適宜，言葉（文章）でストーリーを組み立てることが必要です。そのためにはまず言葉の定義をしっかり把握しましょう。そして言葉を正確に使いながら，自分自身が読んで納得できるような説明を組み立ててみましょう。

よくある質問 171　自分の書いた説明・証明が正解なのかわかりません。… そう思うならまだ正解ではありません。たとえ他の人が「正解です！」と言ってくれても，自分で納得していないと正解ではないのです。

よくある質問 172　正解はよくわかった人が判定するしかないのでは？… もちろん独りよがりを避けるためには他の人の意見も大事です。でもその人が正しい保証もありません。優秀・高名で権威のある科学者も間違えるときはあります。その人に君の答は正しいと言われても単純に喜ぶべきではないし，間違いだと言われてもすぐに凹む必要はありません。科学は参加者が対等な立場で自論をぶつけ合うことで進むのです。あなたはそれに参加するために，自分なりの正しさを持つべきです。

よくある質問 173　じゃあ「正しい」とはどういうことなのですか？… 良い質問です。時間をかけて自分なりに考える価値のある問です。少なくとも「権威のある人の発言が正しい」というものではありません。

よくある質問 174　物理学の概念の定義が抽象的・数学的なのが納得できません。概念は人間の素朴な直感や経験から生じるものなのだから，その定義も直感や経験に基づくべきだと思います。… 科学，特に物理学の概念の定義は，そういうものではないのです。もちろん人間の素朴な直感や経験に整合するに越したことはないのですが，大事なのは事実との整合性，そして普遍性です。直感は事実とは必ずしも整合しません。たとえば次のように言う人は少なくありません：
"等速度で走行中の電車内ではジャンプしても慣性の法則のおかげで後ろに行かない，ということについて，直感的には後ろに行くような感じがしてしまう。"

"作用反作用の法則について，やはり手押し相撲は勝つ
ほうが力が強いように思えてしまう。"
体験は事実と整合するはずですが，人々が体験を理解・
記憶する段階で主観や直感が入って歪められ，事実とは
違う「体験的な思い込み」になってしまいがちです。人
はなかなか素直に事実に向き合えないのです。

　そこで物理学は人の素朴な直感や体験的思い込みから
離れて，事実を実験によって整理・確認し，それを整合
的・普遍的に説明できるような理論を追い求めてきたの
です。その結果が抽象的・数学的に定義される概念に基
づく法則の体系なのです。それを不自然に思うのは，あ
る意味，人間中心主義的な観点ではないでしょうか。

よくある質問 175　高校の物理基礎の教科書には
「慣性の法則からわかるように，物体には，そのと
きの運動状態を保ち続けようとする性質がある。こ
れを物体の慣性という」と書かれていました。であ
るならば，慣性が根本であり，それを丁寧に説明し
てから慣性の法則を述べる方がより物理学の本質的
な理解につながるのでは？… 良い指摘です。あまり
うまく言えないのですが，「慣性」という概念は，物理学
の理論体系の中できちんと定義するのは難しいのです。
「物体には，そのときの運動状態を保ち続けようとする
性質がある」という言葉は一見わかりやすそうですが，
物体に意思があるかのような擬人化ですから不自然で
す。「保ち続けようとする」とはどういうことなのか？
という疑問が生じるのです。物理学は擬人化や比喩では
なく，数学で理論体系を作るのです。上のような意味で
「慣性」という量や概念を数学的に定義するとしたら，「質
量」が最も近いでしょう。しかし質量は重力の発生源で
もあるので，質量を「慣性」と言い換えることはむしろ
混乱を招きます。よくある質問 174 にも通じますが，物
理学の理論体系は「ツンデレ」なところがあって，人間
の直感や身体感覚に寄せた解釈を拒むようなところがあ
ります。それを乗り越えると「そうか！ わかった‼ 」っ
てなるのですけどね。

学びのアップデート
何が正しいかは自分で考え自分で判断する。
偉い学者の言うことだから正しい，と思い込
まない。

第9章

運動量保存則

（本章は慣性系で考える。）

　前章の力学的エネルギー保存則をうまく使えば運動方程式を解かずに多くのことがわかる。しかし摩擦力などの非保存力は想定外である。そして物体の運動の「速さ」は教えてくれても「方向」は教えてくれない，という弱点がある。

　本章で学ぶ「運動量保存則」はそれを補ってくれる。この保存則も弱点はあるが，力学的エネルギー保存則が使えないときにも使える（ことがある）し，力学的エネルギー保存則と組み合わせることができればさらに威力を発揮する。

　特に活躍するのは複数の物体どうしが衝突するような状況である。

9.1　衝突現象で活躍する運動量保存則

例 9.1　図 9.1 のように平面上で 2 つの物体 A, B が近づいてきて衝突し，一体化する運動を考える。衝突の前後ではこれらを質点とみなそう。A, B それぞれの質量を m_A, m_B とする。話を簡単にするため，いずれの質点にも重力などの外力（2 つの質点どうしが及ぼし合う力以外の力）は働いていないとする（無重力空間での運動を想像しよう）。

　時刻 t_0 のとき（衝突前）A, B はそれぞれ速度

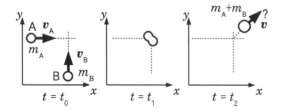

図 9.1　2 つの物体の衝突合体

v_A, v_B で xy 平面上を別の方向に等速度運動しているとしよう。そして 2 つは時刻 t_1 で衝突して合体し，時刻 t_2 では合体後の物体が新たな方向に速度 v で進んでいるとしよう。この速度 v を求めよと言われたらどうすればよいだろう？

　極微の世界や高速の世界を除けば，質点の運動は運動方程式を解くことで予測・解明できるはずだ。しかしこの件に関してはそれは難しい。というのもそもそも「衝突して合体」は一瞬で起きる単純な現象ではなく，衝突が始まって物体が徐々につぶれ，その間，弾性力や摩擦力が複雑に働き[*1]，やがてお互いがくっつきあって一体化するという，一連の複雑な現象である。したがって衝突の最中は物体 A, B の「大きさ」とか「変形」が重要なので A, B を質点とみなすことはできない。そうなると，衝突中の各時刻に働く力を解明するのは大変難しいのだ。というわけでこれを運動方程式で直接扱うことは避けたい。「君子危うきに近寄らず」と言うではないか。

　そこで有用なのがこれから学ぶ以下の法則である：

> **運動量保存則**
> 外力が働かない質点系では全運動量は不変である。

外力はさきほども出てきた言葉だが，考察の対象になっている物体どうしに働く力（それを内力という）以外の力だ。質点系とは 1.13 節（P.10）で学んだように，複数の質点からなる系である。全運動量と

---

*1　衝突して合体するまでに生じる複雑な力は，具体的にその力がどんなものなのかというのはさておき，「考察の対象になっている物体どうしに働く力」なので外力ではない（内力）。

は各質点の運動量を全部足したもの（ベクトルとしての和）である。運動量とは P.77 式 (5.49) で定義されたように，質量と速度の積である。

この法則の根拠は後で説明するとして，とりあえずこの法則が正しいと信じてみよう。本件では時刻 t_0（つまり衝突前）の全運動量は

$$m_A \mathbf{v}_A(t_0) + m_B \mathbf{v}_B(t_0) \tag{9.1}$$

である。ここで添字の A, B はそれぞれ質点 A，質点 B の属性であることを示す。時刻 t_2（つまり衝突後）では質点はひとつに合体しており，その速度を $\mathbf{v}(t_2)$ とすれば，その運動量は

$$(m_A + m_B)\mathbf{v}(t_2) \tag{9.2}$$

である。運動量保存則は式 (9.1) と式 (9.2) が等しいと主張するのだ。すなわち

$$m_A \mathbf{v}_A(t_0) + m_B \mathbf{v}_B(t_0) = (m_A + m_B)\mathbf{v}(t_2) \tag{9.3}$$

が成り立つはずだ。それを認めるなら

$$\mathbf{v}(t_2) = \frac{m_A \mathbf{v}_A(t_0) + m_B \mathbf{v}_B(t_0)}{m_A + m_B} \tag{9.4}$$

となって，衝突・合体後の質点の速度が求まる。実際，実験してみると確かにこうなるのだ。

問 128 例 9.1 の問題において $m_A = m_B = 1.0$ kg とし，時刻 t_0 で A は x 軸方向に 1.0 m s^{-1}，B は y 軸方向に 1.0 m s^{-1} で動いているとする。衝突合体後の速度 $\mathbf{v}$ とその大きさ $|\mathbf{v}|$ を求めよ。

9.2 運動量保存則：1 つの質点バージョン

では運動量保存則を証明しよう。とりあえず 1 つの質点について考える。まず運動方程式に戻る。運動の話は全て運動方程式から始まるのだ!! 質量 m の質点が力 $\mathbf{F}$ を受けて運動しているときその運動はどんなものでも以下の運動方程式に従う：

$$\mathbf{F} = m\mathbf{a} = m\frac{d\mathbf{v}}{dt} \tag{9.5}$$

t は時刻である。$\mathbf{v}, \mathbf{a}$ はそれぞれ質点の速度，加速度。ここでは 3 次元空間で考えていることに注意。

さて式 (9.5) の最初と最後に dt をかけると次式になる：

$$\mathbf{F}\,dt = m\,d\mathbf{v} \tag{9.6}$$

これを時刻 $t = t_0$ から時刻 $t = t_1$ まで t で積分すれば

$$\int_{t_0}^{t_1} \mathbf{F}\,dt = \int_{\mathbf{v}_0}^{\mathbf{v}_1} m\,d\mathbf{v} \tag{9.7}$$

となる（$\mathbf{v}(t_0)$ を $\mathbf{v}_0$，$\mathbf{v}(t_1)$ を $\mathbf{v}_1$ と書き換えた）。この右辺は

$$\Big[m\mathbf{v}\Big]_{\mathbf{v}_0}^{\mathbf{v}_1} = m\mathbf{v}_1 - m\mathbf{v}_0 \tag{9.8}$$

となるから，「時刻 t_0 から t_1 の間に運動量がどれだけ変わったか」だ。すなわち式 (9.7) は

$$\int_{t_0}^{t_1} \mathbf{F}\,dt = m\mathbf{v}_1 - m\mathbf{v}_0 \tag{9.9}$$

となる。この左辺は以下で定義される力積（りきせきと読む）という量である：

力積の定義

時刻を t とする。質点に力 $\mathbf{F}(t)$ が働くとき

$$\int_{t_0}^{t_1} \mathbf{F}\,dt \tag{9.10}$$

を時刻 t_0 から t_1 までに質点に働く力積とよぶ。

問 129 力積の定義を 5 回書いて記憶せよ。

すなわち式 (9.9) は「**1 つの質点の運動量の変化は受けた力積に等しい**」と解釈できる。これが 1 つの質点に関する運動量保存則である。そしてこの法則をもとに質点系の運動量保存則が証明される。

よくある質問 176 第 8 章で学んだ「運動エネルギーの変化は仕事に等しい」という「力学的エネルギー保存則」に似てますね… それは P.108 式 (8.11) と式 (9.9) が似ているということです。もちろん違いもあります。P.108 式 (8.11) はスカラーの式です。そこに出てきている仕事や運動エネルギーは**スカラー**なので

す[*2]。一方、式 (9.9) はベクトルの式です。運動量や力積は**ベクトル**です。導出過程を振り返ると、力学的エネルギー保存則は運動方程式を**位置**で積分して得られましたが、運動量保存則は運動方程式を**時刻**で積分することで得られたのです。

9.3 運動量保存則：2つの質点バージョン

次に、例 9.1 のような 2 つの質点からなる質点系について運動量保存則を証明する。

2 つの質点 A, B が互いに力を及ぼし合いつつ時刻 $t = t_0$ から時刻 $t = t_1$ まで運動する状況を考えよう（例 9.1 では $t = t_2$ まで考えたが、その t_2 がここでの t_1 に相当する）。質点 A にかかる力 $\mathbf{F}_A$ は質点 B から受ける力（内力）と外部から受ける力（外力）の和である：

$$\mathbf{F}_A = \mathbf{F}_{AB} + \mathbf{F}_A^e \qquad (9.11)$$

ここで $\mathbf{F}_{AB}$ は質点 A が質点 B から受ける力とし、$\mathbf{F}_A^e$ は質点 A が受ける外力とする（e は external つまり「外部」の頭文字）。同様に質点 B にかかる力 $\mathbf{F}_B$ は次式のようになる：

$$\mathbf{F}_B = \mathbf{F}_{BA} + \mathbf{F}_B^e \qquad (9.12)$$

ここで $\mathbf{F}_{BA}$ は質点 B が質点 A から受ける力、$\mathbf{F}_B^e$ は質点 B が受ける外力とする。

さて各質点に関して式 (9.9) と同様の式が成り立つはずだ（便宜上、左辺と右辺を入れ替える）：

$$m_A\mathbf{v}_A(t_1) - m_A\mathbf{v}_A(t_0) = \int_{t_0}^{t_1} \mathbf{F}_A \, dt \qquad (9.13)$$

$$m_B\mathbf{v}_B(t_1) - m_B\mathbf{v}_B(t_0) = \int_{t_0}^{t_1} \mathbf{F}_B \, dt \qquad (9.14)$$

これらの 2 つの式を辺々足し合わせると

$$m_A\mathbf{v}_A(t_1) + m_B\mathbf{v}_B(t_1) - m_A\mathbf{v}_A(t_0) - m_B\mathbf{v}_B(t_0)$$
$$= \int_{t_0}^{t_1} \mathbf{F}_A \, dt + \int_{t_0}^{t_1} \mathbf{F}_B \, dt = \int_{t_0}^{t_1} (\mathbf{F}_A + \mathbf{F}_B) \, dt \qquad (9.15)$$

[*2] それは式 (8.11) が 1 次元運動を想定しているからではない。後に 3 次元の運動に拡張するが、そこでも仕事と運動エネルギーには同様の関係式（P.132 式 (10.22)）が成り立つし、それはスカラーの式である。

となる。ここで最後の式の積分の中は、式 (9.11)、式 (9.12) を使うと

$$\mathbf{F}_A + \mathbf{F}_B = \mathbf{F}_{AB} + \mathbf{F}_{BA} + \mathbf{F}_A^e + \mathbf{F}_B^e \qquad (9.16)$$

となる。ところが作用反作用の法則から $\mathbf{F}_{AB} = -\mathbf{F}_{BA}$ である。したがって式 (9.16) の右辺の中の $\mathbf{F}_{AB} + \mathbf{F}_{BA}$ は $\mathbf{0}$ である。それも用いて式 (9.15) を書き換えると

$$m_A\mathbf{v}_A(t_1) + m_B\mathbf{v}_B(t_1) - (m_A\mathbf{v}_A(t_0) + m_B\mathbf{v}_B(t_0))$$
$$= \int_{t_0}^{t_1} (\mathbf{F}_A^e + \mathbf{F}_B^e) \, dt \qquad (9.17)$$

となる。左辺は 2 つの質点の運動量の総和 $m_A\mathbf{v}_A + m_B\mathbf{v}_B$ がどれだけ変わったかであり、右辺は「質点 A、質点 B のそれぞれに働く外力の和」を時刻で積分したもの、つまり「外力の総和による力積」である。したがってこの式は「2 つの質点の全運動量は外力の総和による力積のぶんだけ変化する」と解釈できる。特に外力が働いていないときは「外力の総和による力積」は $\mathbf{0}$ である。したがって「2 つの質点が外力を受けずに運動する場合、全運動量は不変である」ということが示された。（3 つ以上の質点の場合の証明は後で述べる）。

問 130 　2 つの質点 A, B が x 軸上を互いに逆向きに等速度運動で運動し、接近し、いずれ衝突する。質点 A, B の質量はそれぞれ $m_A = 2.0$ kg と $m_B = 3.0$ kg であり、衝突前の質点 A, B の速度はそれぞれ $v_A = -4.0$ m s^{-1}, $v_B = 5.0$ m s^{-1} である。衝突後、2 つの質点がくっついて 1 つの質点になる場合、衝突後のこの質点の速度を求めよ。ただし外力は働いていないものとする。ヒント：この場合 2 つの質点の全運動量は不変。

9.4 重心を考えると簡単になる

本章で扱っているような複数の質点（質点系）の運動は、重心というものを考えるとシンプルになる。そのことを説明しよう。

まず重心を定義しよう：n 個の質点について

$$\mathbf{R} := \frac{m_1\mathbf{r}_1 + m_2\mathbf{r}_2 + \cdots + m_k\mathbf{r}_k + \cdots + m_n\mathbf{r}_n}{m_1 + m_2 + \cdots + m_k + \cdots + m_n} \qquad (9.18)$$

を位置ベクトルにとるような点を重心という（定義）。ここで m_k は k 番目の質点の質量，$\mathbf{r}_k$ は k 番目の質点の位置ベクトルである。要するに各質点の位置を質点の質量で重み付けして平均したものが重心である。

これを使って前節で述べた 2 質点系の運動量保存則を表現してみよう。まず 2 つの質点（質点 A，質点 B とよぶ）の重心を $\mathbf{R}$ とすると，式 (9.18) から

$$\mathbf{R} := \frac{m_A \mathbf{r}_A + m_B \mathbf{r}_B}{m_A + m_B} \tag{9.19}$$

である。$\mathbf{r}_A, \mathbf{r}_B$ は質点 A, B のそれぞれの位置ベクトルだ。式 (9.19) の両辺を時刻 t で微分すると

$$\mathbf{R}' = \frac{m_A \mathbf{r}'_A + m_B \mathbf{r}'_B}{m_A + m_B} \tag{9.20}$$

となる。ここで，位置を時刻で微分すると速度だから $\mathbf{r}'_A = \mathbf{v}_A$，$\mathbf{r}'_B = \mathbf{v}_B$ である。また，重心の位置を時刻で微分したもの（つまり重心の速度）を $\mathbf{V}$ とする。すると式 (9.20) は

$$\mathbf{V} = \frac{m_A \mathbf{v}_A + m_B \mathbf{v}_B}{m_A + m_B} \tag{9.21}$$

となる。ここで右辺の分母は 2 つの質点の質量の合計，つまり質点系の全質量である。それを M と書こう：

$$M := m_A + m_B \tag{9.22}$$

そして式 (9.21) の両辺に M を掛けて左右を入れ替えると

$$m_A \mathbf{v}_A + m_B \mathbf{v}_B = M\mathbf{V} \tag{9.23}$$

となる。左辺は 2 つの質点の運動量の合計，つまり質点系の全運動量である。一方，右辺は「質点系の全質量 M」と「重心の速度 $\mathbf{V}$」の積，つまり全質量があたかも重心に集中して存在するような（仮想的な）質点の運動量である。これを「重心の運動量」とよぼう。ひらたく言えば全運動量は重心の運動量に等しいのだ。

これを使うと式 (9.17) は次式のように書ける：

$$M\mathbf{V}(t_1) - M\mathbf{V}(t_0) = \int_{t_0}^{t_1} (\mathbf{F}_A^e + \mathbf{F}_B^e)\, dt \tag{9.24}$$

つまり「重心の運動量（$M\mathbf{V}$）は外力の総和による力積のぶんだけ変化する。特に，外力が無い場合は式 (9.24) の右辺が $\mathbf{0}$ なので，$M\mathbf{V}(t_1) = M\mathbf{V}(t_0)$

となり，重心の運動量（$M\mathbf{V}$）は不変である。ところが全質量 M は普通，不変なので，結局「外力が無い場合は重心の速度（$\mathbf{V}$）は不変である（重心は等速度運動をする）」と言える。

例 9.2 本章の冒頭で 2 つの質点の衝突・合体について考えた。衝突・合体後の速度は式 (9.4) で求めることができた。なんとこれは式 (9.21) の右辺と同じ，つまり衝突前の 2 つの質点の重心の速度ではないか!! そして衝突後は 2 つの質点はこの速度 $\mathbf{v}$ で一緒に動くのだから，その重心の速度もこの $\mathbf{v}$ に等しい[*3]。したがって衝突合体の前と後で確かに重心の速度は不変である！

問 131 式 (9.24) の導出を再現せよ。

9.5　衝突でエネルギーはどうなる？

「よくある質問 176」（P.119）で述べたように，この運動量保存則は第 8 章で学んだ力学的エネルギー保存則とは似て非なる法則だ。それらの関係を調べるために次問を考えよう：

問 132 P.119 問 128 の続きを考える。
(1) 衝突前の運動エネルギーの総和を求めよ。
(2) 衝突合体後の運動エネルギーを求めよ。

この現象では衝突合体で運動エネルギーは減ったが，その分のエネルギーはどこに行ってしまったのだろう？

まず考えられるのはポテンシャルエネルギーである。運動エネルギーが減った分，ポテンシャルエネルギーが増えていればつじつまは合う（力学的エネルギー保存則）。

しかしその考え方はうまくないのだ。まず問題設定で質点には外力は働いていないとした。したがって外力は仕事をしないので，外力によるポテンシャルエネルギーは変化しようがない。

仮に外力が働いているような場合も，衝突の短い瞬間だけに注目すると，物体の運動は小さい空間領域で発生するので，外力による仕事はほぼ無視でき

[*3] $(m_A \mathbf{v} + m_B \mathbf{v})/(m_A + m_B) = \mathbf{v}$

る（仕事 ＝ 力 × 変位の「変位」が小さいから！）。
したがって外力がある場合でも衝突の前後で外力に
よるポテンシャルエネルギーの変化はほぼ 0 だ。

　ならば外力以外の力によるポテンシャルエネル
ギーはどうだろう？ たとえばゴムボールどうしが
衝突すると変形する。その変形はボールを構成する
ゴムの弾性力に逆らって行われる（仕事がされる）
ので，弾性力によるポテンシャルエネルギーを増加
させる。

　そしてそれは衝突終了後にボールがぐにゃぐにゃ
と変形・振動する運動エネルギーに転化するだろう。
しかしそのような振動はボール内部の摩擦のために
やがて収まり，そのエネルギーはボールの温度を上
げる熱エネルギーに変わるだろう。このように，衝
突の際に減った運動エネルギーは物体内部の振動の
エネルギーや熱になるのだ。

9.6　弾性衝突・非弾性衝突

　前節（問 132）で調べたような，衝突の前後で全
運動エネルギーが減る衝突を非弾性衝突という。一
方，そうでない衝突，すなわち衝突前後で全運動エ
ネルギーが変化しない（減らない）ような衝突を弾
性衝突とか完全弾性衝突という。

よくある間違い 10　弾性衝突を「エネルギーが減
らない衝突」のことだと思っている… 定義としては
間違いです。弾性衝突であろうが非弾性衝突であろうが
それら以外の現象であろうが，世の中のありとあらゆる
現象では熱エネルギーを含む**ありとあらゆる形のエネル
ギーの全て**を考えればエネルギーは失われません。「エ
ネルギーが」を「全運動エネルギーが」とすれば正しい
です。

よくある間違い 11　弾性衝突を「運動量が減らない
衝突」のことだと思っている… いろいろ微妙です。
まず「運動量」でなくて「全運動量」です。また，運動
量はベクトルなので，減る・減らないというようなもの
ではありません（たとえば向きが逆になるのは「減る」
ですか？）。そして弾性衝突だけでなく非弾性衝突でも
全運動量は不変です。

よくある質問 177　それ，最後はなんか揚げ足のよ

うな気がしました。弾性衝突は全運動量が不変な衝
突ではないのですか？… 以下のような 3 つの文章を
考えてみましょう：

1. 弾性衝突は全運動量が不変な衝突である。
2. 弾性衝突は全運動量が不変な衝突のことである。
3. 弾性衝突とは全運動量が不変な衝突である。

このうち 1 は正しいですが，2 と 3 は間違いです。「の
こと」や「とは」という語は定義（必要十分条件）を意
味します。

問 133　弾性衝突とは何か？

　では，弾性衝突についてもう少し調べてみよう。
以後は直線上で起きる衝突現象に限定して考える
（直線以外の場合に興味があれば，別の機会に学ん
で頂きたい）。

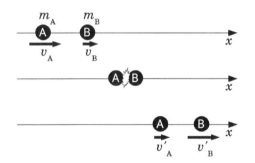

図 9.2　1 直線上を運動する 2 つの質点どうしの衝突。上：衝
突前，中：衝突の瞬間，下：衝突後

問 134　x 軸上で 2 つの質点 A, B がそれぞれ速
度 v_A, v_B で運動し（図 9.2 上），やがて互いに弾
性衝突を起こし（図 9.2 中），衝突後はそれぞれ速
度 v'_A, v'_B で（ここではダッシュ ’ は微分ではなく
「衝突後」を表すしるし）再び x 軸上で運動をする
（図 9.2 下）。質点 A, B のそれぞれの質量を m_A,
m_B とする。2 つの質点に外力は働いておらず，2
つの質点どうしに働く力（内力）は衝突時だけに働
くとする。

(1) 運動量保存則と力学的エネルギー保存則より，
以下の 2 つの式が成り立つことを示せ：

$$m_A v_A + m_B v_B = m_A v'_A + m_B v'_B \tag{9.25}$$

$$\frac{1}{2} m_A v_A^2 + \frac{1}{2} m_B v_B^2 = \frac{1}{2} m_A v_A'^2 + \frac{1}{2} m_B v_B'^2 \tag{9.26}$$

(2) 式 (9.25), 式 (9.26) から次の 2 つの式を示せ:

$$m_A(v'_A - v_A) = -m_B(v'_B - v_B) \quad (9.27)$$

$$m_A(v'^2_A - v^2_A) = -m_B(v'^2_B - v^2_B) \quad (9.28)$$

(3) 式 (9.28) から次式を示せ:

$$m_A(v'_A - v_A)(v'_A + v_A)$$
$$= -m_B(v'_B - v_B)(v'_B + v_B) \quad (9.29)$$

(4) 式 (9.29) の両辺を式 (9.27) で割って次式を示せ:

$$v'_A + v_A = v'_B + v_B \quad (9.30)$$

(5) 式 (9.30) を変形して次式を示せ:

$$v'_B - v'_A = -(v_B - v_A) \quad (9.31)$$

(6) 式 (9.31) を変形して次式を示せ:

$$\frac{|v'_B - v'_A|}{|v_B - v_A|} = 1 \quad (9.32)$$

式 (9.31) 右辺の $v_B - v_A$ は（衝突前の）質点 A から見た質点 B の速度だ。このように, ある質点から見た別の質点の速度を相対速度という。衝突前は質点 A は質点 B に接近するのだから $v_B < v_A$, つまり $v_B - v_A < 0$ である。ところが衝突後は質点 B は弾かれて質点 A を引き離すから, $v'_B > v'_A$, つまり $v'_B - v'_A > 0$ である。これは式 (9.31) の右辺にマイナスがついていることと整合している。

衝突後の相対速度の大きさ $|v'_B - v'_A|$ を衝突前の相対速度の大きさ $|v_B - v_A|$ で割ったものを反発係数とか跳ね返り係数とよび, 慣習的には e と表す。すなわち

$$e := \frac{|v'_B - v'_A|}{|v_B - v_A|} \quad (9.33)$$

である。弾性衝突では式 (9.32) からわかるように $e = 1$ である。非弾性衝突では e は 0 以上 1 未満の値をとる。たとえばゴルフボールとゴルフクラブの衝突に関する反発係数は $e = 0.8$ 程度である。$e = 0$ は物体 B が物体 A にべちゃっとくっついてしまう場合だ。

よくある質問 178　e ってネイピア数（自然対数の底）じゃないんですか？… 記号がかぶってて紛らわし

いけどここでは違います。e は反発係数で 0 から 1 までの間の値をとります。ネイピア数は $e = 2.718\cdots$ です。

問135 問 134 の続きを考える。

(1) 式 (9.30) を使って式 (9.27) から v'_B を消去することによって次式を示せ:

$$v'_A = \frac{m_A - m_B}{m_A + m_B}v_A + \frac{2m_B}{m_A + m_B}v_B \quad (9.34)$$

(2) 式 (9.30) を使って式 (9.27) から v'_A を消去することによって次式を示せ:

$$v'_B = \frac{m_B - m_A}{m_A + m_B}v_B + \frac{2m_A}{m_A + m_B}v_A \quad (9.35)$$

(3) $m_A = m_B$ のとき次式を示せ:

$$v'_A = v_B \quad (9.36)$$
$$v'_B = v_A \quad (9.37)$$

(4) $m_A \gg m_B$ のとき次式を示せ:

$$v'_A \fallingdotseq v_A \quad (9.38)$$
$$v'_B \fallingdotseq -v_B + 2v_A \quad (9.39)$$

式 (9.36), 式 (9.37) から, 2 つの質点の質量が等しければ弾性衝突によって速度が入れ替わる（図 9.3）ということがわかった。すなわち追いついた方は追いつかれた方の速度になり, 追いつかれた方は追いついた方の速度になる。この極端な場合は片方が静止してもう片方がぶつかってくる場合だ。ぶつかってきた方は衝突後に静止し, ぶつかられた方がすっとんでいく。これはビリヤード球でよく起きることだ（ビリヤードの経験がある人は知っているだろう）。

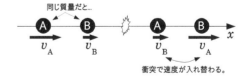

図 9.3　同一直線上を等速度運動する 2 つの質点どうしの衝突。質量が等しく, なおかつ弾性衝突なら, 速度が入れ替わる。

また, 式 (9.38), 式 (9.39) から, 片方の質量が極端に大きいときは, 大きい方 (A) はほとんど速度を変えず（痛くも痒くもない）, 小さい方 (B) は激しく速度を変える（ふっとばされる）ということがわ

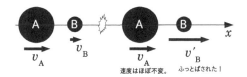

図 9.4　同一直線上を等速度運動する 2 つの質点どうしの衝突。片方が極端に大きいときは小さいほうがふっとばされる。

かった（図 9.4）。小さな軽自動車と大きなトラックの衝突事故では軽自動車に乗っていた人の方がダメージが大きいのだ[*4]。

よくある質問 179　ということは，なるべく大きな自動車に乗るほうが安全ということですね… あなたはそうでも，ぶつかった相手は大きなダメージを受けますよ。大きい車は，他の何か（車・人・バイク・電柱など）にどこかをぶつけやすいし，燃料も多く消費します。

問 136　ボールを高さ h_0 から初速度 0 で真下に落としてバウンドさせる。ボールと地面の間の反発係数を e としよう。空気抵抗やボールの回転は無視する。地面の動きも無視する（地球はボールより遥かに大きいので）。

(1) ボールが地面につく直前の速度を v_0 とする。力学的エネルギー保存則から次式を示せ：

$$v_0^2 = 2gh_0 \tag{9.40}$$

(2) ボールが地面で跳ね返った直後の速度を v_1 とする。次式を示せ：

$$|v_1| = e|v_0| \tag{9.41}$$

(3) ボールは地面で跳ね返ったあと上向きに運動し，いずれある点（それを到達点とよぼう）に達してまた落ち始める。そのときの到達点の高さを h_1 として次式を示せ：

$$v_1^2 = 2gh_1 \tag{9.42}$$

(4) 次式を示せ：

$$h_1 = e^2 h_0 \tag{9.43}$$

(5) そのまま放っておけばまたボールは地面に衝突して跳ね返り，また落ちて地面に衝突して跳ね返り，… ということを繰り返すだろう。n を 1 以上の整数としてボールが n 回バウンドしたあとの到達点の高さを h_n とすると次式を示せ：

$$h_n = e^{2n} h_0 \tag{9.44}$$

(6) $e = 0.8$, $h_0 = 10$ m のとき，到達点の高さが 0.1 m 以下になるまでに何回バウンドするか？

問 137　2 つのボールをわずかに隙間をあけて縦に重ねて高さ h から（初速度 0 で）真下の地面に落とし，バウンドさせる。下のボールを「ボール A」とし，その質量を m_A とする。上のボールを「ボール B」とし，質量を m_B とする。ボール B はボール A よりはるかに小さい（$m_A >> m_B$）とする。ボール A と地面の衝突やボール A とボール B の衝突は弾性衝突であるとする。重力加速度を g とする。上向きに座標軸をとる。

(1) 地面に衝突する直前（図 9.5 中左）のボール A の速さを v_0 とする。$v_0 = \sqrt{2gh}$ であることを示せ。

(2) ボール A が地面に衝突して跳ね返った直後はボール B はまだボール A の上空にあるとする（図 9.5 中右）。このときのボール A の速度を v_A，ボール B の速度を v_B とする。次式を示せ：

$$v_A = v_0 \tag{9.45}$$
$$v_B = -v_0 \tag{9.46}$$

(3) その直後にボール B はボール A に衝突して跳ね返る（図 9.5 右端）。衝突直後のボール B の速度を v_B' とする。これらの一連の衝突は地面付近の狭

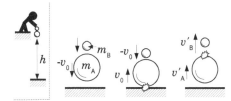

図 9.5　2 段のボールの落下と跳ね返り。問 137。

い範囲で起きるので，重力によるポテンシャルエネルギーの変化を無視しよう。すると式 (9.39) が成り立つことから次式を示せ：

$$v'_\mathrm{B} \fallingdotseq 3v_0 \qquad (9.47)$$

(4) ボール B はボール A に衝突して跳ね返った後，もとの落下開始点（高さ h）の何倍の高さまで飛び上がるか？

9.7 （発展）質点系の 運動量保存則の証明

　ここで質点が 3 つ以上の質点系について運動量保存則を証明しておこう。いま n 個の質点が互いに力を及ぼしあいながら運動する状況を考えよう。k 番目（$k = 1, 2, \cdots, n$）の質点のことを「質点 k」とよび，その質量，位置，速度をそれぞれ $m_k, \mathbf{r}_k, \mathbf{v}_k$ とする。質点 k にかかる力 $\mathbf{F}_k$ は，その他の質点から受ける力（内力）と，それ以外から受ける力（外力）の和である：

$$\mathbf{F}_k = \mathbf{F}_{k1} + \mathbf{F}_{k2} + \cdots + \mathbf{F}_{kn} + \mathbf{F}_k^\mathrm{e}$$
$$= \sum_{j=1}^n \mathbf{F}_{kj} + \mathbf{F}_k^\mathrm{e} \qquad (9.48)$$

ここで $\mathbf{F}_{kj}$ は質点 k が質点 j から受ける力である。質点 k が自分自身から受ける力は考えなくてよいので $\mathbf{F}_{kk}$ は考えなくてよいのだが，ここでは形式的に残しておいて，そのかわり $\mathbf{F}_{kk} = \mathbf{0}$ としよう。また，$\mathbf{F}_k^\mathrm{e}$ は質点 k にかかる外力である。例として図 9.6 に 3 個の質点からなる質点系に働く力を示す。

　さて質点 k について P.119 式 (9.9) を考えると

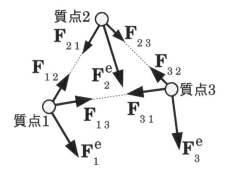

図 9.6　質点系に働く力。

$$m_k \mathbf{v}_k(t_1) - m_k \mathbf{v}_k(t_0) = \int_{t_0}^{t_1} \mathbf{F}_k \, dt \qquad (9.49)$$

である。同様の式を全ての質点に関して考えて

$$m_1 \mathbf{v}_1(t_1) - m_1 \mathbf{v}_1(t_0) = \int_{t_0}^{t_1} \mathbf{F}_1 \, dt$$
$$m_2 \mathbf{v}_2(t_1) - m_2 \mathbf{v}_2(t_0) = \int_{t_0}^{t_1} \mathbf{F}_2 \, dt$$
$$\cdots$$
$$m_n \mathbf{v}_n(t_1) - m_n \mathbf{v}_n(t_0) = \int_{t_0}^{t_1} \mathbf{F}_n \, dt$$

これらを辺々足し合わせると

$$\sum_{k=1}^n m_k \mathbf{v}_k(t_1) - \sum_{k=1}^n m_k \mathbf{v}_k(t_0) = \int_{t_0}^{t_1} \left(\sum_{k=1}^n \mathbf{F}_k \right) dt \qquad (9.50)$$

となる。この右辺の中の $\sum$ の部分（各質点にかかる力の総和）は式 (9.48) を使うと

$$\sum_{k=1}^n \mathbf{F}_k = \sum_{k=1}^n \sum_{j=1}^n \mathbf{F}_{kj} + \sum_{k=1}^n \mathbf{F}_k^\mathrm{e} \qquad (9.51)$$

となるが，この 2 重の $\sum$ の中には任意の 2 つの質点 k, j どうしが互いに及ぼしあう力，つまり $\mathbf{F}_{kj}$ と $\mathbf{F}_{jk}$ が入っており，これらは（作用反作用の法則によって）互いに逆向きで大きさが同じ為，打ち消し合う（そして前述のように $\mathbf{F}_{kk} = \mathbf{0}$ である）。したがって式 (9.51) は

$$\sum_{k=1}^n \mathbf{F}_k = \sum_{k=1}^n \mathbf{F}_k^\mathrm{e} \qquad (9.52)$$

となる。よって式 (9.50) は

$$\sum_{k=1}^n m_k \mathbf{v}_k(t_1) - \sum_{k=1}^n m_k \mathbf{v}_k(t_0) = \int_{t_0}^{t_1} \left(\sum_{k=1}^n \mathbf{F}_k^\mathrm{e} \right) dt \qquad (9.53)$$

となる。この左辺の第 1 項と第 2 項はそれぞれ時刻 t_1，時刻 t_0 の全運動量であり，右辺は時刻 t_0 から t_1 の間の外力の総和による力積である。したがって式 (9.53) は「全運動量の変化は外力の総和による力積に等しい」ということになる（質点系の運動量保存則）。そして外力が無い場合はもちろんその力積は $\mathbf{0}$ なので，結局「外力を受けずに運動する場合，質点系の全運動量は不変である」ということが示された。

ついでにこの話を重心を使って表しておこう。今考えている質点系の重心 $\mathbf{R}$ は P.120 式 (9.18) で表される。その両辺を時刻 t で微分し，重心の速度を $\mathbf{V}$ と書けば

$$\mathbf{V} = \frac{\sum_{k=1}^{n} m_k \mathbf{v}_k}{\sum_{k=1}^{n} m_k} \tag{9.54}$$

となる。また，質点系の全質量を M と書こう：

$$M := \sum_{k=1}^{n} m_k \tag{9.55}$$

そして式 (9.54) の両辺に M を掛けて左右を入れ替えると

$$\sum_{k=1}^{n} m_k \mathbf{v}_k = M\mathbf{V} \tag{9.56}$$

となる。これを使うと式 (9.53) は次式のように書ける：

$$M\mathbf{V}(t_1) - M\mathbf{V}(t_0) = \int_{t_0}^{t_1} \left(\sum_{k=1}^{n} \mathbf{F}_k^{\mathrm{e}} \right) dt \tag{9.57}$$

つまり「重心の運動量の変化は外力の総和による力積に等しい」，そして「外力を受けずに運動する場合，重心の速度は不変である」といえる。

9.8　（発展）回転運動再考

ところで太陽のまわりを地球が円運動（公転）している系を考えよう。太陽と地球だけの系には外力は働かないので，運動量保存則から，全運動量は一定のはずだ。さて地球の速度は大きさこそ一定であっても，円軌道に沿って時々刻々と向きを変える。すると地球の運動量は大きさこそ一定であっても，時々刻々と向きが変わるはずだ。一方，太陽はほぼ静止しているとみて運動量を無視できる。ということは全運動量は地球の運動量だけだ。ということは全運動量が時々刻々と変化している，ということになる‼ これは運動量保存則に矛盾している。どこが間違っているだろうか？

実はこの考察は「太陽はほぼ静止しているとみて運動量を無視できる」が間違っている。地球が太陽から引力を受けるように太陽も地球から引力を受ける（「作用・反作用の法則」）。その力によって太陽も小さいながらも円運動するのだ。しかもその運動

量は絶えず地球の運動量とは逆向きで大きさが同じであるため，太陽と地球の全運動量は $\mathbf{0}$ で一定なのだ[*5]。

9.9　（発展）量子力学における　エネルギーと運動量

エネルギーや運動量についてここまで述べてきた事はニュートン力学限定の話である。これが量子力学，つまり電子や光子（光の粒子）の力学になるとだいぶ様子が異なる。本章の最後にそれについて説明しよう。

電子や光子は粒子の性質と波の性質の両方を持つ[*6]。そのように粒子の性質と波の性質の両方を持つ存在を量子とよぶ。量子に関する物理学が量子力学である。

量子の波長が λ であり，振動数（周期の逆数）が ν であるとき，量子の運動量 $\mathbf{p}$ とエネルギー E について次式が成り立つことが実験的にわかっている[*7]：

$$|\mathbf{p}| = \frac{h}{\lambda} \tag{9.58}$$
$$E = h\nu \tag{9.59}$$

ここで h はプランク定数とよばれ，$h = 6.62607015 \times 10^{-34}$ J s である。

演習問題

演習問題 12　君は背中に重い荷物を背負って険しい山道を歩いている。突然君は足を踏み外してしまった。君の体はバランスを崩し，谷に向かって傾きはじめた（図 9.7）。ヤバイ‼ 君が谷に落ちずに助かるにはどうすればよいか？ ヒント：背中の荷物を使うのだ。

演習問題 13　先程（P.124 問 137）はボールを 2 段

[*5]　ただし太陽と地球をあわせた系の重心に対して静止している座標系で見た場合。

[*6]　なんともよくわからない奇妙な話だが，それがどういうことかは第 14 章でも触れる。

[*7]　式 (9.58) は量子の「波数」と呼ばれる物理量（ベクトル）$\mathbf{k}$ を使って $\mathbf{p} = h\mathbf{k}/(2\pi)$ と表す方が本質的である。

図 9.7　崖から落ちかけている登山者。演習問題 12。

にして落としたが，こんどはボールをもっとたくさん用意して重ねて落としてみよう。n 個のボールを縦に重ねて前問と同じように高さ h から落とす。ボールは上のものほど軽く，隣りあう上下のボールは上のボールのほうが下のボールよりはるかに小さい（軽い）とする。最下部のボールが地面に弾性衝突して跳ね返った後，ボール同士は多段階に弾性衝突する（図 9.8）。最後に最上部のボールが跳ね上がるときのそのボールの速度を v'_n とする。

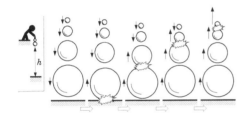

図 9.8　多段のボールの落下と跳ね返り。演習問題 13。

(1) 次式を示せ：

$$v'_n \fallingdotseq (2^n - 1)v_0 \tag{9.60}$$

(2) 最上部のボールはもとの落下開始点（高さ h）の何倍の高さまで飛び上がるか？

(3) ボール群を $h = 5$ m から落下させ，最上部のボールを宇宙の彼方まで飛ばすにはボールを 10 段程度にすればよいことを示せ。ヒント：第二宇宙速度

演習問題 14　テニスのトップ選手の打つボールの速さは 200 km/h 程度である。フェデラー選手が 200 km/h のサービスを打ち，それを錦織圭選手が 200 km/h で打ち返した。その際，錦織選手のラケットとボールが接触している時間は 3.0 ms だった。その間，ボールに働いた力の大きさを見積もれ。また，そのような大きな力が発生するにもかかわらず錦織選手の右腕が壊れないのはなぜだろう？　た

だしテニスボールの質量を 60 g とする。

演習問題 15　質量 50 kg の学生が質量 10 kg の台車の上に乗って**台車から見て** 1.0 m s^{-1} の早さで歩き始めた。そのとき台車は学生が歩く方向とは逆方向に動き始めた。**台車の外から見た**台車の動く速さを求めよ。

演習問題 16　宇宙空間で直線上を加速しながら進むロケットの運動を考えよう。ロケットにはたくさんの燃料が積まれている。燃料込みでのロケットの質量を M とする。ロケットは相対速度 u で燃料を後方に噴射することによって加速していく。と同時に噴射した燃料のぶんだけ質量 M は減る。すなわちロケットは質量が減るほど加速する。ロケットの初期速度を 0，初期の質量を M_0 とする。ロケットの速度 v と質量 M の関係を求めよ。ヒント：ある瞬間と，そこから少し経った瞬間での運動量保存則を考える。ロケットの質量 M は $M+dM$ に変わる（$dM < 0$）。dM は出て行った微小な燃料の質量（にマイナスをつけたもの）。放たれた燃料は $v-u$ という速度で飛ぶ。運動量保存則は $Mv = (M+dM)(v+dv)+(-dM)(v-u)$ という式になることがわかるだろう（右辺第一項はロケットの運動量，右辺第二項は噴射された燃料の運動量）。

問の解答

答 128　$m_A = m_B = 1$ kg, $\mathbf{v}_A = (1 \text{ m s}^{-1}, 0 \text{ m s}^{-1})$, $\mathbf{v}_B = (0 \text{ m s}^{-1}, 1 \text{ m s}^{-1})$ として式 (9.4) に代入すると　$\mathbf{v} = (0.5 \text{ m s}^{-1}, 0.5 \text{ m s}^{-1})$。$|\mathbf{v}| = |(0.5 \text{ m s}^{-1}, 0.5 \text{ m s}^{-1})| = 0.71 \text{ m s}^{-1}$。

答 130　衝突後の速度を v とすると，2 つの質点の運動量保存則より，$m_A v_A + m_B v_B = (m_A + m_B)v$。したがって $v = (m_A v_A + m_B v_B)/(m_A + m_B)$。これに各数値を代入すると，$v = 1.4 \text{ m s}^{-1}$。

答 132

(1) A, B ともに同じ運動エネルギー $(1/2) \times 1 \text{ kg} \times (1 \text{ m s}^{-1})^2 = 0.5$ J をもつ。したがって全運動エネルギーは 1 J。

(2) $(m_A + m_B)|\mathbf{v}|^2/2 = \cdots = 0.5$ J。

答 133　略。

答 134　略。

答135 (1), (2), (3) は略（実直に計算すれば導出できる）。(4) 式 (9.34)，式 (9.35) の分子分母を m_A で割ると

$$v_A' = \frac{1 - m_B/m_A}{1 + m_B/m_A}v_A + \frac{2m_B/m_A}{1 + m_B/m_A}v_B$$

$$v_B' = \frac{m_B/m_A - 1}{1 + m_B/m_A}v_B + \frac{2}{1 + m_B/m_A}v_A$$

となる。ここで $m_A \gg m_B$ なので $m_B/m_A \fallingdotseq 0$ とすると，上の 2 つの式は

$$v_A' \fallingdotseq \frac{1 - 0}{1 + 0}v_A + \frac{2 \times 0}{1 + 0}v_B = v_A$$

$$v_B' \fallingdotseq \frac{0 - 1}{1 + 0}v_B + \frac{2}{1 + 0}v_A = -v_B + 2v_A$$

となり与式を得る。

答136

(1) 地面を基準点とする。ボールを手放した瞬間は，重力によるボールのポテンシャルエネルギーは mgh_0 で，運動エネルギーは初速度 0 なので 0。したがって力学的エネルギーは mgh_0。一方，地面につく直前はボールのポテンシャルエネルギーは 0 で，運動エネルギーは $mv_0^2/2$。したがって力学的エネルギーは $mv_0^2/2$。力学的エネルギー保存則より $mgh_0 = mv_0^2/2$。ここから与式を得る。

(2) 略。（反発係数 e の定義から）

(3) 略。（式 (9.40) と同様）

(4) 略。（式 (9.40)，式 (9.41)，式 (9.42) より v_0, v_1 を消去）

(5) 前小問と同様に $h_n = e^2 h_{n-1}$。これは公比 e^2 の等比数列。したがって与式を得る。

(6) $h_0 = 10$ m で，$h_n = e^{2n}h_0 < 0.1$ m より，$e^{2n} < 0.01$ となる。$e = 0.8$ だから $0.8^{2n} < 0.01$。$n = 10$ のとき $0.8^{2n} = 0.0115 > 0.01$。$n = 11$ のとき $0.8^{2n} = 0.0074 < 0.01$。したがって $n = 11$，つまり 11 回バウンドする。

答137 (1) ボール A について落下から地面での衝突の直前までを考えると，力学的エネルギー保存則より

$$\frac{1}{2}m_A v_0^2 = m_A gh \tag{9.61}$$

これを v_0 について解けば与式を得る。(2), (3) は略（誘導にしたがって実直に計算すれば導出できる）。(4) ボール B について (1) と同様に考えれば次式のようになる：

$$\frac{1}{2}m_B v_0^2 = m_B gh \tag{9.62}$$

一方，最高到達点の高さを H とし，衝突直後から最高点到達までを考えると，力学的エネルギー保存則より

$$\frac{1}{2}m_B {v_B'}^2 = m_B gH$$

ここで (3) より $v_B' = 3v_0$ だから

$$\frac{9}{2}m_B v_0^2 = m_B gH \tag{9.63}$$

となる。式 (9.63) の辺々を式 (9.62) の辺々で割ると $9 = H/h$ となる。すなわち $H = 9h$。すなわちもとの高さの 9 倍まで上がる。

受講生の感想 14　イメージを持って理屈を見るのではなく，理屈を見た上でイメージを持つようにすべきだと思った。

受講生の感想 15　そもそも，数学や物理学を学ぶ上で，こんなにも定義やその本質を理解が大事だなんて知らなかった。

受講生の感想 16　私たちの多くの物理的な感覚はかなり古い時代の物理学であるということを認識した。それを現代の物理学にアップデートするにはやはり学んで，実際に見て体験して，驚きながらそれを当たり前のものとして理解できるようになる必要があるのだろうと感じた。

受講生の感想 17　高校まではよく単位を省略して計算していた。しかし単位を省略してしまってはもうそれは物理量でなくなってしまうと知った。問題を解く上では単位をきちんと埋め込んで計算しなければならないとわかった。どうしてこんなに大切なことを高校では教えてくれなかったのか疑問に思った。

第 10 章

力学的エネルギー保存則(2)

（本章は慣性系で考える。）

第8章では「力学的エネルギー保存則」が**直線上**
（1次元）での質点の運動について成り立つことを
確かめた。本章ではこの法則を3次元空間に拡張す
る。それによってより多くの様々な現象を扱える。

そのために「仕事」「ポテンシャルエネルギー」「運
動エネルギー」を3次元空間で再定義しよう。とり
あえずいちばん簡単なのは「運動エネルギー」だ。

10.1 3次元空間における 運動エネルギー

P.107 式 (8.1) では，質量 m の質点が速度 $\mathbf{v}$ で運
動をしているとき，その運動エネルギー $T(\mathbf{v})$ を次
式で定義した（これは3次元空間でも変わらない）：

$$T(\mathbf{v}) = \frac{1}{2}m|\mathbf{v}|^2 \tag{10.1}$$

ここで $\mathbf{v} = (v_x, v_y, v_z)$ とすると，$|\mathbf{v}|^2 = \mathbf{v} \bullet \mathbf{v} = v_x^2 + v_y^2 + v_z^2$ である[*1]。したがって，

$$T(\mathbf{v}) = \frac{1}{2}m(v_x^2 + v_y^2 + v_z^2) \tag{10.2}$$

である。式 (10.2) は明らかにスカラー量（大きさ
は持つが向きは持たない量）である。つまり運動エ
ネルギーはスカラーである。このことは運動エネル
ギーに限らない。どんな形のエネルギーもスカラー
量なのだ。それはエネルギーは仕事に等価な量だ
からである。そして次節で見るように，仕事はスカ
ラー量なのだ。

10.2 3次元空間における仕事は 「線積分」で定義

次に仕事を3次元に拡張する。4.1節（P.48）で
は，ある点が動くとき，「その点に働く力」と「その
点が "力と同じ向き" に動いた距離」の積を仕事と
定義した。3次元空間はこれをベクトルの考え方を
使って以下のように踏襲する：

ある点にかかる力を $\mathbf{F}$ とし，その点が動いた距
離と方向を表すベクトル（これを変位ベクトルとい
う）を $\Delta \mathbf{r}$ とする。$\mathbf{F}$ と $\Delta \mathbf{r}$ のなす角を θ とすると，
「その点が "力と同じ向き" に動いた距離」は

$$|\Delta \mathbf{r}| \cos \theta \tag{10.3}$$

となる（図 10.1）。したがって仕事 ΔW は

$$\Delta W = |\mathbf{F}||\Delta \mathbf{r}| \cos \theta \tag{10.4}$$

となる。ところが内積の定義から，これは

$$\Delta W = \mathbf{F} \bullet \Delta \mathbf{r} \tag{10.5}$$

と同じである[*2]。式 (10.5) は P.53 式 (4.13) を3
次元に拡張した式でもある。

よくある質問180　ベクトルの内積なんてどうして

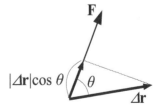

図 10.1 仕事を式 (10.5) で定義する概念図

[*1] 多くの教科書では $|\mathbf{v}|^2$ のことを単に $\mathbf{v}^2$ と書く慣習がある。

[*2] 式 (10.5) の中の「$\bullet$」はベクトルどうしの内積を表す。内積
とは何かがわからない人は数学の教科書を参照せよ。

勉強するのかと思ってましたが，こういうことだったのですね。… そうです。そしてベクトルどうしの内積の結果はスカラーだから仕事はスカラー量なのです。他にも内積の用途はいろいろあります。

式 (10.5) は点が動く範囲で $\mathbf{F}$ が一定であるときにしか成り立たない。そこで，$\mathbf{F}$ が場所によって変化しても大丈夫な形に一般化しよう。それは P.53 式 (4.13) から式 (4.20) までの考え方を流用すればよい。

いま，点は力を受けながら位置 $\mathbf{r}_0$ から[*3]位置 $\mathbf{r}_n$ まで動くとしよう（図 10.2）。この経路を多くの小区間に刻み，各小区間内で力はほぼ一定とする（力がほぼ一定になるくらい細かく小区間を刻む）。小区間どうしの境目の位置を $\mathbf{r}_1, \mathbf{r}_2, \ldots$ とする。k を 1 以上 n 以下の整数とし，$\mathbf{r}_{k-1}$ から $\mathbf{r}_k$ までを「小区間 k」と呼ぶ。その始点から終点へ至るベクトルを $\Delta\mathbf{r}_k$ とする。すなわち

$$\Delta\mathbf{r}_k := \mathbf{r}_k - \mathbf{r}_{k-1} \tag{10.6}$$

である。前述のように，各小区間 k の間で力 $\mathbf{F}_k$ はほぼ一定とみなす。小区間 k で力がなす仕事 ΔW_k は式 (10.5) より $\Delta W_k \fallingdotseq \mathbf{F}_k \bullet \Delta\mathbf{r}_k$ となる。これを全区間について合計すれば $\mathbf{r}_0$ から $\mathbf{r}_n$ までの移動で力がする仕事 $W_{\mathbf{r}_0 \to \mathbf{r}_n}$ になる：

$$W_{\mathbf{r}_0 \to \mathbf{r}_n} \fallingdotseq \sum_{k=1}^{n} \Delta W_k \fallingdotseq \sum_{k=1}^{n} \mathbf{F}_k \bullet \Delta\mathbf{r}_k \tag{10.7}$$

これは P.53 式 (4.18) を 3 次元に拡張した式でもある。ここで刻みをどんどん小さくしていけば

$$W_{\mathbf{r}_0 \to \mathbf{r}_n} = \lim_{\substack{n \to \infty \\ \Delta\mathbf{r}_k \to 0}} \sum_{k=1}^{n} \mathbf{F}_k \bullet \Delta\mathbf{r}_k \tag{10.8}$$

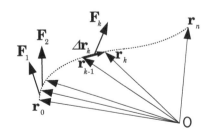

図10.2　点の動く経路を細かく分割する。

[*3]　「位置 $\mathbf{r}_0$」とは「その位置ベクトルが $\mathbf{r}_0$ で表されるような位置」のこと。以下同様。

となる。これは積分の定義より（Σ は $\int$ になり，Δ は d になる！）

$$W_{\mathbf{r}_0 \to \mathbf{r}_n} = \int_{\mathbf{r}_0}^{\mathbf{r}} \mathbf{F} \bullet d\mathbf{r} \tag{10.9}$$

となる（$\mathbf{r}_n$ を改めて $\mathbf{r}$ とおいた）。

よくある質問 181　何ですかこの積分!? 普通の積分は $\int$ なんちゃら dx とか $\int$ なんちゃら dt みたいに，d がつくのは x や t などの変数です。でもこれは $d\mathbf{r}$ って，ベクトルに d がついてます。しかも内積!? … 初めて見るときは驚きますが，そんなに不思議なことではありません。積分の定義を思い出して下さい。「関数と微小量の掛け算」がここでは力（位置の関数で，ベクトル）と変位（位置の変化を表す微小量で，ベクトル）の内積（掛け算をベクトルに拡張したもの）になっているだけです。

この式は P.53 式 (4.20) を 3 次元に拡張した式だ。この積分は始点 $\mathbf{r}_0$ と終点 $\mathbf{r}$ のみならず，移動の経路にも依存するから，その経路を Γ と名づければ以下のように言える：経路 Γ を移動する質点にかかる力 $\mathbf{F}$ のなす仕事 W_Γ を次式で定義する：

$$W_\Gamma = \int_\Gamma \mathbf{F} \bullet d\mathbf{r} \quad (\text{$\mathbf{r}$ は位置ベクトル}) \tag{10.10}$$

これが仕事の最も一般的な定義である。

ここで出てきた積分は君にとって目新しいものだろう。被積分関数と積分変数がベクトルであり，「関数と微小量の掛け算」がベクトルの内積であり，しかも積分区間が「経路 Γ」なのだ。このように，ある経路に沿ってベクトルと微小ベクトルの内積を足し合わせるような積分を線積分という。3 次元では仕事は線積分で定義されるのだ。

問 138　仕事を 3 次元空間で定義せよ。

10.3　3 次元空間における ポテンシャルエネルギー

次に「ポテンシャルエネルギー」の定義も 3 次元空間に拡張しよう。といっても仕事の定義を上述のように改めること以外は 1 次元のときと同じだ。P.57 式 (4.40)，つまり式 (4.43)，式 (4.44) の位置 x

を位置ベクトル $\mathbf{r}$ に置き換えたものが3次元空間におけるポテンシャルエネルギーだ。すなわち、ポテンシャルエネルギーを $U(\mathbf{r})$ とすると

$$\text{定義 1':}\quad U(\mathbf{r}) := -W_{O \to \mathbf{r}} \tag{10.11}$$

ここで $W_{O \to \mathbf{r}}$ は、物体を基準点 O から点 $\mathbf{r}$ まで運ぶときに、物体にかかっている保存力がなす仕事。

$$\text{定義 2':}\quad U(\mathbf{r}) := W'_{O \to \mathbf{r}} \tag{10.12}$$

ここで $W'_{O \to \mathbf{r}}$ は、物体を基準点 O から点 $\mathbf{r}$ まで運ぶときに、かかっている保存力に逆らって誰かがなす仕事。

$$\text{定義 3':}\quad U(\mathbf{r}) := W_{\mathbf{r} \to O} \tag{10.13}$$

ここで $W_{\mathbf{r} \to O}$ は、物体を点 $\mathbf{r}$ から基準点 O まで運ぶときに、物体にかかっている保存力がなす仕事。

無論これらの3つの定義は互いに同値だ。力が保存力でなければならないということに注意しよう。

問139 物体が保存力 $\mathbf{F}$ を受けて、ある点 $\mathbf{r}_0$ から別の点 $\mathbf{r}_1$ まで移動するとき、$\mathbf{F}$ がなす仕事 $W_{\mathbf{r}_0 \to \mathbf{r}_1}$ は

$$W_{\mathbf{r}_0 \to \mathbf{r}_1} = U(\mathbf{r}_0) - U(\mathbf{r}_1) \tag{10.14}$$

であることを示せ。ここで U はポテンシャルエネルギーである。

問140 保存力が3次元空間の任意の閉曲線（始点と終点が一致する曲線）に沿ってなす仕事は必ず0になることを式 (10.14) を使って示せ。

10.4 3次元空間における力学的エネルギー保存則

役者は揃った。ではいよいよ力学的エネルギー保存則が3次元でも成り立つことを確認していこう。1次元で力学的エネルギー保存則を導いたとき、P.107 式 (8.4) から式 (8.11) にかけて運動方程式を位置で積分した。3次元でも同じ事をやるのだ。まず運動方程式：

$$\mathbf{F} = m \frac{d\mathbf{v}}{dt} \tag{10.15}$$

を考える。$\mathbf{F}, \mathbf{v}, m, t$ はそれぞれ質点に働く力、質点の速度、質点の質量、そして時刻である。質点の位置ベクトルを $\mathbf{r}$ とする（$\mathbf{F}$ は $\mathbf{r}$ の関数で、$\mathbf{v}$ と $\mathbf{r}$ は t の関数であることに注意）。時刻 t と、そこから微小時間 dt だけ経過した $t + dt$ で、質点は少し違う位置にいる（移動している）。その差、つまり変位を $d\mathbf{r}$ と書こう。つまり

$$d\mathbf{r} = \mathbf{r}(t + dt) - \mathbf{r}(t) \tag{10.16}$$

である。この両辺を dt で割ったもの（つまり位置を時刻で微分したもの）が速度 $\mathbf{v}$ だ。つまり $\mathbf{v} = d\mathbf{r}/dt$ だ。したがって次式が成り立つ：

$$d\mathbf{r} = \mathbf{v}dt \tag{10.17}$$

式 (10.15) に式 (10.17) を辺々、内積すると次式を得る：

$$\mathbf{F} \bullet d\mathbf{r} = m \frac{d\mathbf{v}}{dt} \bullet \mathbf{v}dt \tag{10.18}$$

これはちょうど P.108 式 (8.7) を3次元に拡張した式だ。

ここで時刻 t_0 から t_1 までの運動を考える。$\mathbf{r}_0 = \mathbf{r}(t_0)$, $\mathbf{r}_1 = \mathbf{r}(t_1)$, $\mathbf{v}_0 = \mathbf{v}(t_0)$, $\mathbf{v}_1 = \mathbf{v}(t_1)$ とし、$\mathbf{r}_0$ から $\mathbf{r}_1$ までの質点の運動の軌跡を Γ とする。Γ をたくさんの短い区間に分割し、それぞれの区間で式 (10.18) を考えて足し合わせる。つまり時刻 t_0 から t_1 までの間で式 (10.18) を積分すると

$$\int_{\Gamma} \mathbf{F} \bullet d\mathbf{r} = \int_{t_0}^{t_1} m \frac{d\mathbf{v}}{dt} \bullet \mathbf{v}dt \tag{10.19}$$

となる。ここで $\mathbf{v} = (v_x, v_y, v_z)$ とすれば、

$$\frac{d\mathbf{v}}{dt} = \left(\frac{dv_x}{dt}, \frac{dv_y}{dt}, \frac{dv_z}{dt} \right) \tag{10.20}$$

である。これらを使って式 (10.19) の右辺を成分で書くと次のようになる：

$$\int_{t_0}^{t_1} m \left(\frac{dv_x}{dt}, \frac{dv_y}{dt}, \frac{dv_z}{dt} \right) \bullet (v_x, v_y, v_z)dt$$

$$= \int_{t_0}^{t_1} m \left(v_x \frac{dv_x}{dt} + v_y \frac{dv_y}{dt} + v_z \frac{dv_z}{dt} \right) dt$$

$$= \int_{t_0}^{t_1} m v_x \frac{dv_x}{dt} dt + \int_{t_0}^{t_1} m v_y \frac{dv_y}{dt} dt$$

$$\quad + \int_{t_0}^{t_1} m v_z \frac{dv_z}{dt} dt$$

$$= \int_{v_x(t_0)}^{v_x(t_1)} mv_x \, dv_x + \int_{v_y(t_0)}^{v_y(t_1)} mv_y \, dv_y$$
$$+ \int_{v_z(t_0)}^{v_z(t_1)} mv_z \, dv_z$$
$$= \left[\frac{1}{2}mv_x^2\right]_{v_x(t_0)}^{v_x(t_1)} + \left[\frac{1}{2}mv_y^2\right]_{v_y(t_0)}^{v_y(t_1)} + \left[\frac{1}{2}mv_z^2\right]_{v_z(t_0)}^{v_z(t_1)}$$
$$= \frac{1}{2}m\left(v_x^2(t_1) + v_y^2(t_1) + v_z^2(t_1)\right)$$
$$\quad - \frac{1}{2}m\left(v_x^2(t_0) + v_y^2(t_0) + v_z^2(t_0)\right)$$
$$= \frac{1}{2}m|\mathbf{v}_1|^2 - \frac{1}{2}m|\mathbf{v}_0|^2 \tag{10.21}$$

3 行目から 4 行目にかけて置換積分を使った。この式を使うと式 (10.19) は次式のようになる：

$$\int_\Gamma \mathbf{F} \bullet d\mathbf{r} = \frac{1}{2}m|\mathbf{v}_1|^2 - \frac{1}{2}m|\mathbf{v}_0|^2 \tag{10.22}$$

この左辺は式 (10.10) の右辺と同じ形になっている。つまり質点に働く力がなす仕事 W_Γ である。したがって，

$$W_\Gamma = \frac{1}{2}m|\mathbf{v}_1|^2 - \frac{1}{2}m|\mathbf{v}_0|^2 \tag{10.23}$$

である。ここで P.129 式 (10.1) を使うと式 (10.23) は

$$W_\Gamma = T(\mathbf{v}_1) - T(\mathbf{v}_0) \tag{10.24}$$

となる。ここで $T(\mathbf{v})$ は質点の運動エネルギーである。

式 (10.24) は 1 次元で導いた P.108 式 (8.13) と同じ形の式だ。つまり 3 次元の運動でも力がなした仕事は運動エネルギーの変化に等しいということが成り立つ（これは力が保存力であってもなくても成り立つ）。

ところで**力が保存力の場合は**，仕事 W_Γ は経路 Γ のとりかたによらず出発点 $\mathbf{r}_0$ と $\mathbf{r}_1$ だけで決まる。つまり W_Γ は式 (10.14) の $W_{\mathbf{r}_0 \to \mathbf{r}_1}$ と同じである。そこで，式 (10.14) と式 (10.24) から

$$U(\mathbf{r}_0) - U(\mathbf{r}_1) = T(\mathbf{v}_1) - T(\mathbf{v}_0) \tag{10.25}$$

となる。あるいは

$$T(\mathbf{v}_0) + U(\mathbf{r}_0) = T(\mathbf{v}_1) + U(\mathbf{r}_1) \tag{10.26}$$

となる。すなわち，運動の最初（時刻 t_0）と運動の最後（時刻 t_1）で「運動エネルギーとポテンシャルエネルギーの和」は等しいのだ。1 次元のときと同

様に，「運動エネルギーとポテンシャルエネルギーの和」のことを「力学的エネルギー」とよぼう（定義）。すなわち式 (10.26) によって 3 次元における力学的エネルギー保存則が確かめられた！

問 141　運動方程式から式 (10.26) を導出せよ（上の議論を整理・再現すればよい）。

では 3 次元の力学的エネルギー保存則が具体的な問題で活躍する様子をご覧に入れよう。

問 142　スケートボードでハーフパイプを降りる人（スケートボードとあわせて質量 m）の運動を考えよう（図 10.3）。ハーフパイプの縁 A にいるときは速さ 0 である。そこから静かにハーフパイプの側面を降りはじめ，重力にまかせて加速しながら降りていき（点 B），ハーフパイプの底（点 C）に至る。点 C に至ったときは速さ v で水平方向に動いている。ハーフパイプの底と縁の高度差は h であるとする。ただし摩擦や空気抵抗や車輪の回転に伴うエネルギーなどは無視する。人はしゃがんだり伸び上がったりしないものとする。

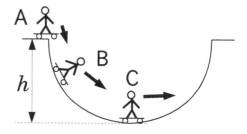

図10.3　スケートボードのハーフパイプ

(1)　重力加速度を g とする。次式を示せ：

$$\frac{1}{2}mv^2 = mgh \tag{10.27}$$

(2)　$h = 5.0$ m のとき v を求めよ。

(3)　ハーフパイプの断面が半円だとすると点 C でその人が受ける垂直抗力の大きさは重力の何倍か？

10.5　振り子の運動

振り子の運動を考えてみよう。天井に固定された点 P から長さ l の糸が垂れており，その先に質量 m の質点がついている（図 10.4）。質点が最も下に来

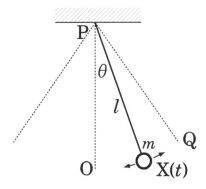

図10.4　振り子

たとき（糸が鉛直になったとき）の位置を O とする。糸をぴんと張ったまま質点を少し持ち上げたときの位置を Q とする。Q から静かに質点を手放すと質点は P, O, Q を含む鉛直平面内で振動運動をする。

　時刻 t で質点は点 X(t) にあるとし，角 OPX をラジアンであらわしたものを θ としよう。当然 θ は時間の関数だ。以下，糸の質量は 0 とする。空気抵抗は無視する。重力加速度を g とする。

問 143　この質点の運動について

(1) 時刻 t における質点の速度を $\mathbf{v}(t)$ とすると

$$|\mathbf{v}(t)| = \left| l\frac{d\theta}{dt} \right| \tag{10.28}$$

であることを示せ。ヒント：t から $t+dt$ の間に X が移動するのは扇形の弧の部分である。その弧の長さ（つまり移動距離）は「半径」かける「角度の変化」であり，「角度の変化」は $\theta(t+dt) - \theta(t)$ である。また，速度の絶対値（つまり速さ）は t から $t+dt$ の間に X が移動した距離を時間間隔 dt で割ったものだ。

(2) 時刻 t における質点の運動エネルギー T とポテンシャルエネルギー U はそれぞれ次のようになることを示せ：

$$T = \frac{1}{2}ml^2\left(\frac{d\theta}{dt}\right)^2 \tag{10.29}$$

$$U = mgl(1 - \cos\theta) \tag{10.30}$$

ただし質点が点 O にあるとき $U = 0$ と定める。

(3) 働く力は重力と張力だけだが，重力は保存力であり，張力は仕事をしない（移動方向と力の方向が直交しているので）。したがって力学的エネルギー保存則が成り立つ。すなわち $T + U$ は時刻 t によ

らず一定である。したがって $T + U$ を t で微分すると 0 にならねばならない。このことから次式を導け：

$$ml^2\frac{d\theta}{dt}\frac{d^2\theta}{dt^2} + mgl\sin\theta\frac{d\theta}{dt} = 0 \tag{10.31}$$

(4) その結果，次式（振り子の運動を表す微分方程式）を得ることを示せ：

$$\frac{d^2\theta}{dt^2} = -\frac{g}{l}\sin\theta \tag{10.32}$$

(5) θ が 0 に近い場合，振り子の運動方程式は近似的に次のようになることを示せ：

$$\frac{d^2\theta}{dt^2} = -\frac{g}{l}\theta \tag{10.33}$$

この近似式が成り立つとして以下の小問に答えよ：

(6) $\omega = \sqrt{g/l}$ とすると式 (10.33) は次式になることを示せ（これは関数 $\theta(t)$ に関する微分方程式）：

$$\frac{d^2\theta}{dt^2} = -\omega^2\theta \tag{10.34}$$

(7) $\theta(t) = \theta_0\cos\omega t$ は上の微分方程式の解であることを示せ。ただし θ_0 は定数とする。

(8) 振り子の周期 τ は次式になることを示せ[*4]：

$$\tau = 2\pi\sqrt{l/g} \tag{10.35}$$

(9) $l = 1.0$ m のとき振り子の振動の角速度と周期は？

(10) l を何倍にすれば振り子の周期は半分になるか？

問 144　前問で見たように，**振幅が十分に小さいときに限れば**（すなわち θ が 0 に近ければ），振り子の周期 τ は糸の長さ l と重力加速度 g だけで決まってしまい，質点の質量 m や振れ幅 θ_0 などには依らない。これは振り子の重要な性質である（これを振り子の等時性という）。

(1) これを利用して重力加速度 g を測定する。つまり，長さ l の糸の先に適当な重りをつけて振動させ，その周期 τ を測ったとする。では l と τ から g を求める式は？

(2) 月面では地球上に比べて振り子の周期は何倍に

---

*4　普通は周期は T で表す慣習が多いが，ここでは T は運動エネルギーの記号に使っているので周期は τ（ギリシア文字のタウ）を使う。

なるか？

問 145　2 つの互いに同仕様の振り子時計がある。これらの時刻を互いに合わせた後，東京（重力加速度 $9.798\,\mathrm{m\,s^{-2}}$）と札幌（重力加速度 $9.805\,\mathrm{m\,s^{-2}}$）のそれぞれに置いた。1 日たつと札幌の時計は東京の時計より何秒進んでいる（もしくは遅れている）か？

問 146　（発展）振り子の等時性は式 (10.32) を式 (10.33) で近似できるという前提で成り立つ。これらの式が乖離する場合，つまり $\sin\theta$ と θ の差が無視できない場合，つまり $|\theta|$ が 0 よりだいぶ大きい（とはいえ $\pi/2$ 未満）ときは等時性は崩れる。その場合，振り子の周期は等時性を仮定したときより長くなるか？　短くなるか？

よくある質問 182　高校物理では式 (10.32) は質点にかかる重力を分解すれば導けたと思います。なぜここではわざわざ力学的エネルギー保存則を使ったのですか？… 質点は実際は円弧を動くのに，高校物理学ではそれを水平直線運動とみなしています。ここではそのような単純化をせずに導出しました。ちなみにこれは P.155 で学ぶ「剛体振り子」の伏線です。

10.6　（発展）地球の形は「ジオイド」で表す

さて，地球が作る重力に関するポテンシャルエネルギーを P.58 式 (4.45) で検討した。そのときは地球を質点としてモデル化（近似）した。実際，もしも地球が密度一様の球体ならば地球を質点とみなすモデルで重力は正確に表せることが数学的に証明できる（ここでは証明しないが）。

ところが実際の地球の形は真球ではなく，北極・南極間を少しつぶしたような形，すなわち横長の楕円を地軸を軸に回転させた形に近いことがわかっている。その形に最もよくフィットする「楕円を回転させた形」を地球楕円体という。

ところが地球の形をさらに精密に調べると，地球楕円体からさらにわずかにずれた，いびつな形であることがわかっている。この形は「ジオイド」という概念で表される。この節の目標はこの「ジオイド」

を理解することである。というのもそれは標高を表す際の基準であり，農地・森林の測量や灌漑水路の設計にも直結する，農学で実用上大切な概念だからである。

そもそも「地球の形」とは何だろうか？ 地球の表面の形のことと言っても，地球表面の面積の 7 割は海であり，海面は波や潮汐によって絶えず上下している。また，陸地の表面も穴を掘ったりビルを立てたりで変化するし，地震が起きたら揺れて上下する。そのようなことまで考えると地球の形を定義することは意外に難しい。

そこで「ジオイド」である。ジオイドは，「地球の重力[*5]のポテンシャルエネルギーが一定になる面のうち，海水面の平均的な位置に最もよく一致するもの」と定義される。そしてジオイドが地球の形を最もよく表すものとみなすのだ。なんと，**地球の形を表すのにポテンシャルエネルギーの概念が必要**なのだ!! ところが「ポテンシャルエネルギー」を理解している学生は少ないので，多くの地学や測量学の本ではポテンシャルエネルギーを使わずにジオイドを説明しようとして，かえって難しくなっている。結局，基礎を理解していない人は実用的で重要な概念を勉強するときに苦労するし，正確なことは理解できないのだ。

学びのアップデート

基礎を理解しなければ実用的な概念を正確に理解することもできず，後々苦労する。

地球がもし質点でモデル化できるならポテンシャルエネルギーは P.58 式 (4.45) のように地球の中心からの距離だけで決まる。つまり地球中心から等しい距離にある面（球面）がジオイドになるだろう。しかし実際は地球は質点ではモデル化できないため，式 (4.45) は単なる近似に過ぎず，実際のポテンシャルエネルギーは複雑な数式になる。その数式を追求・解明すること自体が「測地学」というひとつの学問分野になるほどの重いテーマなのだが，ともあれ現在の測地学ではジオイドはかなりの高精度で

[*5]　地球の自転に起因する遠心力も含める。

解明されている（その解明には人工衛星を使う）。

よくある間違い 12　ジオイドを「地球が作る重力（の大きさ）が一定の面のうち…」という勘違い。…「重力（の大きさ）」が一定なのではなく「重力のポテンシャルエネルギー」が一定です。これらは互いに違います。ポテンシャルエネルギーが同じでも重力（の大きさ）は違うということはあり得ます。というのも次節で述べるように，重力（の大きさ）はポテンシャルエネルギーそのものと対応するのではなく，ポテンシャルエネルギーの「微分」に対応するからです。

さて，山の標高や海の深さはこのジオイドを基準にして定義される。ジオイドから何 m だけ上に（または下に）あるかで表すのだ。そうやって標高を定義することで水は確実に「高いところ」から「低いところ」に流れるのだ。その理由は次の節でわかるだろう。

ここで地球楕円体の話に戻ろう。地球の形を最もよく表すのはジオイドだが，それをざっくり近似するのが地球楕円体である。地球楕円体も各時代の最新技術を使って最も「よくあてはまる」ものが計測・検討され，そのパラメータ（長軸や短軸など）が決定されている。現在は GRS80 という名前の地球楕円体が国際標準で採用されている。地球上の緯度や経度はこの地球楕円体によって定義される。このように，地球楕円体とその上で定義された緯度・経度の座標系をまとめて測地系という。

よくある質問 183　地球の形がジオイドで表されるならそれをざっくり近似した地球楕円体とかって，考える必要ないんじゃないですか？ … 原理的にはそうです。しかしジオイドを実際に数値的に表現するときは，まずざっくりと地球楕円体で近似し，その近似値から実際どのくらいずれているかを表すという 2 段構えの方が実用上は好都合なのです。

問 147　以下の概念の定義を述べよ。
(1) ジオイド　　(2) 地球楕円体　　(3) 測地系

ジオイドは，先に述べた地球楕円体との差で表すのが普通である。それによると，日本からインドネシアにかけての西太平洋沿岸島嶼部ではジオイドは地球楕円体よりも 20 m から 80 m 高い[6]。一方，インド南部ではジオイドは地球楕円体よりも約 80 m 低い。このような傾向は地球の内部構造やプレートの動きと密接に関係している。

問 148　日本水準原点（日本で測量をするときの高さの基準点[7]）ではジオイドは地球楕円体から約 37 m 高いことがわかっている。
(1) 日本水準原点の真下にある，地球楕円体の面上の点の標高を述べよ。
(2) 日本水準原点（のすぐ近く）に屋根の標高が 50 m のビルを建てたら，屋根は地球楕円体からどのくらい高いか？

近年，自動車の自動運転や農地のトラクターの自動運転が実現し，広大な造林地の木を 1 本 1 本，個別に計測して管理するなどの技術が使われつつある。それらの技術では車両や木の位置を cm 単位の高精度で計測・制御する必要がある。その基盤は確固たる位置の定義である。その背景にはここで述べたような物理学に基づく地球の形に関する知見がある。それを理解してこそ，新しい技術の可能性や長所・短所が判断できるのだ。

10.7　（発展）ポテンシャルエネルギーと力の関係

（本節は後の話に関係しないので読み飛ばしてもよい。電磁気学を学ぶときに復習すると役立つだろう。）

力学的エネルギー保存則の話から少し外れるが，ここで力とポテンシャルエネルギーの関係をもう少し深掘りしておこう。符号を無視してざっくり言えば力の（線）積分がポテンシャルエネルギーになること，そして積分と微分は互いに逆の操作であることを考えれば，ポテンシャルエネルギーの微分から力が得られるのではないだろうか？ この発想は正しい。以下にそれを説明しよう：

[6] このような，地球楕円体からジオイドまでの距離（高さ）を「ジオイド高」という。
[7] 東京の国会議事堂の近くにある。標高は 0 m ではない。

いま，ある点[*8]に働く力が保存力だとしよう。保存力だから場所だけによって一意的に定まり，時刻や速度などには陽には依存しない[*9]。

とりあえず簡単のため，点の移動は直線上（x 軸の上）に制限され，働く力もその直線に沿った方向に限定されるとしよう。点が位置 x_0 から x_1 まで動くときに，保存力 F がなす仕事 $W_{x_0 \to x_1}$ は，P.109 式 (8.25) より

$$W_{x_0 \to x_1} = -U(x_1) + U(x_0) \tag{10.36}$$

である（U はポテンシャルエネルギー）。ここで x_0 を x とし，x_1 を x から非常に近い位置，すなわち，その間で力がほとんど変わらないとみなせるくらい近い位置としよう。すると $x_1 = x + dx$ と書ける（dx は 0 に近い量）。すると，仕事の定義から

$$W_{x_0 \to x_1} = F \, dx \tag{10.37}$$

である。一方，式 (10.36) から

$$W_{x_0 \to x_1} = -U(x + dx) + U(x) \tag{10.38}$$

である。したがって

$$F \, dx = -U(x + dx) + U(x) \tag{10.39}$$

となる。両辺を dx で割って

$$F = -\frac{U(x + dx) - U(x)}{dx} \tag{10.40}$$

ここで dx が十分に 0 に近いことを思い出せば

ポテンシャルエネルギーと力の関係（1 次元）

$$F = -\frac{dU}{dx} \tag{10.41}$$

である。つまり，力はポテンシャルエネルギーを微分してマイナスをつけたものに等しい。

---

*8 あえて質点と言わず点と言ったのは，この話は質量と直接は無関係だからだ。例えば荷電粒子にかかる力のポテンシャルエネルギーは質量には無関係だ。

*9 この「陽に」（explicit）という言葉は科学ではよく使う。「あからさまに」とか「直接的に」という意味。今の場合は，時間とともに場所が変われば力も変わるかもしれないが，それは場所が変わったからであり，時刻の変化が直接的に力を変えたわけではないということ。

この話は 3 次元空間に拡張できる。点が保存力 $\mathbf{F}$ を受けながら位置 $\mathbf{r}$ から，わずかだけ離れた位置 $\mathbf{r} + d\mathbf{r}$ に移動することを考える。

$$d\mathbf{r} = (dx, dy, dz) \tag{10.42}$$

は十分に小さいベクトルである。この移動において力がなす仕事 $W_{\mathbf{r} \to \mathbf{r} + d\mathbf{r}}$ は，式 (10.38) と同じように考えれば

$$W_{\mathbf{r} \to \mathbf{r} + d\mathbf{r}} = -U(\mathbf{r} + d\mathbf{r}) + U(\mathbf{r}) \tag{10.43}$$

である（U はポテンシャルエネルギー）。ここで全微分[*10]を使うと

$$\begin{aligned}
U(\mathbf{r} + d\mathbf{r}) &= U(x + dx, y + dy, z + dz) \\
&= U(x, y, z) + \frac{\partial U}{\partial x} dx + \frac{\partial U}{\partial y} dy + \frac{\partial U}{\partial z} dz \\
&= U(\mathbf{r}) + \frac{\partial U}{\partial x} dx + \frac{\partial U}{\partial y} dy + \frac{\partial U}{\partial z} dz
\end{aligned} \tag{10.44}$$

である。これを式 (10.43) に代入すると次式になる：

$$\begin{aligned}
&W_{\mathbf{r} \to \mathbf{r} + d\mathbf{r}} \\
&= -U(\mathbf{r}) - \frac{\partial U}{\partial x} dx - \frac{\partial U}{\partial y} dy - \frac{\partial U}{\partial z} dz + U(\mathbf{r}) \\
&= -\frac{\partial U}{\partial x} dx - \frac{\partial U}{\partial y} dy - \frac{\partial U}{\partial z} dz \\
&= -\left(\frac{\partial U}{\partial x}, \frac{\partial U}{\partial y}, \frac{\partial U}{\partial z} \right) \bullet (dx, dy, dz) \\
&= -\left(\frac{\partial U}{\partial x}, \frac{\partial U}{\partial y}, \frac{\partial U}{\partial z} \right) \bullet d\mathbf{r}
\end{aligned} \tag{10.45}$$

一方，$d\mathbf{r}$ は微小なベクトルなので，その移動の間で力 $\mathbf{F}$ はほぼ一定とみなせるため，仕事の定義から

$$W_{\mathbf{r} \to \mathbf{r} + d\mathbf{r}} = \mathbf{F} \bullet d\mathbf{r} \tag{10.46}$$

とできる。したがって

$$\mathbf{F} \bullet d\mathbf{r} = -\left(\frac{\partial U}{\partial x}, \frac{\partial U}{\partial y}, \frac{\partial U}{\partial z} \right) \bullet d\mathbf{r} \tag{10.47}$$

である。dx, dy, dz は 0 に近い任意の量なので，この式が成り立つには

ポテンシャルエネルギーと力の関係（3 次元）

$$\mathbf{F} = -\left(\frac{\partial U}{\partial x}, \frac{\partial U}{\partial y}, \frac{\partial U}{\partial z} \right) \tag{10.48}$$

---

*10 『ライブ講義 大学 1 年生のための数学入門』P.146 参照。

でなければならない[*11]。ここで "grad" という記号を

$$\mathrm{grad}\, U = \left(\frac{\partial U}{\partial x}, \frac{\partial U}{\partial y}, \frac{\partial U}{\partial z}\right) \tag{10.49}$$

と定義する[*12]。この記号を使うと式 (10.48) は次式のように書ける：

$$\mathbf{F} = -\,\mathrm{grad}\, U \tag{10.50}$$

演習問題

演習問題 17　アインシュタインの相対性理論によると，重力によるポテンシャルエネルギーが高い位置ほど時間は速く進む（とても不思議！）。すなわち，ある 2 つの位置 A, B があって，重力によるポテンシャルエネルギーが，位置 B では位置 A よりも $m\phi$ だけ高いとする（m は質点の質量）その場合，位置 A に置かれた時計が時間 T だけ進む間に，位置 B に置かれた時計は以下のぶんだけ進む。

$$T\left(1 + \frac{\phi}{c^2}\right) \tag{10.51}$$

ここで $c = 299792458$ m/s は光の速さである。以後，地球の半径を $R = 6400$ km とする。
(1) GPS 衛星は地表から約 20,000 km の高さを飛んでいる。地上の時計が 1 秒進む間に，GPS 衛星に搭載された時計は，1 秒よりどれだけ多くの時間を進むか？（他の要因のために，実際に起きるのはここで計算される値よりも若干小さい値である）
(2) 高精度の時計が 2 つあれば，これらの時計が示す時刻の差から，これらの時計の置かれた高さの差がわかる。つまり時計を高度計として使うことがで

[*11] $\mathbf{F} = (F_x, F_y, F_z)$ とする。式 (10.47) で $dx \neq 0$ として $dy = dz = 0$ とすると，

$$F_x\, dx = -\frac{\partial U}{\partial x}\, dx, \qquad \text{したがって，} \ F_x = -\frac{\partial U}{\partial x}$$

を得る。$dy \neq 0$ で $dx = dz = 0$ の場合や，$dz \neq 0$ で $dx = dy = 0$ の場合も同様に考えれば，

$$F_y = -\frac{\partial U}{\partial y}, \quad F_z = -\frac{\partial U}{\partial z}$$

を得る。したがって式 (10.48) が成り立つ。

[*12] この grad とは，"gradient" の略であり，日本語では「勾配」という。詳しくは『ライブ講義 大学生のための応用数学入門』参照。

きるだろう。ところで東大の香取秀俊博士が開発した「光格子時計」は 300 億年に 1 秒しか狂わないという，世界的にも圧倒的な高精度を持つ。この時計を高度計として使う場合，地表付近（海面から高さ ±数 km の範囲）ではどのくらいの誤差で高度を計測できるか？

なおこの「高度計」が素晴らしいのは，GPS のような衛星からの電波が入ってこない水中や地下，屋内などでも原理的には利用可能ということである。

問の解答

答 138　略。

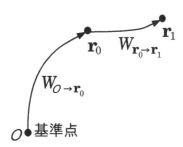

図 10.5　問 139 の仕事の経路。

答 139　物体を基準点 O から点 $\mathbf{r}_0$ まで運ぶときに保存力 $\mathbf{F}$ がなす仕事を $W_{O \to \mathbf{r}_0}$ とすると，定義から

$$U(\mathbf{r}_0) = -W_{O \to \mathbf{r}_0} \tag{10.52}$$

である。同様に，物体を基準点から点 $\mathbf{r}_1$ まで運ぶときに保存力 $\mathbf{F}$ がなす仕事を $W_{O \to \mathbf{r}_1}$ とすると，

$$U(\mathbf{r}_1) = -W_{O \to \mathbf{r}_1} \tag{10.53}$$

である。ここで，基準点から点 $\mathbf{r}_1$ へ物体を運ぶときの経路を，点 $\mathbf{r}_0$ を経由するようにとれば（図 10.5），保存力ゆえに仕事は経路によらず一定なので，$W_{O \to \mathbf{r}_1} = W_{O \to \mathbf{r}_0} + W_{\mathbf{r}_0 \to \mathbf{r}_1}$ となる。ここで $W_{\mathbf{r}_0 \to \mathbf{r}_1}$ は物体を点 $\mathbf{r}_0$ から点 $\mathbf{r}_1$ に運ぶときの仕事。この式の $W_{O \to \mathbf{r}_0}, W_{O \to \mathbf{r}_1}$ を，式 (10.52), 式 (10.53) を使って置き換えると $-U(\mathbf{r}_1) = -U(\mathbf{r}_0) + W_{\mathbf{r}_0 \to \mathbf{r}_1}$ となる。したがって $U(\mathbf{r}_0) - U(\mathbf{r}_1) = W_{\mathbf{r}_0 \to \mathbf{r}_1}$ となる。

答 140　閉曲線 Γ に沿う移動によってなす仕事を W_Γ とする。移動の開始点と終了点をそれぞれ $\mathbf{r}_0$, $\mathbf{r}_1$ とすると，閉曲線なので開始点と終了点は同じな

ので $\mathbf{r}_0 = \mathbf{r}_1$ である。保存力だから式 (10.14) を使うことができ，$\mathbf{r}_1 = \mathbf{r}_0$, $W_{\Gamma_0 \to \mathbf{r}_1} = W_\Gamma$ として，$W_\Gamma = U(\mathbf{r}_0) - U(\mathbf{r}_0) = 0$ となる。

答142 (1) 点 C をポテンシャルエネルギーの基準点とする。点 A では運動エネルギーは 0，ポテンシャルエネルギーは mgh である。したがって力学的エネルギーは mgh となる。点 C では運動エネルギーは $mv^2/2$，ポテンシャルエネルギーは 0 である。したがって力学的エネルギーは $mv^2/2$ となる。働く力は重力と垂直抗力だけだが，重力は保存力であり，垂直抗力は仕事をしない（移動方向と力の方向が直交しているので）。したがって力学的エネルギー保存則が成り立つ。すなわち点 A と点 C で力学的エネルギーは等しいことから，与式を得る。
(2) 前小問より，

$$v = \sqrt{2gh} = \sqrt{2 \times 9.8 \text{ m s}^{-2} \times 5 \text{ m}} = 9.9 \text{ m s}^{-1}$$

(3) 半円形ハーフパイプの高さが h なのだから，この円の半径は h である。人はパイプの底で半径 h，速さ v の円運動をするので，それを実現する向心力を受けるはずだ。すなわち，P.92 式 (6.39) より，C 点では人は円の中心に向かって（つまり上向きに）mv^2/h という合力を受けるはず。一方，垂直抗力を N とする。人には下向きに mg という重力も働くから，鉛直方向の力は垂直抗力と重力の合力であり，それは（上向きを正とすると）$N - mg$ である。したがって $N - mg = mv^2/h$ である。したがって

$$N = \frac{mv^2}{h} + mg \tag{10.54}$$

である。小問 (1) より $mv^2 = 2mgh$ だから

$$N = 2mg + mg = 3mg \tag{10.55}$$

となる。よって垂直抗力は，半径 h によらず重力の 3 倍。だからハーフパイプ走者は重力の 3 倍の力に耐える頑丈な肉体を持っていなければならない。

答143 (1) t から $t + dt$ の間に X が移動する距離は $l|\theta(t+dt) - \theta(t)|$ である。微分の定義からこれは $l|\theta' dt|$ に等しい。これを dt で割ったものが速度の大きさ（速さ）になる。したがって与式が成り立つ。(2) 略（$T = m|\mathbf{v}|^2/2$ の $|\mathbf{v}|$ に前小問の結果を代入すると運動エネルギー T の与式を得る。また O に比べて X は $l(1 - \cos\theta)$ だけ高い位置にある。したがって重力によるポテンシャルエネルギー U の与式を得る。）(3) 略。ヒント：合成関数の微分。(4) 式 (10.31) の両辺を $ml^2 d\theta/dt$

で割ればよい。なお，$d\theta/dt = 0$ でも式 (10.31) は成り立つが，それは θ が一定，つまり静止状態をあらわすので，ここでは除外する。(5) 略。($\sin\theta \fallingdotseq \theta$ とすればよい)(6) 略。(7) 略（式 (10.34) の左辺と右辺に代入して，それらが等しくなることを示せばよい）。(8) P.88 式 (6.4) より $\tau = 2\pi/\omega$ を用いて与式を得る。(9) 角速度は $\omega = \sqrt{g/l} = \sqrt{9.8 \text{ m s}^{-2}/(1.0 \text{ m})} = 3.1 \text{ s}^{-1}$。周期は $\tau = 2\pi/\omega = （計算略）= 2.0 \text{ s}$。
(10) 式 (10.35) より，τ は $\sqrt{l}$ に比例するから，τ を半分にするには，$\sqrt{l}$ を半分にすればよい。したがって l を 1/4 倍にすればよい。

答144 (1) 式 (10.35) を変形して $g = $ の式にすると $g = 4\pi^2 l/\tau^2$。(2) 月面では重力加速度が地表の 1/6 倍になる。式 (10.35) より，τ は $1/\sqrt{g}$ に比例するから，g が 1/6 倍になると τ は $\sqrt{6} = 2.4$ 倍（ゆっくり振動）。

答145 （略）札幌の時計は約 30 秒，進んでいる。

答146 $|\theta|$ が 0 よりかなり大きい（$\pi/2$ よりは小さい）ときは，式 (10.32) の右辺の絶対値は式 (10.33) の右辺の絶対値より小さい。それを無理に式 (10.33) で表すなら，そのかわりに g/l が一時的に小さくなるとみなすべきである。したがって ω は小さくなり，τ は大きくなる，すなわち周期は長くなる。

答148 (1) -37 m。(2) 50 m$-(-37$ m$)=87$ m

よくある質問184　ポテンシャルエネルギーは力学的エネルギー保存則を見やすくするために定義されたもの，と考えてよいのですか？… それだけではありません。まず，力はベクトルだけどポテンシャルエネルギーはスカラーなので，力を直接考えるよりも数学的に取扱いがシンプルで楽になります。また，量子力学では力よりもポテンシャルエネルギーの方が直接的に重要な働きをします。

よくある質問185　力学的エネルギー保存則とエネルギー保存則は違うんですね？… 違うというより前者は後者の一種（特別なケース）ですね。

よくある質問186　「保存力は経路に依存しない」というフレーズが頭にしっくりこない。… 少し省略しすぎですね。「保存力がなす仕事は，経路によらず始点と終点だけで決まる」というのが正しい表現です。例え話でいうと，山を登るのにきつい勾配の坂をまっすぐ登るのとジグザグになった緩やかな道を登るのとでは，全

体の仕事（力かける距離）は同じということです。きつい道では大きな力が（移動方向に）かかるけど，そのぶん短くてすみます。

よくある質問187　力学的エネルギー保存則は質点が複数のときも成り立つのですか？… 本章では説明していませんでしたね。剛体を考えましょう。剛体ではそれを構成する質点どうしの距離は一定です。したがって，質点同士に働く力（内力）が中心力（後述）のとき（ほとんどの場合が該当する）は，内力は仕事をしないので，各質点の運動エネルギーを変えるのは外力による仕事だけとなり，力学的エネルギー保存則（全質点の力学的エネルギーの和が一定）が成立します。剛体以外の質点系や中心力以外が働く場合の力学的エネルギー保存則は他の本を読んで下さい。

コラム：ベクトルは太字，スカラーは細字なのはなぜか

P.67 で延べた慣習「ベクトルは太字で書く」を守れない人が多い。そもそもなぜベクトルは特別な書き方（太字で書く）をするのだろう？ それは，スカラーとベクトルは本質的に違う量であり，計算ルールも異なるからだ。

たとえば「スカラーでの割り算」は（0 で割る以外は）許されるが「ベクトルでの割り算」は許されない。スカラー同士やベクトル同士は足せるがスカラーとベクトルは足せない。スカラーとベクトルの大小関係は比べられないし，スカラーとベクトルが等号で結ばれることもない。それらの「ルール破り」を防ぐための「要注意記号」としてベクトルを太字や上付き矢印で書くのだ。

ベクトルは太字という慣習を守ることができない人は，そもそも何がベクトルで何がスカラーかをわかっていない可能性がある。ベクトルを太字で書くのは「自分はどれがベクトルでどれがスカラーなのかわかってるよ！」ということを自分自身で確認し，他者にアピールするためなのだ。

ところがこの話には例外がある（P.68 で述べた）：ひとつの直線上に限定された現象（直線運動）では本来ベクトルである量もスカラーとして扱い，細字で書くのだ。というのも，この場合はベクトルに成分がひとつしかない。その成分はスカラーであり，その符号（正か負か）で直線上の 2 つの向きを表現できる。だからわざわざベクトルとして扱うまでもない。

数学や物理では「区別すべきものは区別せねばならないが，区別する必要や理由のないものは区別しない」という慣習がある（例外もあるが）。これに照らせば，直線上に限定されることが最初からわかっている運動では $F = ma$ のように書いてよいし，むしろそう書くべきである（F, m, a は力，質量，加速度）。この場合は F や a はスカラーと同様に扱うことができ，$m = F/a$ と書けるからでもある（$a \neq 0$ の場合）。

第11章

角運動量保存則

（本章は慣性系で考える。）

11.1 ベクトル同士の 風変わりな掛け算「外積」

本章では「外積」という数学的概念が必要になる。詳しいことは数学の教科書[*1]で学んで頂くとして，ここでは外積の概略を述べておく。

3次元空間中の正規直交座標系[*2]で表された2つのベクトル $\mathbf{a} = (a_1, a_2, a_3)$, $\mathbf{b} = (b_1, b_2, b_3)$ について，以下のような演算 $\mathbf{a} \times \mathbf{b}$ を $\mathbf{a}$ と $\mathbf{b}$ の外積という：

$$\mathbf{a} \times \mathbf{b} = (a_1, a_2, a_3) \times (b_1, b_2, b_3)$$
$$:= (a_2 b_3 - a_3 b_2, a_3 b_1 - a_1 b_3, a_1 b_2 - a_2 b_1)$$

$$(11.1)$$

ここで注意。この $\times$ を省略したり $\bullet$ と書き換えたりしてはいけない！ すなわち，$\mathbf{a} \times \mathbf{b}$ を $\mathbf{a} \bullet \mathbf{b}$ と書いてはいけない（それは内積になってしまう[*3]）し，$\mathbf{ab}$ と書いてもいけない。

例 11.1 $(1, 2, 3) \times (4, 5, 6)$
$= (2 \cdot 6 - 3 \cdot 5, \ 3 \cdot 4 - 1 \cdot 6, \ 1 \cdot 5 - 2 \cdot 4)$
$= (12 - 15, \ 12 - 6, \ 5 - 8) = (-3, 6, -3)$

外積には以下のような幾何学的性質がある（ここでは証明はしない）：

性質1. $|\mathbf{a} \times \mathbf{b}|$ は，$\mathbf{a}$ と $\mathbf{b}$ が張る平行四辺形の面積[*4]。
性質2. $\mathbf{a} \times \mathbf{b}$ は，$\mathbf{a}$ と $\mathbf{b}$ の両方に垂直。
性質3. $\mathbf{a} \times \mathbf{b}$ は，$\mathbf{a}$ から $\mathbf{b}$ に右ネジをまわすときにネジが進む側にある。
性質4. 順序を逆にすると向きが逆になる：

$$\mathbf{a} \times \mathbf{b} = -\mathbf{b} \times \mathbf{a}$$

性質5. 互いに平行なベクトルどうしの外積は $\mathbf{0}$。特に，同じベクトルどうしの外積は $\mathbf{0}$。すなわち

$$\mathbf{a} \times \mathbf{a} = \mathbf{0} \tag{11.2}$$

性質4は，性質1，性質2，性質3から示すことができる。性質5は，性質1から示すことができる。

問 149 以下の各場合について $\mathbf{a} \times \mathbf{b}$ を求め，$\mathbf{a}, \mathbf{b}$ の張る平行四辺形の面積を求めよ。
(1) $\mathbf{a} = (1, 2, 0)$, $\mathbf{b} = (1, 1, -1)$
(2) $\mathbf{a} = (1, 0, 1)$, $\mathbf{b} = (-1, 1, 2)$

問 150 2つのベクトル：

$$\mathbf{a}(t) = \big(a_1(t), a_2(t), a_3(t)\big),$$
$$\mathbf{b}(t) = \big(b_1(t), b_2(t), b_3(t)\big)$$

がともに変数 t の関数であるとする。次式を示せ（ダッシュは t による微分を表す）：

$$(\mathbf{a} \times \mathbf{b})' = \mathbf{a}' \times \mathbf{b} + \mathbf{a} \times \mathbf{b}' \tag{11.3}$$

11.2 角運動量

これからしばらく物体の回転運動について考察しよう。物体の運動を考察するときのよりどころはい

[*1] 『ライブ講義 大学1年生のための数学入門』10.9 節
[*2] x, y, z の3つの座標軸が互いに直交しており長さのスケールが同じ座標系のこと。いわば普通の座標系のこと。厳密には「右手系」という性質を満たす必要があるが，今はそのことは理解できなくてもよい。
[*3] 内積は2つのベクトルから1つのスカラーを作る演算だが，外積は2つのベクトルから1つの**ベクトル**を作る演算。
[*4] それは $|\mathbf{a}||\mathbf{b}| \sin\theta$ である。ここで θ は $\mathbf{a}, \mathbf{b}$ のなす角。

つも運動の3法則だ。それは様々な運動を統一的に支配・説明する。回転運動も例外ではない。

しかし回転運動を扱う際は、運動の3法則を直接的に使うよりも以下のような角運動量という概念（物理量）を導入する方がすっきりして便利である[*5]。

角運動量の定義

質点の運動量を $\mathbf{p}$, 質点の位置ベクトルを $\mathbf{r}$ とするとき、位置ベクトルと運動量の**外積**、つまり

$$\mathbf{L} := \mathbf{r} \times \mathbf{p} \tag{11.4}$$

を角運動量（かくうんどうりょう）とよぶ（図 11.1）。

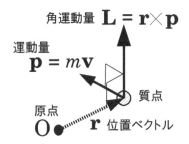

図 11.1　角運動量の定義。m は質点の質量、$\mathbf{v}$ は質点の速度、$\mathbf{r}$ は質点の位置ベクトル。$\mathbf{r}, \mathbf{v}, \mathbf{p}, \mathbf{L}$ はいずれもベクトル（だから太字）。m はスカラー（だから細字）。

よくある間違い 13　$\mathbf{L} = \mathbf{p} \times \mathbf{r}$ と覚えてしまう…ダメです。外積は順序が逆になると結果が異なる（向きが逆になる）ので $\mathbf{p} \times \mathbf{r}$ と $\mathbf{r} \times \mathbf{p}$ は違います。

問 151　角運動量の定義を確認しよう。

(1) 角運動量とは何か？

(2) 角運動量の SI 単位は？

(3) 角運動量は位置ベクトルと運動量の両方に垂直であることを示せ。

この「角運動量」なる奇妙な物理量がどう便利かは後回しにして、まずいくつかの系の角運動量を考

えることで角運動量に慣れよう。次の2問は3次元空間内の運動で、座標軸（x, y, z 軸；各軸は互いに直交している）を設定して考える。

問 152　xy 平面上で原点を中心とする半径 r の円周上を質量 m の質点が角速度 ω で等速円運動している。時刻 $t = 0$ で質点は x 軸上にある。

(1) 時刻 t のときの質点の位置ベクトル $\mathbf{r}$ は次式になることを示せ[*6]。

$$\mathbf{r} = r(\cos\omega t, \sin\omega t, 0) \tag{11.5}$$

(2) 時刻 t での質点の運動量 $\mathbf{p}$ は次式になることを示せ：

$$\mathbf{p} = mr\omega(-\sin\omega t, \cos\omega t, 0) \tag{11.6}$$

(3) この質点の角運動量 $\mathbf{L}$ は次式になることを示し、時刻 t によらず一定値であることを確認せよ（図 11.2）。

$$\mathbf{L} = (0, 0, mr^2\omega) \tag{11.7}$$

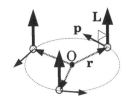

図 11.2　等速円運動する質点の角運動量

前問の結果から、原点を中心とする等速円運動をする質点の角運動量は時刻によらず一定だとわかった。では回転以外の運動、たとえば等速度運動ではどうだろう？

問 153　質量 m の質点が時刻 t のときに位置ベクトル $\mathbf{r} = (Vt, y_0, 0)$ の位置にいるとしよう。V と y_0 は定数である。

(1) この質点の速度 $\mathbf{v}$ を求め、この運動が等速度運動であることを示せ。

(2) この質点の運動量 $\mathbf{p}$ を求めよ。

(3) この質点の角運動量 $\mathbf{L}$ は次式のようになること

[*5] この事情は、衝突現象を扱う際に運動量という概念を導入すると便利だったことに似ている。

[*6] これと逆向きの回転のことは考えないことにする。

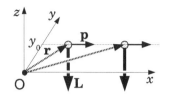

図11.3　等速度運動する質点の角運動量

を示し，時刻 t によらず一定値であることを確認せよ（図 11.3 参照）。

$$\mathbf{L} = (0, 0, -mV y_0) \tag{11.8}$$

　この問題の結果から，等速度運動をする質点の角運動量も時刻によらず一定だとわかった。

　しかし少し変な気がしないだろうか？　問 153 では式 (11.8) のように角運動量が y_0 に依存した。y_0 は質点が運動する直線（この場合は x 軸に平行な直線）が原点からどれだけ離れているかに関する定数だ。ということは，**同じ運動でも原点がどこかで角運動量は違った値を持つ**のだ。原点は人間が勝手に決めるので，結局，角運動量の値は人間の恣意的な判断に依存してしまうのだ！そんな量に意味あるのか？　と思うかもしれない。実は角運動量はその値だけで意味を持つのではなく，次節に述べる考え方によって意味を持つ。そしてこの考え方は原点の選択には依存しないのだ。つまりどこに原点を置いてもよいし[*7]，その結果，角運動量の値は変わってしまうかもしれないが，それでもなお以下の話は成り立つのだ[*8]。

11.3　角運動量保存則：　　　１つの質点バージョン

　式 (11.4) の両辺を時刻で微分してみよう。質量 m を一定とすれば

$$\frac{d}{dt}\mathbf{L} = \frac{d}{dt}(\mathbf{r} \times \mathbf{p}) \tag{11.9}$$

$$= \frac{d}{dt}(m\mathbf{r} \times \mathbf{v}) \tag{11.10}$$

$$= m\frac{d}{dt}(\mathbf{r} \times \mathbf{v}) \tag{11.11}$$

$$= m\left(\frac{d\mathbf{r}}{dt} \times \mathbf{v} + \mathbf{r} \times \frac{d\mathbf{v}}{dt}\right) \tag{11.12}$$

$$= m\mathbf{v} \times \mathbf{v} + m\mathbf{r} \times \frac{d\mathbf{v}}{dt} \tag{11.13}$$

ここで式 (11.11) から式 (11.12) への変形において P.140 式 (11.3) の性質を使った。

　式 (11.13) について第 1 項の $\mathbf{v} \times \mathbf{v}$ は恒等的に $\mathbf{0}$ である（性質 5 より）。したがって式 (11.13) は

$$m\mathbf{r} \times \frac{d\mathbf{v}}{dt} \tag{11.14}$$

となる。さらに運動方程式

$$m\frac{d\mathbf{v}}{dt} = \mathbf{F} \tag{11.15}$$

を使うと（$\mathbf{F}$ は質点にかかる力），式 (11.14) は

$$\mathbf{r} \times \mathbf{F} \tag{11.16}$$

となる。したがって式 (11.9) 左辺から式 (11.13) に至る方程式は結局

$$\frac{d}{dt}\mathbf{L} = \mathbf{r} \times \mathbf{F} \tag{11.17}$$

となる。この右辺に現れた物理量 $\mathbf{r} \times \mathbf{F}$ には以下のような特別な名前が付けられている：

トルク（力のモーメント）の定義
$\mathbf{r} \times \mathbf{F}$，つまり位置ベクトルと力の外積のことをトルクとか力のモーメントとよぶ。

そして式 (11.17) が表すのは

質点に関する角運動量保存則
質点の角運動量の単位時間あたりの変化は，質点に働くトルクに等しい。

という重要な物理法則である[*9]。

[*7] 回転運動を考えるときは原点は回転の中心に置くのが普通だし便利だが，必ずそうすべきというわけでもない。

[*8] これはポテンシャルエネルギーの値が基準点（原点）のとりかたによって異なるという事情に似ている。原点のとりかたによってポテンシャルエネルギーは異なっても保存力は P.136 式 (10.48) で得られるし，力学的エネルギー保存則は成り立つ。

[*9] ただしこれは導出過程から明らかなように，運動の 3 法則（特に $\mathbf{F} = m\mathbf{a}$）から派生する法則なので基本法則とは言えない。

問 154 式 (11.17) の導出を再現せよ。

例 11.2 自動車のタイヤを回転軸にとりつけると
き，そのネジは適度な強さで締めねばならない。強
すぎるとネジが破断しかねないし，弱すぎると緩ん
でタイヤが脱落してしまうからである。いずれに
しても人の命に関わるので，その「締めの強さ」を
きっちり表現したり計測せねばならない。トルクは
まさにそのような場面で使われる量だ。ネジを回し
ながら締めるにはレンチという工具を使うが，その
中でもトルクレンチという工具は規定の上限値を超
えるトルクがかかったら空回りする仕組みになって
いる。ネットで調べてみよう！

11.4　角運動量保存則：複数の質点バージョン

　この法則を複数の質点つまり質点系に拡張しよ
う。いま n 個の質点が互いに力を及ぼしあいながら
運動する状況を考えよう。k 番目 ($k = 1, 2, \cdots, n$)
の質点を「質点 k」とよび，その質量，位置，速度，
角運動量をそれぞれ m_k, $\mathbf{r}_k$, $\mathbf{v}_k$, $\mathbf{L}_k$ とする。質点
k にかかる力 $\mathbf{F}_k$ は，その他の質点から受ける力（内
力）と，それ以外から受ける力（外力）の和である：

$$\mathbf{F}_k = \mathbf{F}_{k1} + \mathbf{F}_{k2} + \cdots + \mathbf{F}_{kn} + \mathbf{F}_k^{\mathrm{e}} \tag{11.18}$$

ここで $\mathbf{F}_{k1}$, $\mathbf{F}_{k2}$, ... はそれぞれ質点 1 が質点 k に
及ぼす力，質点 2 が質点 k に及ぼす力，… である。
質点 k が自分自身に及ぼす力は考えなくてよいの
で，$\mathbf{F}_{kk}$ は考えなくてよいのだが，ここでは形式的
に残しておいて，そのかわり $\mathbf{F}_{kk} = \mathbf{0}$ としよう。
また，$\mathbf{F}_k^{\mathrm{e}}$ は外力が質点 k に及ぼす力である（e は
external の頭文字）。例として図 11.4 に 3 個の質点
からなる質点系に働く力を示す。

　さて質点 k について式 (11.17), 式 (11.18) を考え
ると

$$\frac{d}{dt}\mathbf{L}_k = \mathbf{r}_k \times \mathbf{F}_k$$
$$= \mathbf{r}_k \times (\mathbf{F}_{k1} + \mathbf{F}_{k2} + \cdots + \mathbf{F}_{kn} + \mathbf{F}_k^{\mathrm{e}}) \tag{11.19}$$

である。同様の式を全ての質点に関して考えて

$$\frac{d}{dt}\mathbf{L}_1 = \mathbf{r}_1 \times (\mathbf{F}_{11} + \mathbf{F}_{12} + \cdots + \mathbf{F}_{1n} + \mathbf{F}_1^{\mathrm{e}})$$

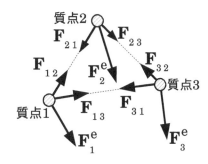

図 11.4　質点系に働く力。この図では内力どうし（$\mathbf{F}_{12}$ と
$\mathbf{F}_{21}$ など）が中心力（後述）である（同一直線上にある）こ
とを仮定している。

$$\frac{d}{dt}\mathbf{L}_2 = \mathbf{r}_2 \times (\mathbf{F}_{21} + \mathbf{F}_{22} + \cdots + \mathbf{F}_{2n} + \mathbf{F}_2^{\mathrm{e}})$$
$$\cdots$$
$$\frac{d}{dt}\mathbf{L}_n = \mathbf{r}_n \times (\mathbf{F}_{n1} + \mathbf{F}_{n2} + \cdots + \mathbf{F}_{nn} + \mathbf{F}_n^{\mathrm{e}})$$

これらを辺々足し合わせると

$$\sum_{k=1}^{n} \frac{d}{dt}\mathbf{L}_k = \sum_{k=1}^{n} \mathbf{r}_k \times (\mathbf{F}_{k1} + \mathbf{F}_{k2} + \cdots + \mathbf{F}_{kn})$$
$$+ \sum_{k=1}^{n} \mathbf{r}_k \times \mathbf{F}_k^{\mathrm{e}} \tag{11.20}$$

この式の右辺の最初の $\sum$ に注目しよう。この和を
分解して考えると，その中には 1 以上 n 以下の任意
の j, k について（$j \neq k$ とする），1 つの $\mathbf{r}_j \times \mathbf{F}_{jk}$
と 1 つの $\mathbf{r}_k \times \mathbf{F}_{kj}$ が存在する。これらをひとまと
めにすると

$$\mathbf{r}_j \times \mathbf{F}_{jk} + \mathbf{r}_k \times \mathbf{F}_{kj} \tag{11.21}$$

となる。ところが作用反作用の法則から

$$\mathbf{F}_{kj} = -\mathbf{F}_{jk} \tag{11.22}$$

である。したがって式 (11.21) は以下のようになる：

$$(\mathbf{r}_j - \mathbf{r}_k) \times \mathbf{F}_{jk} \tag{11.23}$$

$\mathbf{r}_j - \mathbf{r}_k$ は質点 k から質点 j へのベクトルである。

　ところで質点どうしが及ぼし合う力が互いを結
んだ直線上にある場合，すなわち互いの方向（もし
くは逆方向）をまっすぐに向いているような場合，
そのような力を中心力という*10。**もし $\mathbf{F}_{kj}$ が中心
力であると仮定すれば，$\mathbf{r}_j - \mathbf{r}_k$ と $\mathbf{F}_{jk}$ は互いに平
行だからその外積は $\mathbf{0}$ になる**（性質 5 より）。した

───────────
＊10 万有引力や静電気力（クーロン力）は中心力である。

がって式 (11.23) は恒等的に **0** になる。そのことと $\mathbf{F}_{kk} = \mathbf{0}$ を使えば式 (11.20) は右辺の最初の $\sum$ が **0** になってしまって

$$\sum_{k=1}^{n} \frac{d}{dt} \mathbf{L}_k = \sum_{k=1}^{n} \mathbf{r}_k \times \mathbf{F}_k^{\mathrm{e}} \tag{11.24}$$

となる。ここで左辺の t による微分を $\sum$ の前に出せば

$$\frac{d}{dt} \sum_{k=1}^{n} \mathbf{L}_k = \sum_{k=1}^{n} \mathbf{r}_k \times \mathbf{F}_k^{\mathrm{e}} \tag{11.25}$$

となる。この式は味わい深い。左辺の $\sum$ は全質点の角運動量の和であり，**全角運動量**とよぶ。右辺は各質点に働く外力によるトルクの和だ。すなわち以下の法則が成り立つことが証明された：

質点系の角運動量保存則 (1)

内力が中心力であるような質点系（質点の集合）については，その全角運動量の単位時間あたりの変化は各質点に働く外力によるトルクの総和に等しい。

問 155 ▶ 式 (11.25) の導出を再現せよ。

ここで特に全ての質点が静止していれば当然ながら全ての k について $\mathbf{L}_k = \mathbf{0}$ が恒等的に成り立つ[*11]。したがってそのとき全角運動量 $\sum_{k=1}^{n} \mathbf{L}_k$ も恒等的に **0** である。したがってそれを t で微分したもの（式 (11.25) の左辺）も恒等的に **0** である。したがって式 (11.25) の右辺も恒等的に **0** である：

$$\sum_{k=1}^{n} \mathbf{r}_k \times \mathbf{F}_k^{\mathrm{e}} = \mathbf{0} \tag{11.26}$$

この式の意味するのは「**内力が中心力であり，静止状態にある質点の集まりでは，外力によるトルクの和は 0**」ということだ。物体は無数の原子や電子（質点と考えられる）の集まりなので，上の文章の「質点の集まり」は「物体」であっても差し支えな

い。これが物体の静止状態における（力の）モーメントのつり合いである。

例 11.3 上の式 (11.26) からてこの原理を導いてみよう。P.50 の図 4.4（上）を考える。支点を原点とし，水平に右向きに x 軸をとれば，左の物体の位置ベクトルは $(-l_1, 0, 0)$ でそれにかかる重力は $(0, 0, -m_1 g_1)$ だから，モーメントは $\mathbf{L}_1 = (0, -m_1 g l_1, 0)$。右の物体の位置ベクトルは $(l_2, 0, 0)$ でそれにかかる重力は $(0, 0, -m_2 g_2)$ だから，モーメントは $\mathbf{L}_2 = (0, m_2 g l_2, 0)$。したがって $\mathbf{L}_1 + \mathbf{L}_2 = (0, m_2 g l_2 - m_1 g l_1, 0)$。てこが静止していればこれが **0** なので，$m_2 g l_2 - m_1 g l_1 = 0$，すなわち $m_1 l_1 = m_2 l_2$。これは P.51 式 (4.7) に一致する。

第 4 章では仮想仕事の原理から「てこの原理」つまり P.51 式 (4.7) を導いたが，このように角運動量保存則を介して運動方程式から導くこともできるのだ[*12]。

もういちど式 (11.25) に戻って，こんどは質点は静止していない（運動している）けど**外力は働かない**（内力は中心力だけが働く）ような状況を考えよう。その場合式 (11.25) の右辺は **0** だ。したがって

$$\frac{d}{dt} \sum_{k=1}^{n} \mathbf{L}_k = \mathbf{0} \tag{11.27}$$

である。この式は全角運動量は時刻 t によらず一定である，ということだ。したがって次の法則が成り立つことがわかった：

質点系の角運動量保存則 (2)

外力が無く内力が中心力である場合は質点系の全角運動量は時刻によらず一定である。

問 156 ▶

(1) トルクとは何か？

(2) トルクは別名，何というか？

[*11] 式 (11.4) より $\mathbf{L}_k = \mathbf{r}_k \times \mathbf{p}_k$。ここで $\mathbf{p}_k$ は k 番目の質点の運動量だが，静止しているので **0**。したがって $\mathbf{L}_k = \mathbf{r}_k \times \mathbf{0} = \mathbf{0}$

[*12] 力学の法則は全て運動の法則から導かれるという立場からすると，これはむしろ自然である。不思議なのは仮想仕事の原理から出発しても同じ結論が導かれることだ。

(3) トルクの SI 単位は？

(4) 中心力とは何か？

(5) モーメントのつり合いとは何か？

(6) 角運動量保存則とは何か？

例 11.4 玩具のコマは角運動量保存則の好例である（図 11.5）。あんな不安定な形の物体が回転中は 1 本の軸足だけで地面に立ち続けることができるのは，回転のために大きな全角運動量があり，それが一定であり続けようとするからである。

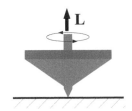

図 11.5　回転するコマは一定の全角運動量 **L** を維持するので倒れない。

例 11.5 ドローンは羽が回転して飛ぶのだが，高速回転するプロペラはコマと同じように大きな角運動量を持つ。ところがドローンは姿勢や向きを柔軟に変える必要があるので，それを妨げる大きな角運動量は邪魔なのだ。そこでドローンは複数のプロペラのうち半分を右回り，もう半分を左回りというふうに互いに逆回転させ，プロペラ回転による角運動量を打ち消すのだ。これによりドローンの機体全体では全角運動量はほぼ **0** となり，柔軟な姿勢・方向制御が容易になるのだ。

11.5　回転運動の不思議

ここで次章への伏線を張っておく。それが次の 2 つの問題である。

問 157 質量 m の質点 2 つが伸縮可能な軽い棒でつながっている（図 11.6）。さて最初は棒の長さ d が一定値 $2r$ で，2 つの質点は棒の真ん中を中心とする等速円運動をしている。その角速度の大きさを ω とする。中心（重心）は静止している。外力は働いていない。質点どうしに働く力は中心力である。

(1) 1 つの質点の運動量の大きさは $mr\omega$ であるこ

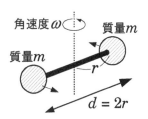

図 11.6　棒でつながれた 2 つの質点の等速円運動。

とを示せ。

(2) 1 つの質点の角運動量の大きさは $mr^2\omega$ であることを示せ。

(3) それぞれの質点の角運動量はどのような方向を向いているか？

(4) 2 つの質点をあわせた全角運動量の大きさは $2mr^2\omega$ であることを示せ。

(5) 2 つの質点をあわせた運動エネルギーは $mr^2\omega^2$ であることを示せ。

(6) $2mr^2$ を I という記号で表そう（これが伏線！）。この回転運動する 2 つの質点からなる質点系について

$$角運動量の大きさは，I\omega \tag{11.28}$$
$$運動エネルギーは，\frac{1}{2}I\omega^2 \tag{11.29}$$

であることを示せ（簡単!!）。

ここで出てきた I という量を「慣性モーメント」という。詳しい説明は次章に譲るが，慣性モーメントは特定の軸のまわりに一斉に回転するような質点系に定義され，式 (11.28)，式 (11.29) が成り立つのだ。それを理解すれば大きさ・形のある物体の回転運動を我々は理解・予想できるようになる。それが次章の目標である。

よくある質問 188　回転運動って物体が単にくるくるまわるだけですよね？ 生まれてからこれまで自転車の車輪や風車や観覧車など回転する物体をたくさん眺めてきたので直感で理解・予想できそうに思いますが？… それが大きな勘違いだということに次章で気づくでしょう。回転運動はシンプルな運動なのに我々の素朴な直感では理解も予想も難しいことがたくさんあるのです。例として次の問題を考えてみて下さい。

問 158 前の問題の続きを考える。ある時点で棒

が急に縮んで長さが半分になったとする。角運動量保存則により，棒が縮んだ後の全角速度の大きさは縮む前より大きくなることを示せ（つまり回転が速くなる!!）。

このように，回転する物体は各部分が回転軸に近寄るほど回転が速くなるのだ。これを応用しているのがフィギュアスケートのジャンプ（スピン）である。

例 11.6 スケーターが氷盤から飛び上がると空中で両手を体の軸に強く引き寄せることを見たことがあるだろう（なければネットで見てみよう）。スケーターの両手が上の問題の 2 つの質点に相当すると考えれば，この動作はジャンプ直前に体に加えた回転で得た全角運動量を最大限に活用して空中で高速回転する工夫だとわかるだろう。

問 159 水泳の高飛び込みでも角運動量保存則を利用して空中での回転や着水時の体の向きを制御している。そのことをネットの動画などで確認せよ。

もうひとつ例を挙げよう。これはもっと巨大な現象である。

例 11.7 2011 年 3 月に発生した東北太平洋沖地震の後，地球の自転周期が 1.8 マイクロ秒だけ短くなったことが観測された。これは地球がわずかに変形して地球の回転軸に近寄ったからだと考えられる。

受講生の感想 18　私はクラシック・バレエをやっています。バレエでもフィギュアスケートで言うスピンと同じことを地表で行い（踊り）ますが，腕をうまくタイミング良く体の中心に引き寄せると速く且つ安定して回れます。

このように回転運動は不思議であり，それを角運動量保存則が説明してくれる。真に驚きに値するのは，それが「スケートのジャンプ」と「地球の自転の変化」という，ジャンルも大きさも全く異なる現象を統一的に支配していることだ。このような普遍性が物理学の顕著な特長である。

学びのアップデート

物体の回転運動は深く，手強い。

11.6 （発展）量子力学における 角運動量

角運動量についてここまで述べてきた事はニュートン力学に限定した話である。これが量子力学，つまり電子や光子（光の粒子）の力学になるとだいぶ雰囲気の違う話になる。本章の最後にそれについて説明しよう。

P.126 で述べたように，電子や光子のように粒子の性質と波の性質の両方を持つ存在を量子とよぶ。いま，ひとつの量子が（粒子的に見ると）半径 r の円周上を速さ v で等速円運動しているとしよう。その円周を含む面に垂直な方向を z 方向としよう。このとき粒子の（ニュートン力学的な意味での）角運動量は z 方向の成分だけを持ち，それを L とすれば $L = rp$ を満たすはずだ（p は運動量の大きさ）[*13]。ところが量子は波の性質もある。この量子を波と見たときの波長を λ としよう。この波は円周上に存在すると考えると，円をぐるっと回って元の位置に波が戻ったときに最初の波とうまく接続しなければならない。それには円周上に 1 周期ぶんの波がちょうど整数個入る状況であればよい。その整数を n とすると，次式が成り立てばよい：

$$2\pi r = n\lambda \tag{11.30}$$

したがって $r = n\lambda/(2\pi)$ が成り立つ。一方，P.126 式 (9.58) より，$p = h/\lambda$ である。これらを $L = rp$ に代入すれば $L = rp = \{n\lambda/(2\pi)\}(h/\lambda) = nh/(2\pi)$ となる。つまり角運動量は $h/(2\pi)$ の整数倍なのだ。量子力学ではなぜか $h/(2\pi)$ という量がよく現れるので，これをディラック定数と呼び，$\hbar$ という記号（エイチバーと読む）で表す。つまり

$$\hbar := \frac{h}{2\pi} \tag{11.31}$$

である。この記号を使うと，

[*13] z 軸の負の方向から見たら粒子が右回りするように見えるように z 軸の正負を定める。

$$L = n\hbar \qquad (11.32)$$

となる。このように，量子が運動するときの角運動量（の z 成分）は式 (11.32) のようにとびとびの値（離散的な値）になるのだ!!

さらに不思議なことがある：ニュートン力学ではこの話の角運動量は z 方向を向いており，それ以外の方向の成分は 0 である。しかし量子力学的な角運動量は，z 方向以外の成分を持つ可能性（確率）が 0 ではないのだ。つまり量子力学的な角運動量は方向が確定できないのだ。

学びのアップデート

量子力学では角運動量の向きは確定できない。ある方向の成分を確定したら離散的な値になり，他の方向の成分が不確定になる。

不思議なことはまだある：電子は円運動をしてなくてもなぜか角運動量を持っており，それをスピン[*14] というのだが，それは式 (11.32) において $n = 1/2$ か $n = -1/2$ であることが理論的にも実験的にもわかっている[*15]。つまり量子の角運動量は式 (11.32) のように書けるのだが，その n は整数だけでなく，整数に 1/2 を足したり引いたりしたものでもありえるのだ（それ以外はあり得ない）。

[*14] フィギュアスケートのスピン（ジャンプして回転する動作）とは別。

[*15] スピンは電子の自転（による角運動量）みたいなものだという説明がよくあるが，そんなに簡単な話ではない。というのも，電子は大きさを持たない点状の物体と考えられているのだ。ところがニュートン力学では角運動量は式 (11.4) のように，距離（$\mathbf{r}$）と運動量の外積だから，点状の物体なら（回転中心からの）距離が 0 なので「自転」の角運動量も $\mathbf{0}$ のはずである!! 電子はニュートン力学の考え方では理解できない存在なのだ。

　そもそも量子力学では角運動量の定義は式 (11.4) ではなくなる。量子力学では，角運動量（のみならず様々な物理量）を「線型写像」（これを含めて以後「」内の用語は『ライブ講義 大学生のための応用数学入門』参照）と「固有値」という数学的な概念で定義する。その理論では，電子のスピンは x, y, z の各成分が $\pm\hbar/2$ の 2 とおりの値しか取りえず，なおかつ 1 つの成分が決まると他は不確定になる。このような電子スピン状態の集合は「線型空間」を作り，その中に 2 つの「線型独立」な状態があって，それらを象徴的に上向き・下向きとよぶ。このような理論の枠組みは「線型代数学」という数学を学ぶことで理解できる。

問の解答

答149 略（『ライブ講義 大学 1 年生のための数学入門』に同じ問題が載っているので。）

答150 略（『ライブ講義 大学 1 年生のための数学入門』に同じ問題が載っているので。）

答151 (1) 略。(2) $\mathbf{r}$ の SI 単位は m, $\mathbf{p}$ の SI 単位は kg m s^{-1}。したがって $\mathbf{r} \times \mathbf{p}$ の SI 単位は kg m^2 s^{-1}。注：外積は単なる「積」ではないが，その定義を見れば，2 つの物理量の外積の単位は元の物理量の単位どうしの積になることがわかるだろう。(3) 外積の性質 2 より，$\mathbf{r} \times \mathbf{p}$ は $\mathbf{r}$ と $\mathbf{p}$ の両方に垂直。

答152 (1) 題意より，質点の位置は xy 平面に限定されるので z 座標は常に 0 である。また，xy 平面内では，原点から距離 r で x 軸から角度 ωt だけ回転した位置に質点はあるので，その位置は式 (11.5) のようになる。(2) 式 (11.5) を t で微分すると速度になる。それに m をかければ与式を得る。(3) $\mathbf{L} = \mathbf{r} \times \mathbf{p}$

$$= mr^2\omega(\cos\omega t, \sin\omega t, 0) \times (-\sin\omega t, \cos\omega t, 0)$$
$$= (0, 0, mr^2\omega)$$

これは t を含まない式なので t によらず一定。

答153 (1)

$$\mathbf{v} = \frac{d}{dt}\mathbf{r} = \frac{d}{dt}(Vt, y_0, 0) = (V, 0, 0)$$

この式は，この質点の速度が一定（x 軸方向に大きさ V）であることを示している。したがって等速度運動。(2) $\mathbf{p} = m\mathbf{v} = (mV, 0, 0)$。(3) $\mathbf{L} = \mathbf{r} \times \mathbf{p} = (Vt, y_0, 0) \times (mV, 0, 0) = (0, 0, -mVy_0)$。これは t を含まない式なので t によらず一定。

答156 略。トルクの SI 単位は N m=kg m^{2}s^{-2}。なんとこれは J，すなわちエネルギーの単位ではないか！しかし書き方の慣習としてトルクは J で書くことはほとんどなく，N m で書くことの方が圧倒的に多い。もちろん J と N m は本質的に同じ単位なのだが，あくまで慣習としてである。

答157 回転軸を z 軸とし，それに直交するように x 軸，y 軸を適当にとれば，1 つの質点の位置は $\mathbf{r} = (r\cos\omega t, r\sin\omega t, 0)$ と書ける（t は時刻）。

(1) 1 つの質点の運動量を $\mathbf{p}$ とすると，運動量の定義から $\mathbf{p} = m\mathbf{r}' = m(-r\omega\sin\omega t, r\omega\cos\omega t, 0) = mr\omega(-\sin\omega t, \cos\omega t, 0)$ である。したがってその大きさは $mr\omega$ である。ここで $|(-\sin\omega t, \cos\omega t, 0)| =$

$\sqrt{\sin^2\omega t + \cos^2\omega t} = 1$ であることを使った。

(2) 質点の角運動量は，定義から，$\mathbf{r} \times \mathbf{p}$

$$= (r\cos\omega t, r\sin\omega t, 0) \times m(-r\omega\sin\omega t, r\omega\cos\omega t, 0)$$

$$= mr^2\omega(\cos\omega t, \sin\omega t, 0) \times (-\sin\omega t, \cos\omega t, 0)$$

$$= mr^2\omega(0, 0, \cos^2\omega t + \sin^2\omega t) = mr^2\omega(0, 0, 1)$$

したがってその大きさは $mr^2\omega$。

(3) それぞれの角運動量はともに前小問の式で表され，$(0, 0, mr^2)$ なので z 軸の正方向を向いている。

(4) 全角運動量は $(0, 0, mr^2) + (0, 0, mr^2) = (0, 0, 2mr^2)$ なので，その大きさは $2mr^2\omega$。

(5) 1つの質点の運動エネルギーは次式である：

$$\frac{1}{2}mv^2 = \frac{1}{2}m(r\omega)^2 = \frac{mr^2\omega^2}{2}$$

全質点の運動エネルギーはこの2倍なので $mr^2\omega^2$。

(6) 略。

答158 縮んだ後の角速度の大きさを Ω とすると，前問の小問 (4) と同様に考えれば，縮んだ後の全角運動量の大きさは $2m(r/2)^2\Omega$ である。ここで，縮む過程で系に働く力は2つの質点を近づける内力である。それは当然，2つの質点を結んだ直線の上にある（その直線自体もくるくる回るが，いずれにせよそれらの力は直線の上にある）。したがって内力は中心力である。外力は働かない。したがってこの系は「質点系の角運動量保存則 (2)」の条件を満たすので，縮む前後で全角運動量の大きさは不変（もちろん全角運動量の方向も不変だが，ここではそれを使う必要はない）。したがって $2mr^2\omega = 2m(r/2)^2\Omega$。この式を変形すれば（いろいろ約分されて）$\Omega = 4\omega$ を得る。すなわち角速度の大きさは4倍になる。

よくある質問189　数学や物理学ができる人はイメージやひらめきが大事だと言います。私はそういうものがありません。どうすればよいでしょうか？
… 大丈夫です。確かに数学や物理学の新たな理論を発見するにはそれらが必要かもしれません。しかし既に確立された理論は筋道立てて論理的に表現・説明されるので（それが「確立」の意味です），イメージやひらめきに頼らなくても根気強く丁寧に学べば理解できます。むしろイメージやひらめきに頼りすぎると丁寧・論理的な理解が疎かになるおそれがあります（高校で数学・物理が得意だったけど大学で苦手になったという人にありがち

です）。

よくある質問190　でも実際，こんな解法どうやったら思いつくんだ？ と思うことが多いです。… 私もそうですよ。そして「賢い人（数学者・物理学者）が一生懸命に考えてみつけたんだろうなー凄いなー」と思い，そういう発想を人類の共有財産としてありがたく使わせて頂きます。それが「学ぶ」ということではないでしょうか。大学入試ではないのだから，「難しい問題を初見で短時間で独力で解く」ことは求められていないのです。それができる能力は素晴らしいですが，それは学問の資質のごく一部です。それが欠けていることにコンプレックスを持って自己肯定感を下げるのはやめましょう。

受講生の感想19　自分のイメージばかりに頼って論理的に考えようとしなければ，いつまでたっても世界の仕組みを知ることができず，知識人として成長できないままになってしまうことに気づいた。身の回りの現象について興味を持って，論理的に考える習慣を身につけたい。

受講生の感想20　今まで定義というものを理解していたつもりだったが，定義に対してその根拠を求めてしまうことも多かった。定義はそう決められたもの，という大事なことを理解していなかった。また，新しい言葉が出てくるとその定義を調べようとすることも増えた。それによって証明問題に強くなったような気がするし，苦手意識も和らいだ気がする。

受講生の感想21　受験期間は受験校に受かるために，解いた問題集の内容のコピーアンドペーストのような勉強をしてきたと思う。

第12章

慣性モーメント

（本章は慣性系で考える。）

これまでは質点単体や複数の質点（質点系）の運動を考えてきた。この章ではさらに進んで，大きさと形を持つ物体の運動，特にその回転運動を考えよう。

12.1 剛体というモデル

第1章で述べたように，大きさと形をもつ物体は質点の集まりとしてモデル化できる。ただし物体自体の変形（大きさや形が変わること）まで考えると話が複雑になるので，ここでは変形しない物体に話を限定し，以下のようなモデルを考える。

- 質点の集まり（質点系）で構成される。
- 大きさと形を持つ。
- 変形しない（ひとつの物体を構成する質点どうしの距離は変わらない）。

このような物体のモデルを剛体とよぶ。

我々の身の回りの物体の多くは剛体とみなせる。地球やカーリングストーンやボールなどはこれまでは質点とみなしてきたが，その大きさや形が関与する運動（回転や，それに伴う軌道の変化等）を考えるときは剛体として扱うべきである。たとえば地球

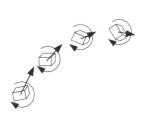

図 12.1 空中に放り投げられたレンガ。このような剛体の運動は，重心の運動と，重心まわりの回転で表現される。

は太陽との位置関係を論ずるときは質点でよいが，自転を論ずるには剛体とみなさねばならない。

ただし剛体も一種の単純化・抽象化されたモデルであり，問題設定によっては不適切なこともある。たとえば地球に起きる地震を論ずるには地球を剛体とみなしてはダメで，変形する弾性体（P.28）として扱うべきだ[*1]。

さて，ここでは理由は詳述しないが，剛体の運動は2つの要素にわけて考えることができる。ひとつはその「重心」の運動であり，もうひとつはその重心のまわりの回転運動である（図 12.1）。次節では後者（剛体の重心まわりの回転運動）について考えよう。

12.2 剛体の回転運動

まず最も単純な場合として，前章の問 157（P.145）で見たような，2つの質点がペアになった等速円運動（回転）を考えよう（図 12.2）：

2つの質点の距離 d が変わらない場合，この質点系は剛体である。このとき，各質点の運動の速さ（速度の大きさ）v は，P.92 式 (6.38) より $v = r\omega$ となる（一緒に回るので角速度 ω はどの質点でも同

[*1] さらに言えば，起きた振動（地震）が減衰して収まることを表現するためには弾性体ではダメで，摩擦も考慮した「粘弾性体」という物体としてモデル化しなければならない。また，物体が変形して元に戻らないことを表現するには塑性というものも考えねばならず，粘性や弾性も一緒に考慮するには「粘弾塑性体」として考えねばならない。また，水や空気のように流れる性質を持った物体は「流体」として考えねばならない。このように，扱う物体の性質や運動の時空間スケールに応じて本質的に関与する現象は異なるため，物体をどのようにモデル化すべきかは様々だ。複雑なモデルであればあるほどよいというわけではない。一般に，様々な性質を取り入れれば取り入れるほど，その問題を解くことは難しくなる。したがって，本質を失わない範囲で，扱う物体をできるだけ単純なモデルで考える必要がある。

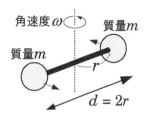

図 12.2 軽い棒でつながれた 2 つの質点からなる剛体の等速円運動。

じだ。これは剛体の回転の大事な条件である）。したがって各質点の運動エネルギーは P.107 式 (8.2) より

$$\frac{1}{2}mv^2 = \frac{1}{2}m(r\omega)^2 = \frac{1}{2}mr^2\omega^2 \tag{12.1}$$

となる。したがってこの剛体の運動エネルギー（つまり 2 つの質点の運動エネルギーの和）T は

$$T = mr^2\omega^2 \tag{12.2}$$

となる（ここまでは前章の問 157 の復習）。式 (12.1) のように，各質点の（回転運動の）運動エネルギーが角速度の 2 乗に比例するから，式 (12.2) のように，全質点の運動エネルギーの和（以後，全運動エネルギーという）も角速度の 2 乗に比例する。同様に考えれば，ある軸のまわりを 3 個以上の質点が互いに同じ角速度で等速円運動をしている場合も，その全運動エネルギーは角速度の 2 乗に比例すると類推できるだろう。

12.3 慣性モーメントは 剛体の回転を特徴づける量

そこで一般的に，ある軸のまわりで剛体が角速度 ω で回転する状況を考えよう。剛体を n 個の微小な部分に分割し，それぞれを質量 $m_1, m_2, \ldots, m_n$ の質点とみなす。回転軸からそれぞれの質点への距離を $r_1, r_2, \ldots, r_n$ とする。k 番目の質点の速さ（速度の大きさ）は $r_k\omega$ であり（全部一緒に回転するので角速度 ω は共通），したがって k 番目の質点の運動エネルギー T_k は次式のようになる：

$$T_k = \frac{1}{2}m_k r_k^2 \omega^2 \tag{12.3}$$

全運動エネルギー T はこれらの総和であり，したがって次式になる：

$$
\begin{aligned}
T &= T_1 + T_2 + \cdots + T_n \\
&= \frac{1}{2}m_1 r_1^2 \omega^2 + \frac{1}{2}m_2 r_2^2 \omega^2 + \cdots + \frac{1}{2}m_n r_n^2 \omega^2 \\
&= \frac{1}{2}(m_1 r_1^2 + m_2 r_2^2 + \cdots + m_n r_n^2)\omega^2 \\
&= \frac{1}{2}\left(\sum_{k=1}^{n} m_k r_k^2\right)\omega^2
\end{aligned}
\tag{12.4}
$$

式 (12.4) の ( ) 内を抜き出して以下のように定義する：

> ### 慣性モーメントの定義
>
> 質量がそれぞれ $m_1, m_2, \ldots, m_n$ であるような n 個の質点について，
>
> $$I = \sum_{k=1}^{n} m_k r_k^2 \tag{12.5}$$
>
> で定義される物理量 I を慣性モーメント（moment of inertia）もしくは慣性能率とよぶ。ただし $r_1, r_2, \ldots, r_n$ は回転軸から各質点までの距離。

すると式 (12.4) は以下のように書ける：

$$T(\omega) = \frac{1}{2}I\omega^2 \tag{12.6}$$

ここで，T は ω の関数とみなせるので，$T(\omega)$ と書いた。これは P.145 式 (11.29) と同じ形だが，より一般的な剛体に成り立つことをここで示したのだ。回転する物体の運動エネルギーを考えるときに頻繁に現れる便利で実用的な式である（といっても基本法則や定義ではないが）。

よくある間違い 14　$r_1, r_2, \cdots$ を「原点からの距離」や「中心からの距離」や「位置ベクトル」と間違える… 「回転軸からの距離」です。後で述べますが，慣性モーメントは「回転運動の変えにくさ」を表すような量であり，回転軸から遠くに質量が多くあるものほど回しにくいという性質が背景にあります。

問 160 (1) 慣性モーメントの定義を述べよ。
(2) 慣性モーメントの SI 単位は？

問 161 P.145 問 157 では慣性モーメントは

$2mr^2$ であることを式 (12.5) から示せ。

式 (12.6) を質点の運動エネルギー T の式 (P.107 式 (8.1) で学んだ):

$$T(\mathbf{v}) := \frac{1}{2}m|\mathbf{v}|^2 \quad (m:質量, \mathbf{v}:速度) \quad (12.7)$$

と比べると，形式的によく似ていることに気づく。すなわち式 (12.7) における速度 $\mathbf{v}$ と質量 m は式 (12.6) における角速度 ω と慣性モーメント I に対応する。つまり形式的に言えば，慣性モーメントは「回転運動における質量みたいなもの」である[*2]。質量は物体の「動きにくさ」を表すと言えるので，慣性モーメントは物体の「回りにくさ」を表すと言ってもよかろう[*3]。

問162 半径 r の円周上に質量 m の質点が3個，等間隔に並んで互いに固定されている（図 12.3）。このとき円の中心を貫く垂線を軸とする回転の慣性モーメント I は？

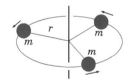

図 12.3 3個の質点の回転

問163 半径 r の円周上に，質量 m の質点が n 個，等間隔に並んで互いに固定されている（図 12.4）。このとき，円の中心を貫く垂線を軸とする回転の慣

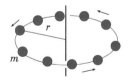

図 12.4 n 個の質点の回転

[*2] 注意：同じ物体についても回転軸の位置や向きが違えば慣性モーメントも違う。ここでは深入りしないが，一般的に物体の慣性モーメントを任意の回転軸に関して完全に表現するには行列（テンソル）を使う必要がある（後述する）。回転軸が重心を通らないときはさらにひと手間が必要だが，本書では述べない。

[*3] もちろん既に動いている物体については，むしろ質量は「止まりにくさ」であり，慣性モーメントは「回転の止まりにくさ」である。

性モーメント I は？

問164 前問で質量の合計すなわち nm を M としよう。M を一定として m を小さくしながら n を限りなく増やせば，これは質量 M の円環になるだろう。そのように考えて，半径 r の円環（太さは無視できるほど小さいとする）の慣性モーメントは

$$I = Mr^2 \quad (12.8)$$

となることを示せ（図 12.5）。

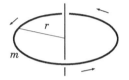

図 12.5 円環の回転

問165 密度 ρ，厚さ b の鉄板でできた半径 r，幅 Δr の円環盤について，中心を貫く垂線を軸とする回転の慣性モーメント ΔI は

$$\Delta I = 2\pi\rho b r^3 \Delta r \quad (12.9)$$

であることを示せ（図 12.6）。ただし Δr は r に較べて十分に小さいものとする。ヒント：Δr が十分に小さいから円環盤は円環とみなせる。また，円環盤の質量は $2\pi r \rho b \Delta r$ である。

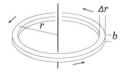

図 12.6 円環盤の回転

問166 密度 ρ，厚さ b の鉄板でできた半径 r の円盤を考える（図 12.7）。この円盤の中心を貫く垂線を軸とする回転の慣性モーメントを I とする。
(1) I は次式で表されることを示せ。

$$I = \frac{\pi\rho b r^4}{2} \quad (12.10)$$

ヒント：円盤は円環盤の集まりとみなして，前問の結果（式 (12.9)）を様々な r について適用して足し合わせる。Δr を十分小さくとれば足し合わせは積分になる。

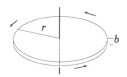

図 12.7　円盤の回転

(2) この円盤の質量を M とすると I は次式で表されることを示せ:

$$I = \frac{Mr^2}{2} \tag{12.11}$$

(3) この円盤の慣性モーメントは同じ質量と半径を持つ円環の慣性モーメントの半分であることを示せ。

　この問題でわかったように, 同じ質量で同じ半径の円形物体でも, 円盤の慣性モーメントより円環の慣性モーメントのほうが大きい。つまり, それらを同じ角速度で回転させると, 回転の運動エネルギーは円盤より円環のほうが大きい。

　これはなぜだろう? 考えてみよう。

　運動エネルギーは速さが大きいほど大きい（速さの 2 乗に比例する）。円形の物体を回転させるとき, 全体がいっしょに回るので, 回転軸から遠い部分ほど速さは大きい。これは運動会で人が横一列で行進するとき, カーブで曲がる際に外側の人は早足で, 内側の人はゆっくり歩かないと列が崩れるのと同じ理屈だ。したがって回転軸よりも遠い部分の質点は大きな運動エネルギーを持つ。したがって回転軸よりも遠い部分に質点が多く存在する物体は, 回転に多くの運動エネルギーを持つ。円環はその典型だ。なぜなら全ての質点が回転軸から最も遠いところ（円の縁）にあるからだ。それに対して円盤は回転軸から縁まで連続的にびっしりと質点が詰まっているので, 回転軸の近くにも質点がそれなりにある。そう考えると慣性モーメントなるものの意味や性質が少しわかってくるだろう。

　例 12.1　同じ半径, 同じ質量の 2 つの球 A, B がある。球 A は表面だけに物質があり, 内部は空洞, つまり球殻である。球 B は内部まで物質（固体）が一様にびっしり詰まっている。慣性モーメントはどちらが大きいだろうか?

　球 A は表面に質量が集中しているのに対して,

球 B は内部すなわち回転軸近傍にも質量が分布している。したがって球 A の方が慣性モーメントは大きい。ちなみにきちんと計算すると, 質量を M, 半径を R とすると, 球 A の慣性モーメントは $(2/3)MR^2$, 球 B の慣性モーメントは $(2/5)MR^2$ であることが証明できる（興味のある人は挑戦してみよう）。

　ここまでは主に円形物体の慣性モーメントを考えてきたが, 慣性モーメントはどんな形の物体にでも考えられる量である。そこで, ここまで見た慣性モーメントの計算法を様々な物体にも使えるように拡張・一般化しよう。

　任意の形状の連続的[*4]な剛体 V について, それがひとつの軸の回りに回転することを考える[*5]。回転軸を z 軸とし, それに直交するように x 軸と y 軸を設定しよう。剛体 V を x 軸, y 軸, z 軸に沿ってメッシュ状に分割し, 横 Δx_i, 縦 Δy_j, 高さ Δz_k の小さな直方体（その中心の座標を (x_i, y_j, z_k) とする。i, j, k は整数）のあつまりとみなす。個々の直方体の体積は $\Delta x_i \Delta y_j \Delta z_k$ となり, その質量は $\rho \Delta x_i \Delta y_j \Delta z_k$ となる（ρ は密度）。

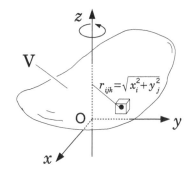

図 12.8　連続的な剛体の回転

　さて回転軸（z 軸）からの距離 r_{ijk} の 2 乗は次式になる（z_k^2 は入らないことに注意せよ!）:

$$r_{ijk}^2 = x_i^2 + y_j^2 \tag{12.12}$$

すると慣性モーメント I は式 (12.5) より

[*4]　バラバラではなく互いにつながってひとつになっているということ。

[*5]　この話は回転軸は重心を通らなくても成立する。

$$I = \sum_i \sum_j \sum_k \rho (x_i^2 + y_j^2) \Delta x_i \Delta y_j \Delta z_k \quad (12.13)$$

となる。ここで $\Delta x_i, \Delta y_j, \Delta z_k$ を限りなく小さくすると，和 $\sum$ は積分 $\int$ に置き換えられ次式のようになる：

連続的な剛体の慣性モーメントの定義

$$I = \int \int \int_V \rho (x^2 + y^2) \, dx \, dy \, dz \quad (12.14)$$

この積分は「体積分」であり[*6]，積分区間は剛体 V の隅から隅までである。

問 167 上の式 (12.14) においてカッコの中が $x^2 + y^2 + z^2$ でないのはなぜか？（なぜ z^2 が入らないのか？）

ここで注意。同じ物体であっても回転軸をどのように設定するかによって慣性モーメントは異なる値をとる。たとえば問 166 で扱ったのと同じ円盤を，図 12.9 のように縦に置いて鉛直軸まわりに回転させる（テーブル上でコインをスピンさせる状況）。このとき，回転軸まわりの慣性モーメントは次式のようになる（導出省略）：

$$I = \frac{Mr^2}{4} \quad (12.15)$$

式 (12.15) が式 (12.11) より小さくなったのは，水平のコインの縁はどこでも回転軸から等距離だが，立ったコインは頭部付近と底部付近で縁が回転

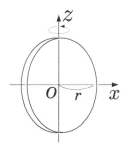

図 12.9 円盤の回転。ただし縦回転。

＊6 『ライブ講義 大学 1 年生のための数学入門』9.9 節参照。

軸に近くなるためである。その理屈をもっと理解したい人は，12.7 節や演習問題 18 を参照せよ。

慣性モーメントは農業機械の設計などで重要だ。耕運機はどのような形・質量のロータリーを搭載するかで大きく性能が決まるが，そのロータリーを駆動するのにどのくらいの出力のエンジンが必要か，などという判断は，慣性モーメントを含む力学的見地からの設計にかかっている。出力の大きなエンジンなら大きな慣性モーメントを持つロータリーも動かせるが，その反面，重くなるので操作性が悪くなるし燃費も悪くなる。

大きな慣性モーメントを持つ物体，たとえば大きな鉄の円盤などが回転すると大きな運動エネルギーを持つ。これはエネルギーの貯蔵装置として利用できる。

例 12.2 太陽光や風力などの不安定なエネルギー源でも，エネルギーが得られるときには大きな鉄円盤を回すことができる。いったん回り始めた鉄円盤は角運動量保存則で回り続けるので，エネルギーが欲しいときに鉄円盤の回転で発電機を回してエネルギーを取り出すことができる。このようなエネルギー貯蔵装置をフライホイールとよぶ。

12.4 慣性モーメントの応用：斜面を転がる丸い物体

丸い物体が斜面で転がるという現象は，我々がこどもの頃から馴染み深いありふれたシンプルな現象である。ところがそこには直感に反する不思議なことが潜んでいる。そしてそれは慣性モーメントで説明できる。ここでは慣性モーメントをより深く理解する練習として，この現象を考えてみよう。

問 168 傾斜 θ，高さ h の坂の上から，半径 R，質量 M，慣性モーメント I の物体 X を転がそう（図 12.10）。物体 X は横から見たら丸く見える物体であるとする（球や円筒など）。重力加速度を g とする。

(1) X のポテンシャルエネルギーを U とし，坂の下を基準点（$U = 0$）とする。X が坂の上にあるときの U は？　ただし一般的に，一様な外力（重力など）

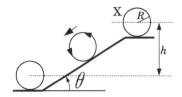

図 12.10　斜面を転がり下る物体 X。

による剛体（変形しない物体）のポテンシャルエネルギーは，質量が全て重心（この場合は X の中心）に集中すると仮想したときの質点のポテンシャルエネルギーに等しいことがわかっている。

(2) X は坂の上から初速 0 で転がり出す。X が転がり出したとき（速さは 0）の力学的エネルギー E_0 は？

(3) X が坂の下まで到達したとき重心（X の中心）の速さは v，回転の角速度は ω であった。このとき

$$v = R\omega \tag{12.16}$$

が成り立つことを示せ。ヒント：ごく短い時間間隔 Δt の間（v や ω が一定とみなせるくらいに短い時間間隔）に X は $R\omega\Delta t$ だけ進む。

(4) X が坂の下まで到達したとき X の力学的エネルギー E_1 は

$$E_1 = \frac{Mv^2}{2} + \frac{I\omega^2}{2} \tag{12.17}$$

となることを示せ。ただし運動エネルギーは重心の運動エネルギー（全質量が重心に集中した仮想的な質点の運動エネルギー）と重心まわりの回転の運動エネルギーの和であることがわかっている。

(5) 力学的エネルギー保存則（$E_0 = E_1$）から以下の式を導け：

$$Mgh = \frac{Mv^2}{2} + \frac{I\omega^2}{2} \tag{12.18}$$

(6) (3) で得た関係と前小問から以下の式を導け：

$$2gh = v^2\left(1 + \frac{I}{MR^2}\right) \tag{12.19}$$

(7) 式 (12.19) から次式を導け：

$$v = \sqrt{\frac{2gh}{1 + I/(MR^2)}} \tag{12.20}$$

(8) 慣性モーメント I が 0 の場合，$v = \sqrt{2gh}$ となることを示せ。これは質量 M の質点が坂を滑り降りるときの速さに等しい。

(9) X が，質量 M が縁に集中している円環の場合，$v = \sqrt{gh}$ となることを示せ。

(10) X が，質量 M が一様に分布している円盤の場合，v はどうなるか？

　式 (12.20) から，円形物体が転がり下る速さは $I/(MR^2)$ に依存することがわかる。これは興味深い結論だ。というのも円形の物体の慣性モーメント I は多くの場合，MR^2 に比例するのだ。そのため，$I/(MR^2)$ を求めると質量 M や半径 R が約分されて消えてしまうのだ。たとえば

　円環は式 (12.8) より，$I/(MR^2) = 1$

　円盤は式 (12.11) より，$I/(MR^2) = 1/2$

　球殻は例 12.1 より，$I/(MR^2) = 2/3$

　一様に詰まった球は例 12.1 より，$I/(MR^2) = 2/5$ となる。このように，$I/(MR^2)$ は物体の質量や大きさによらない定数になってしまうことが多い。つまり，転がる物体の速さは物体の質量や大きさによらず，形状（質量が全体の中のどのあたりに多く分布しているか）によって決まるのだ。たとえば円環の転がる速さは円環の質量や大きさによらず同じだし，円盤の転がる速さは円盤の質量や大きさによらず同じである。しかし円環と円盤では転がる速さは違うのだ。実際，式 (12.20) をじっと睨むと，$I/(MR^2)$ が大きければ転がる速さ v は小さくなることがわかる。

問 169　円環，円盤，球殻，中身が一様に詰まった球を，同じ斜面に転がすことを考える。すると

　（速い）詰まった球，円盤，球殻，円環（遅い）という順番になるはずだ。その理由を説明せよ。やる気があれば（笑）実際に実験して確かめてみよ。円盤のかわりに円柱，円環のかわりに円筒を使ってもよい。

> **学びのアップデート**
> 自由落下の速さはどんな物体でも同じだが，転がり下る速さは物体によって違う。

問 170　ガリレオ・ガリレイは質量の異なる 2 つの球を斜面に転がして速さが同じであることを観察

し，物体の落下の速さは質量によらないということを発見したと言われる。ところがガリレイがもし，片方は中空の球を，もう片方は中身がびっちり詰まった球を実験に使ったとしよう。その場合，科学の歴史はどう変わったと君は考えるか？

12.5 （発展）分子の回転運動

慣性モーメントは化学でも重要だ。多原子分子は温度に応じて並進と振動と回転という3種類の運動をする[*7]。この回転運動の性質を解析することで分子の様子を調べることができる。

例として，質量 m の原子2個からなる2原子分子を考える。原子間の距離を d とする。重心は原子どうしの中間点にある。2つの原子を結ぶ直線に垂直で重心を通るひとつの直線を軸とする回転運動を考える（図 12.11）。重心から各原子までの距離を r とする。当然 $d = 2r$ だ。

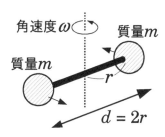

図 12.11 2 原子分子の回転。

P.160 で学ぶ「エネルギー等分配則」によれば，一般に，絶対温度 T の気体の1分子は，ひとつの自由度につき $k_B T/2$ という運動エネルギーを平均的に持つ。今考えている回転運動も1つの自由度を持った運動といえるので，この回転に関する平均的な運動エネルギー K は

$$K = \frac{1}{2} k_B T \tag{12.21}$$

である[*8]。一方，この原子の慣性モーメント I は，問 161 より $I = 2mr^2$ だ。したがって次式が成り立つ：

[*7] ただし常温では振動運動は熱にあまり関係しない。
[*8] これまで運動エネルギーを T で表すことが多かったが，この問題では T は温度を表すので，それとの混乱を避けるために運動エネルギーを K と書いた。

$$K = \frac{1}{2} I \omega^2 = mr^2 \omega^2 \tag{12.22}$$

問 171 この2原子分子について

(1) 次式を示せ：

$$\omega = \frac{1}{r} \sqrt{\frac{k_B T}{2m}} \tag{12.23}$$

(2) 窒素原子 ^{14}N と ^{15}N の質量をそれぞれ求めよ（kg 単位で）。

(3) 窒素分子の原子間距離は $d = 0.11$ nm である。常温（300 K）における，$^{14}N_2$ 分子の回転の角速度 ω_1 と，$^{15}N_2$ 分子の回転の角速度 ω_1 を調べよ。両者にはどのくらいの差があるか？

君は，元素の同位体は化学的特性が同じなので化学的に分別することは難しいと習っただろう。しかしこの問題でわかるように，異なる同位体は同じ温度のもとでも異なる角速度で回転する。これによって異なる同位体が発したり吸収したりする光の波長は微妙に異なる。これが同位体計測の鍵である。

ただしこの問題で扱った方法はニュートン力学に基づく「古典的」と言われるものであり，正確ではない。実際は分子の回転運動は古典的な扱いではダメで，量子力学で扱わねばならない。しかしこのような古典的な扱いでもいろんなことがわかるし，量子力学的な扱いをするときに考え方の出発点となる。

12.6 （発展）剛体振り子

大学の「物理学実験」という科目には振り子を利用して重力加速度を測る実験が行われることが多い。そこでは P.133 問 143 で学んだ糸に質点がつるされた振り子でなく，剛体の振り子を使う。ここではその予習をしておこう。

問 172 質量 M の剛体に穴が開けられ，その穴に軸を通してその軸が定点 P に固定されている（図 12.12）。剛体は軸のまわりに自由に回転することができる。軸のまわりの回転の慣性モーメントを I とする。剛体の重心を G とする。P から G までの距離は l である。G が最も下に来たときの位置を O とする。剛体を少し持ち上げて静かに手放すと重

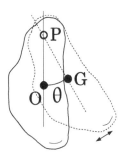

図 12.12　剛体振り子。

心 G は鉛直平面内で振動運動をする。時刻 t における重心の位置を $G(t)$ とし，角 OPG を $\theta(t)$ としよう。空気抵抗は無視する。

(1) 時刻 t における剛体の運動エネルギー $T(t)$ は次のようになることを示せ：

$$T(t) = \frac{1}{2} I \left(\frac{d\theta}{dt} \right)^2 \tag{12.24}$$

(2) 時刻 t におけるこの剛体のポテンシャルエネルギー $U(t)$ は次のようになることを示せ（ただし G が点 O にあるとき $U = 0$ と定める）。

$$U(t) = M g l \left(1 - \cos\theta \right) \tag{12.25}$$

(3) 力学的エネルギー保存則から次式（剛体振り子の運動を表す方程式）を得よ：

$$I \frac{d^2\theta}{dt^2} = -M g l \sin\theta \tag{12.26}$$

(4) ここで「等価振り子の長さ」というものを

$$\bar{l} = \frac{I}{M l} \tag{12.27}$$

と定義し，$\bar{l}$ を使って上の方程式を書き換えると次式になることを示せ（これは質点の振り子で出てきた P.133 式 (10.32) と同じ形!!）：

$$\frac{d^2\theta}{dt^2} = -\frac{g}{\bar{l}} \sin\theta \tag{12.28}$$

(5) 角 θ が十分に 0 に近い範囲で変化するならば，式 (12.28) は次のように近似できることを示せ：

$$\frac{d^2\theta}{dt^2} = -\frac{g}{\bar{l}} \theta \tag{12.29}$$

(6) 上の方程式について $\theta = \theta_0 \cos\omega t$ という式を仮定して代入し，振動の角速度 ω を求め，振動の周期 T が次式のようになることを示せ：

$$T = 2\pi \sqrt{\bar{l}/g} \tag{12.30}$$

(7) 次式を導け：

$$g = \left(\frac{2\pi}{T} \right)^2 \bar{l} \tag{12.31}$$

12.7　（発展）慣性モーメントと角運動量

慣性モーメント I は剛体の回転運動の運動エネルギーを P.150 式 (12.6) のように表すために定義された。しかし慣性モーメントの効用はもうひとつある。それは P.145 式 (11.28) に張った伏線である。すなわち，剛体の角運動量やその大きさ L は一般的に $L = I\omega$ を拡張して表すことができるのだ。そのことを説明しよう。

いま，n 個の質点からなる剛体の回転運動を考える。すなわち全ての質点が一斉に同一の回転軸のまわりを角速度 ω で回転しているとする（$\omega > 0$ とする）。k 番目（$k = 1, 2, \cdots, n$）の質点のことを「質点 k」とよび，その質量を m_k，回転軸からの距離を r_k とする。

質点 k の速さ v_k は $v_k = r_k\omega$ である。したがって質点 k の運動量の大きさ p_k は $p_k = mv_k = mr_k\omega$ である。したがって質点 k の角運動量の大きさ L_k は r_k と $mr_k\omega$ の積であり，$L_k = mr_k^2\omega$ となる（回転軸から質点へのベクトルと，質点の速度ベクトルは互いに直交しているので，それらの外積の大きさはそれらの大きさの積になる）。ところで全ての質点の角運動量は回転軸と同じ向きを向いているから，全ての質点の角運動量は互いに同じ向きを向いている。したがって全質点の角運動量（つまりこの剛体の全角運動量）の大きさ L は各質点の角運動量の大きさ L_k を単純に足せば求まる。すなわち

$$L = \sum_{k=1}^{n} L_k = \sum_{k=1}^{n} mr_k^2\omega = \left(\sum_{k=1}^{n} mr_k^2 \right) \omega \tag{12.32}$$

となる。ここで慣性モーメントの定義（P.150 式 (12.5)）を思い出すと，この式は

$$L = I\omega \tag{12.33}$$

となる。つまり角運動量の大きさは慣性モーメントと角速度の積に等しい！[*9]。

[*9]　ここで君が注意深い人ならば「それはあくまで大きさが等しいだけで，ベクトルとして等しいことは証明されていないではないか？」と思うだろう。実は式 (12.33) はベクト

これは運動量の定義：

$$\mathbf{p} = m\mathbf{v} \tag{12.39}$$

と似ている。すなわち左辺は運動量または「角」運動量で，右辺は速度または「角」速度に係数がかかっている。その係数が，片方は質量，もう片方は慣性モーメントである。つまり慣性モーメントは「回転運動版の質量」のような位置づけの量である。そのことは回転の運動エネルギーに関する話題（P.151 式 (12.7)）でも出てきたことを思い出そう。

ルの方程式に拡張できるのだ。すなわちこういうことだ：上の議論をベクトルを用いてきちんと方向まで考えて修正すると，まず，角速度は回転軸の方向を向いているベクトル量とみなすことができて，それを $\boldsymbol{\omega}$ とおき，「角速度ベクトル」とよぶ。また，質点 k の速度は $\mathbf{v}_k = \boldsymbol{\omega} \times \mathbf{r}_k$ となる（$\mathbf{r}_k$ は質点 k の位置ベクトル … 回転軸に垂直なベクトルではなく，原点からのベクトルであることに注意。すなわち $|\mathbf{r}_k| = r_k$ とは限らない）。そして質点 k の角運動量は $L_k = \mathbf{r}_k \times (m_k \boldsymbol{\omega} \times \mathbf{r}_k)$ となる。ここで 3 つのベクトル $\mathbf{A}, \mathbf{B}, \mathbf{C}$ の外積に関する数学の公式に以下のようなものがある（「ベクトル三重積」とよばれる。『ライブ講義 大学生のための応用数学入門』参照）：

$$\mathbf{A} \times (\mathbf{B} \times \mathbf{C}) = (\mathbf{A} \bullet \mathbf{C})\mathbf{B} - (\mathbf{A} \bullet \mathbf{B})\mathbf{C} \tag{12.34}$$

これを使うと

$$\mathbf{L}_k = m_k \{(\mathbf{r}_k \bullet \mathbf{r}_k)\boldsymbol{\omega}\} - (\mathbf{r}_k \bullet \boldsymbol{\omega})\mathbf{r}_k\} \tag{12.35}$$

となる。これを全ての質点について足したものを $\mathbf{L}$ とすると

$$\mathbf{L} = \sum_{k=1}^{n} m_k \{(\mathbf{r}_k \bullet \mathbf{r}_k)\boldsymbol{\omega}\} - (\mathbf{r}_k \bullet \boldsymbol{\omega})\mathbf{r}_k\} \tag{12.36}$$

である。これを行列を使って書き換えると以下のような式になる：

$$\begin{bmatrix} L_x \\ L_y \\ L_z \end{bmatrix} = \sum_{k=1}^{n} \begin{bmatrix} y_k^2 + z_k^2 & -x_k y_k & -z_k x_k \\ -x_k y_k & z_k^2 + x_k^2 & -y_k z_k \\ -y_k z_k & z_k x_k & x_k^2 + y_k^2 \end{bmatrix} \begin{bmatrix} \omega_x \\ \omega_y \\ \omega_z \end{bmatrix} \tag{12.37}$$

この左辺のベクトルが角運動量 $\mathbf{L}$ であり，右辺の最後のベクトルが角速度ベクトル $\boldsymbol{\omega}$ である。そして右辺の行列（Σ を含めて）を「慣性テンソル」とよび，改めて I と置く。すなわち

$$\mathbf{L} = I\boldsymbol{\omega} \tag{12.38}$$

となるのだ。

ところでこの慣性テンソル I は「対称行列」（右上と左下が同じ値である行列）だ。対称行列は固有ベクトルが互いに直交する（ように選択できる）という重要な定理がある。したがって 3 つの互いに直交する方向があり（『ライブ講義 大学生のための応用数学入門』参照），それぞれの方向を軸とする回転は，角速度ベクトルと角運動量が同じ向きを向くため軸がブレずにスムーズに回るのだ。そのような方向を主軸という。

演習問題

演習問題 18　P.153 式 (12.15) を導出しよう。図 12.9 のように回転軸を z 軸，それに直交して円盤の直径方向に x 軸，厚さ方向に y 軸をとる。円盤の中心を原点とする。円盤の厚さを b とする。密度を ρ とする。円盤上の点 (x, y, z) と z 軸との距離は $\sqrt{x^2 + y^2}$ だ。

(1) 次式を示せ：

$$I = \int_{-r}^{r} \int_{-b/2}^{b/2} \int_{-\sqrt{r^2-z^2}}^{\sqrt{r^2-z^2}} \rho(x^2 + y^2) \, dx \, dy \, dz$$

(2) ここで円盤が十分に薄いとすれば $x^2 + y^2 \fallingdotseq x^2$ であり，その近似のもとに，y について先に積分すれば（このような積分は積分の順序を適宜，入れ替えて構わない）次式が導かれることを示せ：

$$I = b \int_{-r}^{r} \int_{-\sqrt{r^2-z^2}}^{\sqrt{r^2-z^2}} \rho x^2 \, dx \, dz \tag{12.40}$$

(3) 次式を示せ（ヒント：前式を x について積分）：

$$I = b \int_{-r}^{r} \left[\rho \frac{x^3}{3} \right]_{-\sqrt{r^2-z^2}}^{\sqrt{r^2-z^2}} dz$$
$$= \frac{2b\rho}{3} \int_{-r}^{r} (r^2 - z^2)^{3/2} \, dz$$

(4) 次式を示せ（ヒント：上式の被積分関数は z に関する偶関数）：

$$I = \frac{4b\rho}{3} \int_{0}^{r} (r^2 - z^2)^{3/2} \, dz \tag{12.41}$$

(5) 次式を示せ（ヒント：$z = r \sin\theta$ と置換し置換積分。$dz = r \cos\theta \, d\theta$ であり，積分区間は $0 \leq \theta \leq \pi/2$ であることに注意）：

$$I = \frac{4br^4\rho}{3} \int_{0}^{\pi/2} \cos^4\theta \, d\theta$$

(6) 次式を示せ（ヒント：オイラーの公式 $\cos\theta = (e^{i\theta} + e^{-i\theta})/2$ を使う）：

$$\cos^4\theta = \frac{\cos 4\theta}{8} + \frac{\cos 2\theta}{2} + \frac{3}{8} \tag{12.42}$$

(7) 次式を示せ（$M = \pi b r^2 \rho$ に注意）：

$$I = \frac{M r^2}{4} \tag{12.43}$$

問の解答

答160 (1) 略。(2) 式 (12.5) より，I の単位は $m_k r_k^2$ の単位なので，$\mathrm{kg\ m^2}$

答161 式 (12.5) で $n = 2$, $r_1 = r_2 = r$, $m_1 = m_2 = m$ とすればよい。$I = m r^2 + m r^2 = 2 m r^2$

答162 式 (12.5) で $n = 3$, $r_k = r$, $m_k = m$ とすればよい。$I = 3 m r^2$

答163 式 (12.5) で，$r_k = r$, $m_k = m$ とすればよい。$I = n m r^2$

答164 前問で $n m = M$ とすれば与式を得る。

答165 円環盤も円環の一種だ。この円環盤をどこか1箇所で切ってまっすぐに伸ばしたら断面積は $b\Delta r$，長さは $2\pi r$ の鉄棒になる。その体積は $2\pi b r \Delta r$。密度が ρ なので質量は $2\pi \rho b r \Delta r$。これを M として式 (12.8) に代入すると与式を得る（ただしここでは慣性モーメントを I でなく ΔI と書いていることに注意）。

答166

(1) 円盤を Δr の幅の n 個の円環盤に分割し，式 (12.9) で与えられる各円環盤の慣性モーメントを足し合わせると，円盤の慣性モーメント I になるはずだ。すなわち次式のように書ける：

$$I = \sum_{k=1}^{n} 2\pi \rho b r_k^3 \Delta r \tag{12.44}$$

ここで r_k は k 番目の円環盤の半径である。分割をどんどん細かくして Δr を十分に 0 に近づけ，円環の数をどんどん増やすならば，この式は次式のようになる：

$$I = \int_0^R 2\pi \rho b r^3 \, dr \tag{12.45}$$

ここで R は円盤の半径である。この積分を実行すると $I = \pi \rho b R^4 / 2$。ここで改めて R を r に置き換えると式 (12.10) を得る。

(2) この円盤の質量 M は $M = \pi \rho b r^2$ なので，式 (12.10) より $I = M r^2 / 2$ となり，式 (12.11) を得る。

(3) 同質量の円環の慣性モーメントは式 (12.8) より $M r^2$ である。この円盤の慣性モーメント（前小問で求めた）$M r^2 / 2$ はそれの半分である。

答167 慣性モーメントの本来の定義，つまり式 (12.5) では r_k は原点からの距離ではなく，回転軸からの距離だった。連続的な剛体に関する慣性モーメントも事情は同じだ。したがって剛体の各部分について，r として原点からの距離つまり $\sqrt{x^2 + y^2 + z^2}$ ではなく，回転軸（z 軸）からの距離つまり $\sqrt{x^2 + y^2}$ を考えねばならない。

答168

(1) P.57 式 (4.41) で $m = M$ として，$U = Mgh$。

(2) 速さが 0 なので運動エネルギーは 0。したがって力学的エネルギー E_0 はポテンシャルエネルギー U だけである。したがって (1) より $E_0 = Mgh$

(3) 速さは進んだ距離（$R\omega\Delta t$）を時間（Δt）で割ったものなので $R\omega\Delta t / \Delta t = R\omega$。

(4) 重心の運動エネルギーは $Mv^2/2$ であり，回転の運動エネルギーは（式 (12.6) より）$I\omega^2/2$ である。これらを足すと与式を得る。

(5) (1) と (4) より与式を得る。

(6) 前小問の式に (3) の結果を代入して v を消すと

$$Mgh = \frac{M R^2 \omega^2}{2} + \frac{I\omega^2}{2} \tag{12.46}$$

となる。両辺を 2 倍して M で割ると与式を得る。

(7) 略（式 (12.19) を $v =$ の形に式変形すればよい）。

(8) 略（式 (12.20) に $I = 0$ を代入するだけ）。

(9) 式 (12.8) より $I = MR^2$。これを式 (12.20) に代入して与式を得る。注：式 (12.8) の r を勝手に R に置き換えて良いのか？ と思う人はそれぞれの式で使われている記号の定義に戻って考えよう。

(10) 式 (12.11) を式 (12.20) に代入して $v = \sqrt{4gh/3}$

答169 略。

答170 略（自由に考え友人と議論せよ。それが大学の学び）。

答171 略。(3) は $10^{12}/\mathrm{s} \sim 10^{13}/\mathrm{s}$ 程度の量になる。

答172

(1) 剛体の振動運動は，ごく短い時間を切り出して考えれば軸を中心とする回転運動の一部とみなすことができる。その角速度 ω は単位時間あたりに変化する角なので，θ を時刻 t で微分したものに等しい。したがって $\omega = d\theta/dt$ である。これを P.150 式 (12.6) に代入して与式を得る。

(2) 剛体の（重力による）ポテンシャルエネルギーは，基準点からの重心の高さと全質量，そして重力加速度をかけたものに等しい（問 168(1) 参照）。題意より，定点

（軸の位置）P から原点 O までの距離は l である。P から重心 G までの距離も l だが，剛体が角 θ だけ傾いているときは，P と G の高さの差は $l\cos\theta$ となる。したがって原点 O と重心 G の高さの差は $l - l\cos\theta$ となる。したがってポテンシャルエネルギーは与式のようになる。

(3) 力学的エネルギー保存則より，$T(t) + U(t)$ は時刻によらぬ定数である。したがって $T(t) + U(t)$ を t で微分したら恒等的に 0 になる。したがって，

$$\frac{d}{dt}\{T(t) + U(t)\}$$
$$= \frac{d}{dt}\left\{\frac{1}{2}I\left(\frac{d\theta}{dt}\right)^2 + Mgl(1 - \cos\theta)\right\}$$
$$= I\left(\frac{d\theta}{dt}\right)\left(\frac{d^2\theta}{dt^2}\right) + Mgl\sin\theta\frac{d\theta}{dt} = 0$$

この式から与式を得る（$d\theta/dt = 0$ でもこの式は成り立つが，それは θ が一定，つまり静止状態をあらわすので，ここでは除外する）。

(4) 略（式 (12.27) を使って式 (12.26) から I を消去すると式 (12.28) を得る）。

(5) $\sin\theta = \theta$ と近似すれば与式を得る。

(6) 注：以下の ω は (1) で出てきた ω とは別物である。$\theta = \theta_0\cos\omega t$ を式 (12.29) に代入すると

$$-\omega^2\theta_0\cos\omega t = -\frac{g}{l}\theta_0\cos\omega t \tag{12.47}$$

となる。これが全ての t について成り立つから $\omega^2 = g/l$。振動の周期 T は，$T = 2\pi/\omega$ より，与式を得る。

(7) 式 (12.30) を $g =$ の形に式変形すれば与式を得る。

受講生の感想 22　慣性モーメントを学ぶ前は，自転車や車の車輪は円環に近いので円環のほうが円盤よりも速く坂道を転がると考えていた。しかし円環と円盤それぞれの慣性モーメントの違いを学んだことで考えが覆った。これは私にとって衝撃的なことであり，大きな学びになった。

受講生の感想 23　講義を受ける前と後では，日常生活における物事に対する着眼点が非常に変化したと感じる。以前は何とも思っていなかった光景にもふと物理の法則が隠れていることを発見できるようになった。自分の自然観・世界観は，今まではただのイメージや想像で思い込んでいる部分が多かったのが，ニュートン力学の体系を学んだことで，しっかりとした根拠を持った論理的な考えに支えられた思考で考える部分が多くなった。

第 13 章

熱力学入門

熱や温度に関する物理学を熱力学という。それらは
ニュートン力学と多くの接点を持つのでここで概略を学
んでおこう。なお，熱力学は化学との繋がりが深いので，
本章は化学の授業の予習や復習にも活用して欲しい。

13.1　粒子の運動エネルギーと温度

　物質や物体は膨大な数の原子や分子から構成され
る。それらの粒子どうしは引力や斥力を及ぼしあ
い，時には衝突しつつ共存する。その様子を知るに
は，原理的には全粒子のそれぞれについて運動方程
式を解いて追跡すればよい。そのように個々の粒
子の挙動を論じる観点を微視的（ミクロ）な観点と
いう。

　しかし現実的にはそれは大変だし，そこまでの詳
しい様子を知る必要も少ない。むしろ興味があるの
は，粒子集団が全体として平均的にどのような性質
を持つかだ。そのような観点を巨視的（マクロ）な
観点という。

　熱力学は物質や物体の巨視的な性質を検討する。
そこで便利な指標が温度だ。温度とは何だろう？
様々な定義があるが，我々は以下を採用する[*1]（必
ず覚えよう）：

温度の定義（エネルギー等分配則とも言う）

物体を構成する粒子について，ひとつの粒
子・ひとつの自由度における平均的な運動エ
ネルギー K が

$$K = \frac{1}{2} k_B T \tag{13.1}$$

[*1]　ここで温度を T と表すことに注意。これまでは T は運動エ
ネルギーを表していたが慣習的には温度を表す方が多い。そ
こでこの章では運動エネルギーは T ではなく K で表す。

と書けるとき，T をその物体の温度（絶対温
度）とよぶ。k_B はボルツマン定数とよばれ
る定数で，

$$k_B = 1.380649 \times 10^{-23} \text{ J K}^{-1} \tag{13.2}$$

式 (13.2) をもとに定義される温度の単位を K（ケ
ルビン）という[*2]。

　ここで自由度は独立した「運動の仕方」の数のこと
である。たとえば単原子分子からなる気体（図 13.1）
では，ひとつの分子（＝原子）は 3 つの各方向（x
方向，y 方向，z 方向）に自由に直線運動ができ，各
方向の運動は互いに独立だ（x 方向に速く飛ぶとき
に y 方向にはゆっくり飛ばねばならない，というよ
うな制約は無い）。したがって自由度は 3 だ。

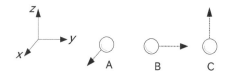

図 13.1　単原子分子気体の自由度。A: x 方向の直線運動，B:
y 方向の直線運動，C: z 方向の直線運動。

　式 (13.1) は，粒子の運動エネルギーが平均的には
各自由度に等しく割り当てられることも主張してい
る。たとえば，ある物質の中で多くの粒子が同じ特
定の方向にだけ激しく運動して，その方向の自由度
だけに大きな運動エネルギーを持つ，というような
「偏った状態」にはならないということだ[*3]。その

[*2]　温度の単位を表す K の記号は他の単位の記号と同じように
立体（正体；ローマン体）である。それに対して式 (13.1) の
左辺に出てくる運動エネルギーを表す変数 K は斜体で書い
ていることに注意。これらは全く別物だ。

[*3]　それにはちゃんとした理由があるのだが，難しいのでここで

事情を表して，式 (13.1) のことを<u>エネルギー等分配則</u>とよぶこともある。

式 (13.1) は定義なので，とりあえずその由来や正当性に疑問を持つ必要はない。むしろ不思議なのは式 (13.1) のように定義される温度が，我々の感覚である熱さ・冷たさや温度計の指す値にきちんと対応していることだ。それについては別途学んで頂きたい。

式 (13.1) は K と T が比例することを主張している。その比例係数に「ボルツマン定数」という怪しげな数となぜか「1/2」が現れているが，これらは「ケルビン」という「温度の単位」を人類が採用してしまったことに対応するつじつま合わせ（単位換算）のために過ぎない。実際，運動エネルギーと温度が比例するのならいっそ（粒子の 1 自由度あたりの平均的な）運動エネルギーそのものを温度としてしまえばよかったのだが，今さらそれもめんどくさいので，人類はこれからも温度とエネルギーを別の次元の物理量として扱っていくのだろう。

問 173 絶対温度の定義を 5 回書いて記憶せよ。

我々の日常では温度は摂氏つまり t℃ と表す[*4]ことが多い（t は無次元の数値）。歴史的には大気圧で水が凍る温度を 0℃，沸騰する温度を 100℃ としていたが，現在は以下のように K との換算式で摂氏は定義されている：絶対温度 T のときの摂氏温度を t℃ とすると[*5]，

$$t := T/\mathrm{K} - 273.15 \tag{13.3}$$

問 174 以下はインターネットで見かけた小話である：
教員「太陽表面の温度は＊＊＊＊度と推定されている」
学生「それは摂氏ですかケルビンですか？」

教員「（少し考えて）どちらでもよい」
なぜ教員は「どちらでもよい」と言ったのか？

気体において各分子（質量 m）が速度 (v_x, v_y, v_z) で空間を飛ぶとき，エネルギー等分配則によって，v_x に関する運動エネルギーつまり $mv_x^2/2$ の平均は，$k_\mathrm{B}T/2$ となる。したがって，平均的には[*6]

$$|\overline{v_x}| = \sqrt{\frac{k_\mathrm{B}T}{m}} \tag{13.4}$$

となる（上に付いているバーは平均を意味する）。$|\overline{v_y}|, |\overline{v_z}|$ についても同様である。すると速度の大きさ（つまり速さ）v は

$$v = \sqrt{v_x^2 + v_y^2 + v_z^2} \tag{13.5}$$

なので，v は平均的には次式のようになる：

$$\overline{v} = \sqrt{3\frac{k_\mathrm{B}T}{m}} \tag{13.6}$$

問 175 $T = 300$ K（摂氏 27 度）の空気において[*7]，
(1) 水素分子 H_2 の x 方向の平均的な速さを求めよ。
(2) 水素分子 H_2 の平均的な速さを求めよ。
(3) 窒素分子 N_2 の平均的な速さを求めよ。

ところで「化学」でグラハムの法則というのを習った人もいるだろう。それは，気体分子の速さ v がその質量 m の平方根に反比例するという法則だ。これは式 (13.6) で明らかだ。

13.2 理想気体の状態方程式（気体分子運動論）

これまで学んだことを元に，気体の温度・圧力・体積の間の関係に関する理論（気体分子運動論）を説明する。

今，簡単のため一辺の長さが L の立方体の箱を考える。図 13.2 のように立方体の中心を原点 O とし，x, y, z 軸のそれぞれに立方体の面が直交するよ

は述べない。興味ある人は「統計力学」という分野を勉強してみよう！

[*4] C はセルシウス（Celcius）という学者の名前から来ており，「セルシウス氏」を縮めて「セ氏」，そしてその「セ」に漢字の「摂」をあてたので摂氏となった。

[*5] ℃ を後に付けているので t は無次元であり，T/K も温度を単位で割っているので無次元である。したがって 273.15 も無次元量であり単位は不要。ちなみに ℃ で割らなかったのは，摂氏での温度は「数値と単位の積」ではないからである。

[*6] 厳密には v_x の 2 乗平均平方根（root-mean-square）。

[*7] 空気には水素分子も窒素分子も混ざっている。そのように異種分子が混合した気体でも個々の分子についてここまでの話は成り立つ。

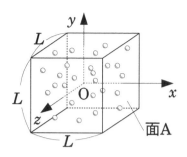

図 13.2　気体分子の運動を考える座標系と箱。

うに座標軸を設定する。点 $(L/2, 0, 0)$ で x 軸と直交する面を面 A とよぶ。

この箱の中に N 個の気体分子が入っているとする。ここで以下の仮定を置く：

理想気体の仮定
- 気体分子の大きさは十分に小さい。
- 気体分子同士に働く内力は無視できる。

この 2 つの仮定を満たす分子からなる気体を理想気体という。これはモデルであり、厳密には実在しない。現実の気体は多かれ少なかれ、理想気体とは違う性質を持つ。現実の気体のめんどくさい性質を忘れて単純化して理論的に扱いやすくしたのが理想気体である。とはいえ多くの場合で現実の気体を理想気体として扱っても概ね OK である。理想気体は優れたモデルなのだ。

さて今、立方体の中には理想気体が入っているとする。箱の中では気体分子が飛び交っており、絶えずその一部が面 A に内側から衝突し、跳ね返されている。この衝撃が面 A を外に押し出そうとするので、それを打ち消すように外側から適当な圧力（P とする）をかけないとこの箱は破裂してしまう（図 13.3）。

その事情を詳しく見てみよう：今、簡単のためにどの気体分子も x 軸に沿った方向（x 軸の正の方向か負の方向）に一定値 v_x という速さで動いているとしよう（$0 < v_x$ とする）。つまり x 軸方向の速度は v_x か $-v_x$ であるとする（実際は気体分子の速度は様々であり、x 軸に沿った速度の 2 乗平均平方根が v_x に等しいだけだが、仮にそのようなことを考慮して厳密に理論展開しても以下と同じ結論に

図 13.3　面 A の付近（z 軸の正の方向から見たところ）。分子が面 A にひっきりなしにぶつかるので、面 A を外側から圧力 P で支えていないといけない。

至る）。したがってどの気体分子も時間 Δt の間に $v_x \Delta t$ だけ x 軸に沿って移動する（そのうち半分は面 A に向かう方向で、残りは面 A から離れる方向である。そのことは後で考慮する）。したがって時間 Δt の間に内側から面 A に衝突する気体分子は面 A から距離 $v_x \Delta t$ までの領域にいるはずだ。その領域の体積は

$$L^2 v_x \Delta t \tag{13.7}$$

である。箱の中の気体分子は均等に分布すると考えれば、上述の領域の中の分子数は領域の体積に比例するので

$$\frac{L^2 v_x \Delta t}{L^3} N \tag{13.8}$$

となる[8]。この個数のうち半分が x 軸の正方向（面 A に向かう方向）、半分が x 軸の負の方向（面 A から離れる方向）に進むので、面 A に衝突する個数は

$$\frac{1}{2} \frac{L^2 v_x \Delta t}{L^3} N = \frac{N v_x \Delta t}{2L} \tag{13.9}$$

となる。

さて気体分子 1 個が面 A にぶつかって跳ね返る状況を考えよう。気体分子が跳ね返るとき、面 A との間に摩擦が働かず、分子の運動エネルギーは変化しない（弾性衝突）とすると、面 A に平行な速度成分（v_y と v_z）は変化せず、面 A に垂直な成分（v_x）が大きさを変えずに符号だけ反転する。すると x 方向の運動量は衝突前は mv_x、衝突後は $-mv_x$ になるので、結局 1 個の気体分子の衝突前後の運動量変化は次式になる：

---

[8]　箱の体積は L^3 であり、その中に N 個の気体分子が均等に分布している。したがって箱の中の気体分子の数密度（単位体積当たりの分子数）は N/L^3 だ。これに、いま考えている領域の体積（式 (13.7)）をかければ、その領域内の気体分子数が得られるはずだ。それが式 (13.8) である。

$$-mv_x - (mv_x) = -2mv_x \qquad (13.10)$$

実際は 1 個でなく式 (13.9) で表される個数が Δt の間に面 A にぶつかるので，それらの運動量変化の合計は次式になる：

$$\frac{Nv_x\Delta t}{2L} \times (-2mv_x) = -\frac{Nmv_x^2\Delta t}{L} \qquad (13.11)$$

この運動量変化は面 A に外側からかかる力がもたらす力積に等しいはずだ（P.119 式 (9.9) で学んだ，運動量変化＝受けた力積）。

面にかかる力は圧力×面積であり，面 A の面積は L^2 だ。したがって面 A に（外側から）かかる力は $-PL^2$ である（マイナスは力の向き，つまり x 軸の負の方向を表すためにつけた）。その力による力積は

$$-PL^2\Delta t \qquad (13.12)$$

となる。式 (13.11) と式 (13.12) が一致することが面 A が静止する条件である：

$$-PL^2\Delta t = -\frac{Nmv_x^2\Delta t}{L} \qquad (13.13)$$

これを整理すると

$$PL^3 = Nmv_x^2 \qquad (13.14)$$

となる。いま L^3 は箱の体積 V なので，式 (13.14) は

$$PV = Nmv_x^2 \qquad (13.15)$$

となる。さらに式 (13.4) より v_x^2（の平均）は

$$\frac{k_{\mathrm{B}}T}{m} \qquad (13.16)$$

なので，式 (13.15) は以下のようになる：

理想気体の状態方程式

$$PV = Nk_{\mathrm{B}}T \qquad (13.17)$$

ここで分子数を「個」でなくて「モル」で表したものを物質量という（昔はモル数と言っていた）。すなわち分子数を N とするとき，物質量 n は以下で定義される：

$$n := N/N_{\mathrm{A}} \qquad (13.18)$$

ここで N_{A} はアボガドロ定数と呼ばれる量で，

$$N_{\mathrm{A}} := 6.02214076 \times 10^{23} \ \mathrm{mol}^{-1} \qquad (13.19)$$

である。

式 (13.18) から $N = nN_{\mathrm{A}}$ なので，式 (13.17) は以下のようになる：

$$PV = nN_{\mathrm{A}}k_{\mathrm{B}}T \qquad (13.20)$$

ここで物理学の慣習として「気体定数」というものを導入する：

気体定数の定義

以下で定義される定数 R を気体定数とよぶ：

$$R = N_{\mathrm{A}}k_{\mathrm{B}} \qquad (13.21)$$

その値は $8.31446261815324 \ \mathrm{J \ mol^{-1}K^{-1}}$ である。

すると式 (13.20) は以下のように書ける[*9]：

理想気体の状態方程式（物質量で表す場合）

$$PV = nRT \qquad (13.22)$$

問 176 理想気体とは何か？

問 177 理想気体の状態方程式を導出せよ（上記の解説を整理して再現すればよい）。

式 (13.2) と式 (13.19) はそれぞれボルツマン定数とアボガドロ定数の定義であり，誤差を持たない。したがってそれらの積である気体定数も誤差を持たない。そのために大変たくさんの桁がある。これら全てが有効数字である。しかし実用上は，それらの

[*9] 高校物理では気体分子運動論と状態方程式から式 (13.1) を導くというストーリーだが，物理学の理論体系では話は逆であり，まず式 (13.1) が基本原理から導かれ，そしてそれを気体分子運動論に適用して状態方程式が導かれる（ここで見たように）。

3 桁程度を覚えておけばよい。

問 178

(1) ボルツマン定数 k_B の値を有効数字 3 桁で述べよ。

(2) 気体定数 R の値を有効数字 3 桁で述べよ。

(3) ボルツマン定数と気体定数の関係を式で述べよ。

よくある質問 191　誤差を持たないってどういうことですか？ 僅かでも誤差はあるのでは？… 人類はボルツマン定数とアボガドロ数を上記の数値で表される量と定義したのです。そう決めた以上は誤差は無いのです。それぞれの定数がそのような値に決まるように，単位 (mol, K など) を調整するのです。つまりこれらの定数の定義は本質的には単位の定義なのです。そのような定数は，他にプランク定数，電荷素量，光速があります。

13.3　理想気体の内部エネルギーと温度

さて物質や物体を構成する全ての粒子のエネルギー（運動エネルギーとポテンシャルエネルギー）を合計したものをその物質や物体の「内部エネルギー」という（定義）。ここで理想気体を考えよう。**理想気体では**気体分子が相互に及ぼす力は無視できるので，気体分子同士が及ぼし合う力（内力）によるポテンシャルエネルギーは無視できる。また，重力によるポテンシャルエネルギーは運動エネルギーよりはるかに小さい（極低温でなければ）。したがって理想気体の内部エネルギーは大部分が気体分子の運動エネルギーの総和だと考えてよい（このことは実は微妙であり，後で再検討する）。

エネルギー等分配則によれば，運動エネルギーは 1 粒子あたり・1 自由度あたり平均的に $k_B T/2$ だ。このことから，自由度 F の気体分子 N 個からなる理想気体の内部エネルギーを $U_{理想気体}$ とすると[10]，

$$U_{理想気体} = \frac{F}{2} N k_B T \tag{13.23}$$

となる。すなわち**理想気体の内部エネルギーは温度**

に比例し圧力や体積とは直接には無関係である[11]。

さて式 (13.23) において分子の物質量が n だとすると，$N = n N_A$ だから

$$U_{理想気体} = \frac{F}{2} n N_A k_B T \tag{13.24}$$

となる。式 (13.21) を使うと

$$U_{理想気体} = \frac{F}{2} n R T \tag{13.25}$$

となる。単位物質量あたり（1 モルあたり）では，

$$U_{理想気体} = \frac{F}{2} R T \tag{13.26}$$

となる。

注意：熱力学では「単位物質量あたり」（モルあたり）になっている量がよく出てくるのだが，それを区別・明言しないことが多い。たとえば式 (13.25) と式 (13.26) は明らかに違う量（後者は単位物質量あたり）なのだが，同じ記号・同じ呼び方を用いてしまうのだ。したがって，今考えている量が，「単位物質量あたり」なのかどうかを常に意識し，気を付けて頂きたい。たとえば「標準生成エンタルピー」という語が意味する量は，ほとんどの場合，エンタルピー（J を単位として表される量）ではなく「単位物質量あたりのエンタルピー」（J/mol を単位として表される量）である。

では自由度 F はどう決まるのだろうか？ 図 13.1 のように単原子分子気体（He, Ne 等）は 3 方向の直線運動の自由度を持つので $F = 3$ だ。ところが 2 原子分子（H_2, O_2, N_2 等）は回転運動も行う[12]。直線状の棒を回すのには独立した（つまり互いに直交した）軸が 2 つある[13]ので，これらの回転の自由度は 2 である。したがってこれらの分子の自由度 F は直線運動に 3，回転運動に 2 で合計 5 となる（図 13.4）。

したがって

$$単原子分子理想気体では，U_{理想気体} = \frac{3}{2} n R T \tag{13.27}$$

---

[10] 力学では U は多くの場合，ポテンシャルエネルギーを表す記号として慣習的に使われる。しかし熱力学では慣習的に U は内部エネルギーを表す。ここでは熱力学の慣習に従う。

[11] もちろん圧力と体積は温度と関係があるから，圧力や体積も温度を介して間接的に関係する。

[12] 回転運動にも運動エネルギーがあることは第 12 章で学んだ。

[13] 一般に物体を回転させる独立な回転軸は 3 つある。しかし直線状の分子の場合は直線の断面は大きさを持たない点とみなしてよい。したがって直線を軸にする回転は考えなくてよい。同様に 1 原子分子は点とみなしてよいので，いずれの方向を軸とする回転も考えなくてよい。

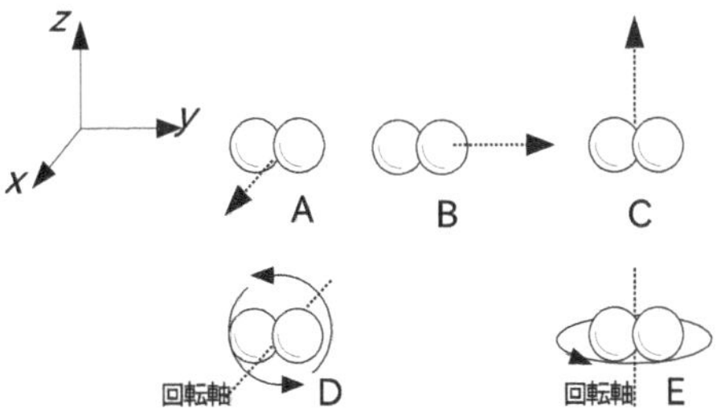

図13.4 2原子分子気体の自由度。A: x 方向の直線運動，B: y 方向の直線運動，C: z 方向の直線運動，D: x 軸まわりの回転運動，E: z 軸まわりの回転運動。

$$2原子分子理想気体では，U_{理想気体} = \frac{5}{2}nRT$$
$$(13.28)$$

となる[*14]。

このように同じ温度，同じ物質量でも，単原子分子か2原子分子かによって気体の内部エネルギーは違うのだ。分子が複雑な運動をする可能性が大きい（＝自由度が多い）ほど気体は大きな内部エネルギーを持つのだ。[*15]。

ただしこれらの式は（たとえ理想気体に対しても）厳密には成り立たない。特に低温になると，回転の自由度が意味を持たなくなる（自由度が減る）とか，高温になると振動の自由度が加わってくる（自由度が増える）などの不思議な現象が起きる。それらは量子力学を使わないと説明できない。

よくある質問192　水 H_2O みたいな3原子分子はどうなるのですか？… 水はV字型の分子なので3つの軸の回りでの回転運動があり，したがって回転の自由度は3です。直線運動の自由度3と合わせて自由度は $F = 6$。式 (13.25) より $U = (6/2)nRT = 3nRT$ になります。一方，二酸化炭素 CO_2 のような直線状の分子なら，3原子分子であっても回転の自由度は2で，2原子分子のように $F = 3 + 2 = 5$ で $U = (5/2)nRT$ です。

[*14] 高校で化学や物理学を学んだ人は，この 3/2 や 5/2 は「定積モル比熱」と「定圧モル比熱」の話かと思うかもしれないが，そうではない。その話はこの後に出てくる。

[*15] 理想気体では分子の大きさは無視できるはずなのに「2原子」分子を考えるのは変ではないかと思う人もいるかもしれない。実は理想気体で「分子の大きさを無視する」としたのは，分子の大きさによって容器（分子が自由に飛び交うことのできる空間）の体積が実質的に目減りするようなことがないという意味だ。それに対して，2原子分子を考えるのは分子の回転運動が運動エネルギーを持つという性質を勘案するためであり，それは理想気体の仮定とは矛盾しない。

実は多原子分子ではそれ以外に，分子の変形（原子どうし距離や角度の変化）による振動運動の自由度も考慮する必要が出てきます。そのような自由度は温度に依存するのですが，高度な話になってくるのでこの辺で勘弁して下さい。

13.4 熱力学第一法則はエネルギー保存則

ここでいったん理想気体の話を離れ，熱力学における最も重要な基本法則のひとつを説明する。

我々は既に「力学的エネルギー保存則」を学んだが，エネルギーは熱も含めて広い範囲で保存する（どこかに消えたりどこかから湧いて出たりしない）。熱力学ではそれを以下の法則で表す：

$$\Delta U = Q + W \qquad (13.29)$$

ただし U は系（今は一般的な話をしているのでそれは理想気体であってもなくても構わない）の内部エネルギー，ΔU は内部エネルギーの変化，Q は外から系に与えられた熱，W は外から系になされた仕事である。これを熱力学第一法則という。要するに「熱と仕事が与えられたぶんだけエネルギーが増える」というわけだ。

問 179 熱力学第一法則（式 (13.29)）を5回書いて記憶せよ。「ただし書き」も書くこと！

ここで ΔU は微小量でなくても構わない。普通，Δ 何々というと（有限な）微小量を考えることが多いが，熱力学で出てくる Δ は「微小」に限定せず単なる「差」や「変化」を表す。微小を意味するときは Δ でなく d を使うことが多い。微小量で式 (13.29) を表現すると

$$dU = dQ + dW \qquad (13.30)$$

となる（dQ は外から系に加えられた微小な熱，dW は外から系になされた微小な仕事）。

ところで P.56 式 (4.34) で学んだように，系に外から力がかかっているときに，その力が系の微小な体積変化 dV に伴って系に対してする仕事（＝系がされる仕事）は

$$dW = -P\,dV \tag{13.31}$$

である。これを使うと式 (13.30) は

$$dU = dQ - P\,dV \tag{13.32}$$

と書ける。これを変形すると次式になる：

$$dU + P\,dV = dQ \tag{13.33}$$

これは微小量での式だが，**もし圧力 P が一定ならば容易に積分できて次式になる**：

$$\Delta U + P\Delta V = Q \tag{13.34}$$

これらの話は本章の後半，そして熱力学や化学の大変重要な基礎である。

13.5　熱容量と比熱

ある物体の熱容量とは，その物体の温度を単位温度だけ上げるのに必要な熱のことである。すなわち，ある物体に熱 dQ を加えた時の温度の変化が dT のとき，dQ/dT を[*16]熱容量とよぶ（定義）。熱容量は温度によって変わることがあるので，この dQ や dT はできるだけ小さい値（微小量）であるべきだ。

単位量の物質の熱容量を比熱という。すなわち，ある物質の量（質量，個数，物質量など）が X であり，その物質に熱 dQ を加えた時の温度の変化が dT のとき，

$$C := \frac{dQ}{X\,dT} \tag{13.35}$$

を比熱とよぶ（定義）。特に，物質の量 X を質量で表すときに「比熱」とよび，物質量（モル数）で表すときには「モル比熱」とよぶ。ただしモル比熱を単に比熱とよぶ場合もあるので気をつけよう。

熱容量は「物体」に関する量であり，比熱は「物質」に関する量である。

問 180　熱容量，比熱，モル比熱のそれぞれの SI 単位は $\mathrm{J\,K^{-1}}$, $\mathrm{J\,K^{-1}\,kg^{-1}}$, $\mathrm{J\,K^{-1}\,mol^{-1}}$ である

[*16] この式の中の dQ/dT を見て「Q を T で微分したもの」と思いがちだが，実は Q は必ずしも T の関数とは言えないので，それは妥当ではない。単に微小量 dQ を微小量 dT で割ったもの，と思っておこう。その微妙な違いを表現するために，dQ を $d'Q$ と書く教科書が多い（ダッシュに「関数の微小変化ではないよ」というメッセージを込めている）。

ことを確認せよ。

よくある質問 193　「物質の量」と「物質量」は違うのですか？… ここでは別の意味です。前者は文字通り，物質がどのくらいたくさんあるかを意味しており，後者はそれをモル単位で表したもの，という意味です。

よくある質問 194　熱と熱量はどう違うのですか？… 同じ意味です。強いていえば後者はその大きさを定量的に考えるときに使われがちかもしれません。

13.6　理想気体の定積モル比熱

では理想気体の話に戻る。理想気体の比熱（ここではモル比熱）について学ぼう。

気体に熱を加えたら，普通，気体は温まる。しかし同時に気体は膨張もする。このとき問 58 (P.55) で見たように気体は仕事をする。その仕事のぶんだけどこかから余計にエネルギーを得る必要がある（エネルギー保存則！）。それは気体に加えられた熱かもしれないし，気体がもともと持っていた内部エネルギーかもしれない。

とりあえずそのような面倒なことを考えるのは避けたいので，温めても気体は膨張しないという条件，すなわち気体を固くて丈夫な容器に入れて体積が変わらないようにして温めることを考えよう。このように体積一定での変化を定積変化とか定積過程とよぶ。定積変化でのモル比熱を定積モル比熱とよび，C_V と書く（添字の v は volume の v。volume が変わらないよという意味）。

体積が変わらないなら，式 (13.33) において $dV = 0$ だから

$$dU = dQ \tag{13.36}$$

となる。つまり加えた熱 dQ のぶんだけ内部エネルギーは変化する（dU）。ところで物質量 n の理想気体の内部エネルギー U は P.164 式 (13.25) より

$$U_{\text{理想気体}} = \frac{F}{2}nRT \tag{13.37}$$

である。したがって温度が dT だけ変化するときに内部エネルギーは dU だけ変化するとすれば，

$$U_{\text{理想気体}} + dU = \frac{F}{2}nR(T + dT) \tag{13.38}$$

である。これを式 (13.37) を使って整理すると

$$dU = \frac{F}{2} nR\,dT \tag{13.39}$$

となる。これに式 (13.36) を使うと次式になる：

$$dQ = \frac{F}{2} nR\,dT \tag{13.40}$$

したがって定積モル比熱は（式 (13.35) より）

$$C_\mathrm{v} = \frac{dQ}{n\,dT} = \frac{F}{2} R \tag{13.41}$$

となる。13.3 節（P.165）の議論から，常温では単原子分子理想気体は $F=3$，2 原子分子理想気体は $F=5$ なので，常温では

単原子分子理想気体： $C_\mathrm{v} = \dfrac{3}{2} R$ (13.42)

2 原子分子理想気体： $C_\mathrm{v} = \dfrac{5}{2} R$ (13.43)

である。

　ところで式 (13.41) と P.164 式 (13.25) を見比べれば次式が得られる：

$$U_{\text{理想気体}} = n\,C_\mathrm{v}\,T \tag{13.44}$$

つまり，一般的に理想気体の内部エネルギーは物質量（モル数）と定積モル比熱と絶対温度の積である。式 (13.44) の両辺の微小変化を考えれば，次式が得られる：

$$dU_{\text{理想気体}} = n\,C_\mathrm{v}\,dT \tag{13.45}$$

これは温度の微小変化と内部エネルギーの微小変化の関係である。これはどのような変化（定積に限らず）であっても成り立つ。

13.7　理想気体の定圧モル比熱

　前節では「体積一定」のもとで理想気体のモル比熱を調べた。こんどはその条件を外して，かわりに「圧力一定」という条件で考えよう。そのような条件での変化を定圧変化とか定圧過程という。定圧変化でのモル比熱を定圧モル比熱とよび，C_p と表す（添字の p は pressure の p。pressure が変わらないよという意味）。

　まず熱力学第一法則，特に P.166 式 (13.33) から出発しよう。この式の左右を入れ替え，式 (13.45) を使えば次式を得る：

$$dQ = nC_\mathrm{v}dT + P\,dV \tag{13.46}$$

ところで理想気体の状態方程式（P.163 式 (13.22)）から $PV = nRT$ である。P と n は一定で，R は定数なので $P\,dV = nR\,dT$ だ。これを上の式に代入すれば

$$dQ = nC_\mathrm{v}dT + nR\,dT = n(C_\mathrm{v} + R)\,dT \tag{13.47}$$

となる[*17]。したがって（式 (13.35) より）次式を得る：

$$C_\mathrm{p} = \frac{dQ}{n\,dT} = C_\mathrm{v} + R \tag{13.48}$$

つまり定圧モル比熱は定積モル比熱に気体定数を加えたものだ。

問 181　常温では以下が成り立つことを示せ：

単原子分子理想気体： $C_\mathrm{p} = \dfrac{5}{2} R$ (13.49)

2 原子分子理想気体： $C_\mathrm{p} = \dfrac{7}{2} R$ (13.50)

13.8　理想気体のゆっくりした断熱変化

　理想気体がピストン付きのシリンダーに密閉されている状況（P.55 図 4.6 のような状況）を考えよう。壁とピストンが断熱材でできていて，シリンダーの内側と外側の間で熱が移動しないとしよう。ここでピストンをゆっくり押し込んだり引き出したりして気体の体積を変化させると，温度や圧力はどう変わるだろうか？　このような，外部とは熱のやりとりは無く仕事のやりとりはあり得る状況での変化を断熱変化とか断熱過程という。

　理想気体分子の物質量（モル数）を n とする。温度, 圧力, 体積, 内部エネルギーをそれぞれ T, P, V, U とし，それらの微小変化を dT, dP, dV, dU とする。気体定数を R，定圧モル比熱を C_p，定積モル比熱を C_v とする。変化前の状態を状態 1 とし，変化終了後の状態を状態 2 とする。それぞれの状態での量を，下付きの数字で表す。

問 182　理想気体のゆっくりした断熱変化を考え

[*17] 式 (13.40) の dQ と式 (13.47) の dQ は違うことに注意せよ。前者は体積一定の場合，後者は圧力一定の場合である。

る。

(1) P.166 式 (13.32) の dQ はこの場合では 0 になること，そして $dU = -P\,dV$ となることを示せ。

(2) 式 (13.44) より，$dU = n\,C_{\rm v}\,dT$ となることを示せ。

(3) 状態方程式 $P = nRT/V$ と (1), (2) より

$$\frac{dV}{V} = -\frac{C_{\rm v}}{R}\frac{dT}{T} \tag{13.51}$$

となることを示せ。

(4) この式の両辺を状態 1 から状態 2 まで積分して（$C_{\rm v}/R$ は定数とみなしてよい）次式を示せ。

$$V_1 T_1^{C_{\rm v}/R} = V_2 T_2^{C_{\rm v}/R} \tag{13.52}$$

(5) ここで T_1, T_2 を状態方程式で消去し，最後に式 (13.48) を使うことで次式を示せ：

$$P_1 V_1^{\gamma} = P_2 V_2^{\gamma} \tag{13.53}$$

$$\text{ただし，} \gamma := C_{\rm p}/C_{\rm v} \tag{13.54}$$

つまり理想気体の（ゆっくりした）断熱変化では PV^{γ} が一定なのだ。これは本章の後半への伏線である。

13.9　内部エネルギーとは？

ここまで「内部エネルギー」が何回も出てきたが，ほとんど（熱力学第一法則の話題を除く）が理想気体を仮定したものだった。それは気体を構成する分子が十分小さく，分子同士に働く力を無視できる場合だ。そのような場合は各分子の運動エネルギーの総和を内部エネルギーとみなせた。

ではそうでない場合は内部エネルギーはどうなるだろう？

たとえば気体でなく固体の系なら？　その場合，固体を作る分子同士は互いに力（共有結合やイオン結合，分子間力など）を及ぼし合って，強く束縛しあっている。実はそのような状況は各粒子（原子）はバネにつけられて振動する質点としてモデル化できるのだ。

バネにくっついて振動する質点は運動エネルギーとポテンシャルエネルギーを持つことは P.110 問 122 で学んだ。したがって，内部エネルギーとして運動エネルギーだけでなくポテンシャルエネルギー

も考慮すべきである。そして実はエネルギー等分配則（P.160 式 (13.1)）は（このケースを含めて）ある条件下ではポテンシャルエネルギーについても成り立つのだ。すなわちバネについた質点の振動の自由度は運動と位置（ポテンシャルエネルギーに関与する）のそれぞれに 3 つあり，計 6 つある。したがって，常温での定積モル比熱は P.167 式 (13.41) と同様に考えて

$$\text{固体：}\quad C_{\rm v} = 3R \tag{13.55}$$

となり，内部エネルギーは式 (13.44) と同様に考えて

$$U_{固体} = 3nRT \tag{13.56}$$

となる。これらをデュロン・プティの法則という（ただしこれは低温のときは破綻する）。

では液体なら？　固体のときと同様に，分子同士が力を及ぼし合っていることが無視できない。かといってバネについた質点としてモデル化することもできない（固体と違って液体の分子は自由に移動できる）。すると分子同士の距離に応じてポテンシャルエネルギーを考える必要がある。液体に何か（溶質）が溶け込んでいて，それらが電離してイオンになっていたりしたら，それら同士の間に働く電気的な力（クーロン力）も考えねばならない。これ以上の詳細には立ち入らないが，状況は簡単ではないことがわかるだろう。

では理想気体以外の気体なら？　この場合も分子同士の力が作るポテンシャルエネルギーなどを考えねばならない。しかし農学や環境科学で気体を扱う多くのケースでは，理想気体を仮定できるだろう。

それよりもずっと重要なのは系の中で化学反応が起きる場合だ。たとえば水素と酸素の 2：1 の混合気体が反応（燃焼）すると水（水蒸気）の気体に変わる（反応後は高温低圧のため水は凝結しないものとする）。このとき内部エネルギーはどうなるのだろう？

反応前の水素・酸素混合気体も，反応後の水蒸気も，それぞれ理想気体として近似できるので，それぞれの内部エネルギーは P.167 式 (13.44) で表すことができそうである[18]。しかしそれらの差（反

----

[18] 前述したように水蒸気は V 字型の 3 原子分子なので，その $C_{\rm v}$ は $3R$。

応後 − 反応前）を ΔU としてしまうと，それは
P.165 式 (13.29) とは整合しない。というのも，も
しこの反応を体積一定で外部と断熱された容器の中
で行えば仕事も熱の出入りも無いので，式 (13.29)
から $\Delta U = 0$ のはずだ。ところが実際は燃焼熱に
よって容器の温度 T は大きく上昇し（爆発的な反応
だ！），その結果，式 (13.44) で表される U は反応
後の方が反応前よりも実際は大きい[*19]。したがっ
て $\Delta U = 0$ ではなくなり，矛盾する。

　「ならば熱力学第一法則が間違っているのでは？」
つまり「化学反応が内部で起きるなら，外部から仕
事や熱を加えられなくても内部エネルギーは変化
するのでは？」と思うかもしれないが，そうではな
い。熱力学第一法則は正しいのだ。内部エネルギー
の変化は，あくまで外との熱や仕事のやりとりでし
か生じない。したがって上の例ではやはり内部エ
ネルギーの変化 ΔU は 0 なのだ。間違っていたの
はこのような場合にも内部エネルギーを P.167 式
(13.44) で考えようとしたことなのだ。

　そもそもこの「燃焼熱」はどこから来たのだろ
う？ それは主に分子内の原子同士の結合（水素原
子同士や酸素原子同士，そして水素原子と酸素原子
の共有結合）におけるポテンシャルエネルギーであ
る。水素同士や酸素同士の共有結合より，水素と酸
素の共有結合の方がポテンシャルエネルギーが低い
ので，反応によってその差のぶんだけエネルギーが
出てきて気体を温めるのだ。つまり化学結合のポテ
ンシャルエネルギーの形で分子内に蓄えられていた
エネルギーが分子の運動エネルギーに変化したの
だ。したがって分子の運動エネルギー（つまり熱）
と化学結合のポテンシャルエネルギーの両方をあわ
せて内部エネルギーとみなせば，この反応の前後で
内部エネルギーは変わっていないのだ。

　このように，扱う対象が理想気体であっても化学
反応の前後では式 (13.44)（気体分子の運動エネル
ギー）だけを考えていてはダメなのだ。

　そもそも気体の中には，分子の運動エネルギーだ
けでなく分子**内**のエネルギーや，分子を構成する原
子の原子核内のエネルギーなどもある。それらも全
部考えないと真の意味で「内部エネルギー」とは言

えない。しかしそれらは化学反応が起きない限り，
あるいは原子核反応が起きない限り，表には出てこ
ない。出てこないということは，とりあえず忘れて
いても構わない。理想気体の内部エネルギーを式
(13.44) で表すのは，そのような「他にもいろいろ
あるけどとりあえず忘れて分子の運動エネルギーだ
け考えておこう」という立場での話である。

　それは例えて言えば，君が友人に「今いくらお金
持ってる？」と聞いて彼が「5000 円くらいかな」と
答えたとき，それは財布の中の現金だけであって，
実は銀行に 10 万円くらいの普通預金と 30 万円く
らいの定期預金があるのだが，それらは今，昼ごは
んをどの店で食べようかと相談している状況では無
関係なので考えていないというのと似ている。

　このようにエネルギーは「実は他にもあるけど今
は話題になってないので考えない」という扱いをす
ることが多い。たとえば野球のボールの運動を考え
るとき，ボール（の重心）の速さに伴う運動エネル
ギーは考えるが，ボールの熱エネルギー（ボールを
構成する分子や原子の運動エネルギー）は考えない。
またたとえば重力によるポテンシャルエネルギー
は，質量 m，重力加速度 g，高さ h とすると mgh
だが，この高さ h はその物体を動かすことのできる
範囲で適当な基準点をとって決める。ところがそこ
に深い穴を掘ってその底を基準にすれば，h の値は
変わり，mgh の値も変わるではないか‼ しかしそ
れは「穴を掘ってまでポテンシャルエネルギーを取
り出そうとは思わない」という人にとっては忘れて
よい話である。

よくある質問 195　P.166 式 (13.34) がピンと来ませ
ん。「加えられた熱」Q が「内部エネルギーの変化」
ΔU に等しいのはわかります。でも仕事 $P \Delta V$ と
いうのがわかりません… では例を挙げましょう。純
粋なエタノール（液体）と純水（液体）をまぜると，で
きた「エタノール水溶液」は暖かくなります（やったこ
とがなければやってみてください！）。この熱はどこか
ら来るのでしょう？ エタノール分子は水分子と引き合
いますから，それらどうしがくっつくと（水和すると）
互いの引力のポテンシャルエネルギーが熱として放出さ
れるのです。これが ΔU にあたります。ここでは U は
小さくなるので，ΔU はマイナスです。つまり系に熱を
「加える」のではなく系から熱が「出る」のです。だから

[*19] 反応によって分子数が減ったり C_v の値が変わったりもする
　　が，その影響を打ち消すくらい T の上昇によって式 (13.44)
　　の U は上がる。

温かくなるのです。

　しかし！ それだけではないのです！ エタノール水溶液の体積は元のエタノールの体積と水の体積を足したものよりもわずかに小さくなります。縮むのです！ このとき体積が縮む分，周囲の大気は水溶液に対して仕事をします。それが $P\Delta V$ です。ここでは ΔV はマイナスですので，$P\Delta V$ もマイナスです。つまりその仕事も外に熱として出るのです。

　したがって水溶液が温かくなるのは分子同士の引力によるポテンシャルエネルギーと，水溶液の体積が小さくなることに伴う外部（大気）による仕事の両方が寄与するのです。このように，反応熱を考えるには単に分子同士の引力や斥力によるポテンシャルエネルギーだけでなく，まわりの環境からの仕事も考慮する必要があります。それをうまく整理してくれるのが次節の「エンタルピー」です。

13.10　エンタルピーはエネルギーの一種

　多くの理系大学では 1 年次春学期化学で「エンタルピー」という概念を習う。それは化学反応や相変化の理解に必要な概念であり，特に「反応熱」に関わっている。

　ところが多くの 1 年生は「エンタルピーって結局何？」と悩む。おまけにそのあとに「エントロピー」という紛らわしい概念が出てきて混乱する。

　そのような悩みは定義を覚えていないことから発する。 くどいようだが，まず定義をきちんと覚えないと何も話が始まらない。

エンタルピーの定義

系の内部エネルギーを U，圧力を P，体積を V とすると

$$H := U + PV \tag{13.57}$$

をエンタルピーという（定義）。

問 183 ▶ エンタルピーの定義（式 (13.57)）を 5 回書いて記憶せよ。

　さて定義を覚えたらその意味を考えていこう。まずこの H の変化を考えてみる。すなわちある状態（内部エネルギー U，圧力 P，体積 V，エンタルピー H）から変化した状態（内部エネルギー $U+\Delta U$，圧力 $P+\Delta P$，体積 $V+\Delta V$，エンタルピー $H+\Delta H$）を考え，そのときのエンタルピーの変化を考えよう。変化前は

$$H = U + PV \tag{13.58}$$

変化後は

$$H + \Delta H = (U + \Delta U) + (P + \Delta P)(V + \Delta V) \tag{13.59}$$

である。後者から前者を引くと

$$\Delta H = \Delta U + P\Delta V + V\Delta P + \Delta P\Delta V \tag{13.60}$$

となる。**もしこの変化が圧力は不変（一定）の状態で行われたら**，$\Delta P = 0$ なので上の式は次式になる：

$$\Delta H = \Delta U + P\Delta V \tag{13.61}$$

この右辺は P.166 式 (13.34) の左辺と同じだから，

$$\Delta H = Q \tag{13.62}$$

となる。つまり **定圧変化では，系に加えられた熱はエンタルピーの変化（増加分）に等しい。** これがエンタルピーの「意味」だ。

よくある質問 196　これがエンタルピーの意味だと言われてもピンと来ません。なぜ定圧に限定するのですか？「系に加えられた熱」がわかって何が嬉しいのですか？… まず世の中の現象の多く，特に地上で起きる現象の多くは圧力一定のもとで起きます。たとえば君が料理を作るとき，圧力釜などを使わない限り，煮る・焼く・蒸す・混ぜる・凍らす・解凍するなどは，一定の圧力（大気圧）のもとで行います。したがって定圧を仮定しても理論の適用範囲はそんなには限定されず，むしろ状況は単純になり，記述や解析は楽になります。「系に加えられた熱」は，換言すれば「その変化を起こすのに外から加えねばならない必要な熱」です。また，マイナスの場合は「系から外に出る熱」（要するに反応熱）です。化学反応を制御したり熱源として利用するとき，これらは大事ではないですか！

ここで注意。エンタルピーは化学反応の理解や予測によく使われる。その場合，エンタルピーの定義の中の内部エネルギー U は分子の運動エネルギーだけでなく，分子内の化学結合のポテンシャルエネルギーも含めて考えるのだ。実際，前節の水素・酸素の燃焼の例（そこでは化学結合のポテンシャルエネルギーが重要だった）で出てくる「燃焼熱」は化学では「エンタルピーの変化」として考えるのだ。

13.11　エントロピー

次に学ぶのは「エントロピー」である。それはたくさんの分子や原子からなる集団が全体としてどのように自発的にふるまうかを説明するときに必要な概念である。エンタルピーに名前が似ているので初学者は混同しやすいが，両者は全く異なる量である。名前が似ているのは偶然に過ぎない。そもそも名前が似ているからといって実体どうしも似ているとか互いに関係があるとはかぎらない。たとえば福井県の小浜市と米国元大統領のオバマ氏は名前が似ているが実体は全く違う。エントロピーとエンタルピーもそういうものだと思えばよい。

> **学びのアップデート**
> 名前はただのラベル。名前から勝手に意味を類推しすぎない。

では定義を述べる。系には各状態においてエントロピーという量があり，状態 1 のときのエントロピーを S_1，状態 2 のときのエントロピーを S_2 とし，エントロピーの差，すなわち $S_2 - S_1$ を ΔS とすれば，ΔS は次式を満たすと約束する：

> **エントロピー（の差）の定義**
>
> $$\Delta S = \int_{\text{状態}1}^{\text{状態}2} \frac{dQ_{\text{rev}}}{T} \qquad (13.63)$$

ここで積分は系が状態 1 から状態 2 まで**可逆的**に変化したときに関するものであり，Q_{rev} は外から系に**可逆的**に与えられる熱，T は絶対温度である。これがエントロピーの定義だ。「可逆的」の意味は次節で述べる。

もし状態 1 と状態 2 が互いに非常に近い状態のとき，つまり変化量が微小なとき，ΔS は微小量 dS と書くことができ，また，微小変化の最中は温度 T は一定と考えてよいので，式 (13.63) は次のようにも書ける：

$$dS = \frac{dQ_{\text{rev}}}{T} \qquad (13.64)$$

このようにエントロピーはそれ自体ではなくその「変化」が先に定義される。

と言われても「わかりにくい！」と思うだろう。そう，エントロピーは初学者にはわかりにくいのだ。まず式 (13.63)，式 (13.64) をしっかり頭に入れよう。それをもとに様々な話に触れていれば，次第にエントロピーがわかってくるだろう。

問 184　上のエントロピーの定義（式 (13.63)）を 5 回書いて記憶せよ。

よくある質問 197　エントロピーとエンタルピーという紛らわしい名前にしたのはなぜでしょう？… 英語では entropy と enthalpy。t と th，r と l という日本人には紛らわしい発音が 2 つもあります。ということは日本人以外はそんなに紛らわしいとは思っていないかもしれませんね。

13.12　可逆過程と準静的過程

これから少しずつエントロピーの意味を探っていく。

まずエントロピーの定義で可逆的という言葉が出てきた。これは大切なキーワードだ。ある系の状態が変化したとき，（その気になれば）変化後の状態から変化前の状態に戻すことができ，しかも外部に何の影響も残さないようにそれができる場合，そのような変化を可逆的な変化あるいは可逆過程という（定義）。

例 13.1　物体を重力に逆らってゆっくり持ち上げるという操作を考えよう。持ち上げるときにエネル

ギー（＝ 仕事 ＝ 重さ×持ち上げる高さ）が必要だが，それを電池でまかなったとしよう。持ち上がった後に物体を元の高さまで戻すとき，物体にヒモをつけてそれで発電機を回して電池に充電すれば，持ち上げるときに使ったエネルギーを埋め戻し，結果的に何の影響も残らない。したがって「物体を重力に逆らって持ち上げる」のは可逆過程だ（これは重力が保存力であることに関係する）。

例 **13.2**　ある速さで地面を滑っていた物体が地面との摩擦によって止まるという動作を考えよう。このとき物体が持っていた運動エネルギーは摩擦によって熱エネルギーに変えられてしまう。この変えられた熱エネルギーをもういちど集めて物体の運動エネルギーに変えて物体を滑らせるというのはどう考えても無理だ。したがって運動する物体が摩擦力によって止まるのは可逆過程ではない（これは摩擦力が非保存力であることに関係する）。

熱力学では理想気体の状態変化がよく例に使われるので以後はそのような話に絞ろう。

例 **13.3**　理想気体の（ゆっくりした）断熱変化（P.167で述べた）は可逆変化だろうか？ ピストンをゆっくり押し込んでいくと気体の体積は減り，圧力は高まり，温度も上がっていく。ある時点でそれをやめて元の状態になるまでピストンを徐々に戻すと，もとの温度・圧力・体積に戻る。ピストンを押し込むときに外力（ピストンを押す手か何か）は気体に対して仕事をしたが，ピストンが戻るときに気体は同じ大きさの仕事を外力に逆らってするので仕事の差し引きも 0 である。仕事は例 13.1 のように電池から得たり（発電機を使って）戻したりできるので，外部に何も影響を残さないことが可能だ。したがって**理想気体をゆっくりと断熱変化させるのは可逆過程だ**。

では温度が変わらずに理想気体が膨張したり収縮する変化（等温変化）はどうだろうか？

例 **13.4**　理想気体を温度を一定に保ったまま体積を膨張または圧縮させることを考える。今回も気体をピストン付きの容器に入れるが，こんどはピストン

の壁は熱をよく通す素材でできており，壁を介して気体と外の間で熱が容易に出入りできる状況を考える。この容器を一様な温度を持つ大きな環境（熱容量が無限に大きなもの，たとえば大きなお風呂）に浸しながらピストンを動かそう。もしピストンをあまりに速く動かすと気体の膨張や収縮が急激に起きて気体の温度が大きく変わってしまう。それを避けるためにピストンはゆっくり動かすことにしよう。すると気体がわずかでも温まったらその熱が外に逃げるし，わずかでも冷えたらそれを埋め合わせる熱が外から流れ込む。そうすれば気体の温度と周囲の温度の差が限りなく 0 に近い状態を維持できる。

気体がゆっくり膨張するとき気体は環境に対して仕事をするが，それに必要な仕事と同じだけの熱が環境から気体に流れ込む。逆に気体をゆっくり圧縮するときは，環境は気体に仕事をするが，その仕事と同じだけの熱が気体から環境に流れ出す。これは，温度一定なので内部エネルギーが変化しないためである。このように，ゆっくりやれば等温変化は元に戻すことができ，外部（環境）に何も影響を残さない（膨張するときに外部から得た熱は圧縮するときに外部に戻している）。したがって**理想気体のゆっくりした等温変化は可逆過程である**。

ここで挙げた 2 つの例はいずれも気体は「ゆっくり」変化した。具体的には気体が熱平衡状態を保ちながら変化したということである。このように系が熱平衡を保ちながら（保てるくらいゆっくりと）変化するような過程を準静的過程という。

準静的過程は可逆過程とほぼ同義である。立場や定義によっては準静的過程と可逆過程を区別することもあるが，初学者はとりあえず両者はほぼ同じ意味だと思ってよかろう。

ではこれらの準静的過程でエントロピーはどう変わるだろうか？ 準静的過程は可逆過程なのでそのエントロピー変化は式 (13.63) で求められる。

まず準静的断熱変化はどうだろう？ そもそも「断熱」なので，理想気体であるなしにかかわらず外と系の間で熱の出入りは無い。つまり式 (13.63) の dQ_{rev} は 0 である。したがってこの積分も 0 であり，したがってエントロピーの変化も 0 である。要するに**理想気体であろうがなかろうが準静的断熱変化ではエントロピーは変化しない**。

準静的等温変化はどうだろう（等温であれば，温度は気体内で一様のはずだから熱平衡が実現しているはずであり，したがって必然的に準静的なので「準静的」という語は無くてもよいのだが，ここではつけておく）？　まず熱力学第一法則から熱の出入りを見積もろう。P.166 式 (13.33) より次式がなりたつ：

$$dU + P\,dV = dQ \tag{13.65}$$

理想気体の内部エネルギー U は温度だけに依存し，圧力 P や体積 V には無関係なので，準静的等温変化の前後では U は変わらないため，$dU = 0$。したがって $P\,dV = dQ$。準静的等温変化は可逆的なので dQ は dQ_{rev} であり，式 (13.63) より次式がなりたつ：

$$\Delta S = \int_{\text{状態 1}}^{\text{状態 2}} \frac{dQ_{\mathrm{rev}}}{T} = \int_{V_1}^{V_2} \frac{P\,dV}{T} \tag{13.66}$$

ここで V_1 と V_2 はそれぞれ状態 1（最初の状態），状態 2（膨張または圧縮が終わったときの状態）のときの体積を意味する。理想気体の状態方程式から $P = nRT/V$ であるので（n は物質量）

$$\Delta S = \int_{V_1}^{V_2} \frac{n\,R\,dV}{V} = n\,R \ln \frac{V_2}{V_1} \tag{13.67}$$

となる。これが理想気体の準静的等温変化におけるエントロピー変化である。

問 185 温度 300 K で 2.0 mol の理想気体を考える。この気体を体積 50 L から体積 100 L まで準静的等温過程で膨張させる。このときのエントロピーの変化はどのくらいか？　単位も付けて有効数字 2 桁で答えよ。

13.13　不可逆過程

可逆的でない変化を不可逆変化とか不可逆過程という。理想気体の不可逆過程には次のような例がある：

例 13.5 体積 V_2 の容器があり，その内部が壁で仕切られて体積 V_1 の小部屋がある。その小部屋の中に物質量 n，温度 T の理想気体が入っており，小部屋の外の容器内は真空である（それを状態 1 とよ

ぶ）。容器は形や体積を変えず，外との熱の交換も無いとする。小部屋を仕切る壁には扉がある。突然扉が開くと小部屋の中の気体が容器全体に広がる（それを状態 2 とよぶ）。この状態 1 から状態 2 への変化は可逆変化だろうか？　小部屋から容器全体に気体が広がったときは気体は何も仕事をしていない。ところが容器全体に広がった気体を小部屋に押し戻すには気体を圧縮する仕事が必要である。つまりこの変化を元に戻すのに外部からエネルギーを得る必要がある（したがって外部には影響が残らざるを得ない）。したがってこの変化は不可逆変化である。

この場合，エントロピー変化 ΔS はどうなるだろう？　容器と外部との熱のやりとりは 0 なので式 (13.63) で $dQ_{\mathrm{rev}} = 0$，だから $\Delta S = 0$？　いやそれは違う。この変化は不可逆的なので，外との熱のやりとり（それは 0 である）を dQ_{rev} とみなせない。したがって式 (13.63) を直接使うことはできないのだ。

ではどうするか？　状態 1 と状態 2 を可逆過程でつなぐストーリーを**仮想的**に考えるのだ。今の例では気体は何にも邪魔されずに勝手に広がっていったのだから，気体分子は何も仕事をしないしされない。したがって気体分子の運動エネルギーは変化しない。したがって状態 2 と状態 1 で温度も変化しない（P.164 式 (13.25) で U が変わらないなら T も変わらない）。ということは状態 1 から状態 2 への変化は，その気になれば準静的等温変化でも実現できただろう。実際，容器の壁の一部を熱が伝わりやすい素材にとりかえて小部屋と外界との熱のやりとりを可能にし，また「突然扉を開く」かわりに扉の前にビニール袋か何かをつけて徐々にそれを広げることで例 13.4 のような準静的等温変化を実現できる（なんかわざとらしい設定だが，変化がおわったときに壁を再び断熱にしてビニール袋を取り去れば，少なくとも容器とその内部に起きる結果は「扉が突然開く」場合と同じである）。準静的等温変化は可逆過程なのでそれに伴うエントロピー変化は式 (13.63) で定義も計算もできる。その結果は式 (13.67) で与えられ，それは

$$\Delta S = nR \ln \frac{V_2}{V_1} \tag{13.68}$$

である。これが例 13.5 におけるエントロピーの変

化である。このように**不可逆過程におけるエントロピーの変化は同じ結果をもたらす可逆過程を仮想的に考えたときのエントロピー変化で定義する**のだ。

13.14　熱力学第二法則：孤立系でエントロピーは増大する

ではいよいよエントロピーの意味を探っていこう。P.172 例 13.4 では系のエントロピーは式 (13.67) のぶんだけ変化する。もし $V_2 > V_1$ なら $\Delta S > 0$ なのでエントロピーは増える。もし $V_2 < V_1$ なら $\Delta S < 0$ なのでエントロピーは減る。このように**エントロピーは状態の変化に応じて増えることも減ることもある**。

ところが少し見方を変えると話は変わる。気体が準静的等温変化で膨張するときは，気体だけに着目すれば確かにエントロピーは増える。それは外部から気体に熱が（可逆的に）流れ込んだからである。そのとき「外部」すなわち気体の入ったピストンを取り囲む世界のエントロピーは熱が流れ出すために減る。その変化は，ちょうど気体のエントロピーが増えたぶんを打ち消すだけの負の値である。このように**外部まで考えに入れるとき可逆過程ではエントロピーの総和は変化しない**。

では例 13.5 のような不可逆過程ではどうだろう？　常識的に考えれば外から介入しない限り，必ず $V_2 > V_1$，つまり小さな部屋から大きな容器へ気体は広がっていく。$V_2 < V_1$ という状況，すなわち大きな容器から小さな部屋に気体が勝手に集まってくるような変化は起きない。したがって式 (13.68) は必ず 0 より大きな値である。つまり容器内のエントロピーは必ず増大する。ところがこれらのドラマは全て容器内だけで起きるので，容器外は何も変わらない。そのため容器外のエントロピーの変化は 0 である。すると容器の外部まで考えに入れてもエントロピーの総和は増える。このように**外部まで考えに入れるとき，不可逆過程ではエントロピーの総和は増大する**。

よくある質問 198　扉をあけるのは外部からの仕事があるということではないのですか？ … そのように思う気持ちはわかりますが，扉をあけるには小さなドア

ノブを回すだけでよいので，その仕事は無視できます。

そして驚くべきことに，これは例 13.5 だけでなく広く一般化できることが経験的に知られているのだ。それが以下に述べる熱力学第二法則である[20]：

熱力学第二法則（基本法則）
孤立系では，変化が不可逆的であるときエントロピーの総和は増え，エントロピーの総和が増えるとき変化は不可逆的である。

問 186　熱力学第二法則を 3 回書いて記憶せよ。

ここで「孤立系」とは，仕事や熱のやり取りなどの現象がその中だけで完結している系のことである。例 13.4 では気体の入ったピストンとそれを包む一定温度のお風呂をあわせたものであり，例 13.5 では容器の内部のことである。

よくある質問 199　例 13.5 ではエントロピーを計算したときに，容器の外部との熱のやりとりを考えたじゃないですか！　それでも「容器の内部」は孤立系なのですか？ … エントロピーを求めたときのストーリーはエントロピーを求めるために考えた「仮想的な可逆変化」です。例 13.5 で実際に起きたのはそれではなく不可逆変化です。

不可逆的な変化というのは「放っておいたらそうなる」ような自発的な変化である。熱力学第二法則から「孤立系はエントロピーが増大するように自発的に変化する」とも言える。エントロピーはこのように自発的な変化の有り様を教えてくれる量である。それがエントロピーの意味（のひとつ）である。

よくある質問 200　例 13.5 では確かに熱力学第二法則が成り立ちますが，ひとつの例について成り立つからといってそれが普遍的に成り立つとは限らな

---

[20] 実は「孤立系」という条件は「断熱変化では」という条件に緩めることができる。つまり外界との仕事のやりとりを許容しても以下の法則は成り立つ。それを「エントロピー原理」という。

いのでは？… もっともな指摘です。実は熱力学第二法則は一種の仮説です。しかしこれに矛盾するような事例はひとつも見つかっていません。つまりこれは運動の法則と同じように基本法則であり、「それが普遍的に正しいと信じれば全てがうまくつじつまがあう」というものなのです。その正しさは論理的にではなく、経験的に受け入れられているのです。

13.15　ヒートポンプは省エネ・温暖化対策の有望技術

エントロピーの概念と密接な関係にあるのがヒートポンプという機械である。農学・環境科学で大変に重要なので解説しておく。ヒートポンプは温度の違う2つの世界（熱源）の間で、全体のエントロピーをほとんど変えずに熱を移動させる機械である。その例がエアコンである。エアコンは、屋外と屋内という2つの世界の間で熱を運ぶ。特に、エアコンは低温の世界から高温の世界に熱を運ぶのだ。

よくある質問 201　そんなバカな!! 熱は高温から低温に流れるものです。低温から高温に移動するわけないじゃないですか！… それは早とちりですよ。夏にエアコンから出てくる空気は熱が奪われているから冷たいのです。その熱はどこに行ったのか？ 外気に放出されたのです。室内（低温）から室外（高温）へ熱が運ばれたのです。冬にエアコンから出てくる空気は、室外（低温）から室内（高温）に熱が運ばれてるから暖かいのです。

もちろん熱が低温熱源（温度 T_L）から高温熱源（温度 T_H）に勝手に移動することは無い。機械がエネルギー（多くの場合は電気による仕事）を使って熱を無理やり運ぶのだ。そのエネルギー（仕事）を W とし、高温熱源へ届ける熱（それは投入されたエネルギーと低温熱源から汲み上げた熱からなる）を Q_H とすると、

$$\frac{Q_H}{W} \leq \frac{T_H}{T_H - T_L} \tag{13.69}$$

という式が成り立つのだ（後で理由を示す）。左辺は投入したエネルギー（仕事）の何倍の熱を運べるか、すなわちヒートポンプの効率（エネルギー効率）を表す。この値が大きいほど良いヒートポンプであ

る。究極の理想的なヒートポンプはその効率は右辺に等しい（その究極のヒートポンプが次節のカルノー・サイクルである）。

式 (13.69) は熱力学で証明できるのだが、それは後回しにして、この意味を考えよう。たとえば室外気温 $T_H = 305$ K（摂氏 32 度）、室内気温 $T_L = 301$ K（摂氏 28 度）のとき、究極理想的なエアコンの冷房の効率は

$$\frac{305 \text{ K}}{305 \text{ K} - 301 \text{ K}} = 76.3 \tag{13.70}$$

となる。なんと、電気エネルギーの 70 倍以上の熱を運べるのだ。ところが摂氏 28 度は暑すぎるということで、摂氏 23 度（296 K）まで下げると、

$$\frac{305 \text{ K}}{305 \text{ K} - 296 \text{ K}} = 33.9 \tag{13.71}$$

となる。効率が約半分になってしまう。

さらに、高温の室外から低温の室内へ壁などを伝って熱が流れ込むが、それは内外の温度差が大きいほど激しい[*21]。したがってその熱を除去するためにエアコンは余計に多くの熱を運ばねばならない。そんなこんなで、エアコンの効率は内外の温度差が大きいほど悪いのだ。

冬の暖房も夏の冷房とほぼ同じ理屈である。違うのは部屋の内と外をひっくりかえすだけだ。室外気温 $T_L = 273$ K（摂氏 0 度）、室内気温 $T_H = 293$ K（摂氏 20 度）のとき、究極理想的なエアコンの暖房の効率は

$$\frac{293 \text{ K}}{293 \text{ K} - 273 \text{ K}} = 14.7 \tag{13.72}$$

となり、電気エネルギーの 14 倍以上の熱を室内に運び込むことができる。

実際の現実のエアコンはここまでの効率は無く、電気エネルギーの数倍〜10 倍程度の熱を運ぶようだ（冷房と暖房の平均）。

ここで考えて欲しいのは、電気ストーブである。電気ストーブは電熱線に電流を流し、そこに発生するジュール熱で室内を温める。このとき、使った電気エネルギーがそのまま室内に投入される熱になる。つまり効率は 1 倍である。上記のエアコンの数倍〜10 倍とはあまりに違うではないか!!!

これが**ヒートポンプの凄さ**である。室内温度を制

[*21] これをフーリエの法則という。

御する空調機器として，ヒートポンプは極めて優れた省エネルギー機器なのだ。

たとえば農業用温室では冬の暖房に重油を燃やして熱を得ることが多いが，それをヒートポンプに替えると劇的にエネルギーを節約でき，温室効果気体排出削減に貢献するのだ。実際，日本政府（農林水産省）は地球温暖化対策のひとつにヒートポンプの導入を挙げている。

問 187　非常に寒いとき（外気温が極端に低いとき）はエアコン（暖房）の効きが悪くなる（効率が悪くなる）という。その理由を考察せよ。

問 188　空調機器としてのヒートポンプの弱点を考察せよ。

問 189　(1) ヒートポンプで調理（煮炊きや揚げ物，焼き物）に必要な熱を得ようというアイデアは筋が悪い。そのことを説明せよ。(2) 冷蔵庫もヒートポンプの一種である。冷蔵庫と壁の間になるべく隙間をあけるほうがよいと言われる。その理由を説明せよ。

問 190　第一種永久機関と第二種永久機関とはそれぞれどういうものかを述べよ（共に不可能とされている）。

このように，ヒートポンプは省エネや地球温暖化対策の切り札のひとつであり，その基礎である式 (13.69) は大変に重要な式である。ではその証明をしよう。

温度の違う 2 つの熱源を考え，低温と高温の温度をそれぞれ T_L, T_H とする（L, H は low, high の頭文字）。そして，ある機械を考える。この機械は外部のエネルギー源からエネルギー（仕事）W を得て稼働し，低温熱源から熱 Q_L を吸収して高温熱源に熱 Q_H を放出し，初期状態に戻る。その内部がどのような構造になっているかは問わない。

さて，低温熱源，高温熱源，機械，外部エネルギー源からなる系を考える。これは孤立系である。したがって熱力学第二法則より系全体のエントロピーの変化は 0 以上である（このことが後で決定的な役割をする）。

低温熱源のエントロピー変化は $-Q_L/T_L$ であり，高温熱源のエントロピー変化は Q_H/T_H である。外部エネルギー源は仕事をするだけと考えると熱の出入りは無いのでエントロピー変化は 0。機械には熱の出入りはあるが結局初期状態に戻る（つまりスイッチを入れた時と切るときで状態は同じになる）ので，そのエントロピー変化は初期状態から初期状態への準静的変化，つまり「何もしない」という過程のエントロピー変化に等しい，すなわち 0。となると，系全体のエントロピー変化は $-Q_L/T_L + Q_H/T_H$ となる。それが 0 以上だというのだ。すなわち，

$$-\frac{Q_L}{T_L} + \frac{Q_H}{T_H} \geq 0 \tag{13.73}$$

となる。ここから $Q_H/T_H \geq Q_L/T_L$，したがって

$$\frac{T_L}{T_H} \geq \frac{Q_L}{Q_H} \tag{13.74}$$

となる。一方，機械に関して熱力学第一法則を考えると（初期状態に戻るので内部エネルギー変化は 0 だから）

$$0 = Q_L - Q_H + W \tag{13.75}$$

となる。ここから $W = Q_H - Q_L$，したがって

$$\frac{W}{Q_H} = 1 - \frac{Q_L}{Q_H} \geq 1 - \frac{T_L}{T_H} > 0 \tag{13.76}$$

したがって，

$$\frac{Q_H}{W} \leq \frac{1}{1 - \frac{T_L}{T_H}} \tag{13.77}$$

右辺を整理すると，

$$\frac{Q_H}{W} \leq \frac{T_H}{T_H - T_L} \tag{13.78}$$

となり，式 (13.69) が成り立つことがわかった。

13.16 カルノー・サイクル

この式 (13.78)（式 (13.69) の再掲）の ≤ が等号になること（究極の理想のエアコン）はあるのだろうか？ それは全ての変化が準静的な場合である。それを具体的に（思考実験ではあるが）実現する機械がカルノー・サイクルである。それは理想気体の入った 1 本のピストン（圧力 P，体積 V，物質量 n，温度 T）と，それを低温熱源，高温熱源，断熱容器の間で移動させる仕組み（といっても摩擦なしの水平移動であり仕事をしないとする）から構成される。

この機械はピストンを以下のように 4 つの状態に順に準静的に変化させるのだ：

まずピストンを低温熱源に入れてその温度になじませる。それが完了した状態を A とする。これが初期状態だ。

次にピストンを断熱容器に移し，その中でピストンを押し込み，温度が T_H になるまで断熱圧縮させる。それが完了した状態を B とする（過程 1）。

次にピストンを熱源 H に移し，温度を T_H に維持しつつピストンをさらに押し込む。それが完了した状態を C とする（過程 2）。

次にピストンを断熱容器に移し，ピストンを引っ張り，温度が T_L になるまで断熱膨張させる。それが完了した状態を D とする（過程 3）。

次にピストンを低温熱源に移し，温度を T_L に維持しつつピストンをさらに引っ張り，体積が状態 A のときと同じになるまで等温膨張させる。この完了時におけるピストンの状態は（E とよびたいところだが）初期状態 A に戻っている（過程 4）。

最終的に初期状態に戻るので「サイクル」なのだ。

各状態におけるピストン内の物理量は下付き文字で表す。たとえば状態 A のときのピストン内の体積を V_A と表す。そして各過程でピストン内の気体に外部からなされる仕事と外部から流入する熱をそれぞれ W, Q に過程の番号を下付きにして表す[*22]。

[*22] W は「気体に外部からなされる仕事」なので，「気体が外部にする仕事」は $-W$ となる。ところが教科書によっては，後者を W（したがって前者を $-W$）と定義するものもある。また，Q は「気体に外部から流入する熱」なので，「気体から外部に流入する熱」は $-Q$ となる。ところが教科書によっては，後者を Q（したがって前者を $-Q$）と定義するものもある。このように，エネルギーの流れについて「どちら向き

たとえば Q_2 は過程 2 で外部からピストンに流入する熱を表す。

まず各過程でのピストンへの熱と仕事の出入りを求めよう。仕事の求め方がわからない人はまず P.56 式 (4.38) を復習すること。

過程 1 は断熱変化なので $Q_1 = 0$ である。また，P.168 式 (13.53) のように PV^γ が一定である。すなわち，

$$PV^\gamma = P_A V_A^\gamma = P_B V_B^\gamma = C \tag{13.79}$$

とおける（C は定数で，constant の頭文字から名付けた）。仕事は以下のように求められる

$$\begin{aligned}
W_1 &= -\int_{V_A}^{V_B} P dV = -\int_{V_A}^{V_B} \frac{C}{V^\gamma} dV \\
&= -\left[\frac{C}{1-\gamma} V^{1-\gamma}\right]_{V_A}^{V_B} = -\frac{CV_B^{1-\gamma} - CV_A^{1-\gamma}}{1-\gamma} \\
&= -\frac{(P_B V_B^\gamma)V_B^{1-\gamma} - (P_A V_A^\gamma)V_A^{1-\gamma}}{1-\gamma} \\
&= -\frac{P_B V_B - P_A V_A}{1-\gamma} \tag{13.80}
\end{aligned}$$

過程 2 は等温変化なので内部エネルギーは変化せず，外部にする仕事と流入する熱の和は 0 である。したがって $Q_2 = -W_2$ である。また，仕事は以下のように求められる（式 (4.38) と同じ）：

$$\begin{aligned}
W_2 &= -\int_{V_B}^{V_C} P dV = -\int_{V_B}^{V_C} \frac{nRT_H dV}{V} \\
&= -nRT_H \ln\frac{V_C}{V_B} = nRT_H \ln\frac{V_B}{V_C} \tag{13.81}
\end{aligned}$$

過程 3 は過程 1 と同様に考えれば，$Q_3 = 0$ であり，

$$W_3 = -\frac{P_D V_D - P_C V_C}{1-\gamma} \tag{13.82}$$

である。

過程 4 は過程 2 と同様に考えれば，$Q_4 = -W_4$ であり，

$$W_4 = nRT_L \ln\frac{V_D}{V_A} \tag{13.83}$$

である。

さて，この 1 サイクルの間に，外から加えられた正

を正とするか」は教科書によって異なる。そしてその結果，数式の形（符号）も異なる。それは初学者を混乱させ悩ませるポイントである。複数の教科書を読み比べるときは，このような違いに注意しよう。

味の仕事を W とすると $W = W_1 + W_2 + W_3 + W_4$ である。その中で先に $W_1 + W_3$ を計算する：

$$W_1 + W_3 = \frac{-P_B V_B + P_A V_A - P_D V_D + P_C V_C}{1 - \gamma}$$
$$= \frac{(P_C V_C - P_B V_B) + (P_A V_A - P_D V_D)}{1 - \gamma} \quad (13.84)$$

である。ここで理想気体の状態方程式から

$$P_A V_A = P_D V_D = nRT_L \quad (13.85)$$

$$P_B V_B = P_C V_C = nRT_H \quad (13.86)$$

であり，したがって

$$P_C V_C - P_B V_B = 0$$
$$P_A V_A - P_D V_D = 0 \quad (13.87)$$

だから，$W_1 + W_3 = 0$ となる。したがって，$W = W_2 + W_4$ である。

一方，この 1 サイクルで高温熱源に移動した熱を Q_H とすると，$Q_H = -Q_2 = W_2$ である。したがって，

$$\frac{Q_H}{W} = \frac{W_2}{W_2 + W_4} \quad (13.88)$$

となる。ここに式 (13.81) と式 (13.83) を代入すると，

$$\frac{Q_H}{W} = \frac{T_H \ln \frac{V_B}{V_C}}{T_H \ln \frac{V_B}{V_C} + T_L \ln \frac{V_D}{V_A}} \quad (13.89)$$

である。ここで，過程 2 と過程 4 がそれぞれ断熱変化であること，そして各断熱変化では (式 (13.79) と $PV = nRT$ から) $TV^{\gamma-1}$ が一定であることから，

$$T_L V_A^{\gamma-1} = T_H V_B^{\gamma-1} \quad (13.90)$$

$$T_H V_C^{\gamma-1} = T_L V_D^{\gamma-1} \quad (13.91)$$

が成り立つ。両式を辺々掛けて $T_L T_H$ を約分すると

$$V_A^{\gamma-1} V_C^{\gamma-1} = V_B^{\gamma-1} V_D^{\gamma-1} \quad (13.92)$$

となる。両辺を $1/(\gamma - 1)$ 乗して整理すると，$V_A V_C = V_B V_D$ となり，両辺を $V_C V_D$ で割ると $V_B/V_C = V_A/V_D$ となり，これを使うと式 (13.89) の分母分子の ln が約分され（分母の $\ln(V_D/V_A)$ は $-\ln(V_A/V_D)$ と書き換える），

$$\frac{Q_H}{W} = \frac{T_H}{T_H - T_L} \quad (13.93)$$

となり，カルノー・サイクルでは P.175 式 (13.69)

の等号が成り立つことがわかった。

13.17　（発展）ギブスの自由エネルギーは反応の方向を決める

（発展的話題なので興味のある人だけ読めばよい。）

熱力学第二法則は巨視的ならどんな現象にも成り立つのだから，当然化学反応にも成り立つ。ということはこの法則を使えば「何と何をまぜて，温度このくらい，圧力このくらいにすると自発的に何が起きるか？」が予想できるし，それを利用して化学反応を制御できるはずだ。素晴らしい !!

しかし実際の化学反応では，目の前のフラスコの中のできごとは追跡できても，フラスコの中と外との間での熱や仕事のやりとりまで追跡するのはしんどい。したがってエントロピーの変化を直接的に時々刻々と追跡するのは無理である。そのようなときに便利なのは，次に示すギブスの自由エネルギーという量である（単に「ギブスエネルギー」ともいう）。

ギブスの自由エネルギーの定義

$$G := U + PV - TS \quad (13.94)$$

ここで U は内部エネルギー，P は圧力，V は体積，T は絶対温度，S はエントロピー

問 191　ギブスの自由エネルギーの定義を 3 回書いて記憶せよ。

これが何を意味するかを理解するために，ある系を考えよう。この系は孤立系ではないとする（外と熱や仕事のやりとりがありえる）。この系のギブスの自由エネルギーの変化を考えてみる。すなわちある状態（内部エネルギー U，圧力 P，体積 V，温度 T，ギブスの自由エネルギー G）から変化した状態（内部エネルギー $U + \Delta U$，圧力 $P + \Delta P$，体積 $V + \Delta V$，温度 $T + \Delta T$，ギブスの自由エネルギー $G + \Delta G$）を考え，そのときのギブスの自由エネ

ギーの変化を考える。変化前は

$$G = U + PV - TS \tag{13.95}$$

変化後は

$$G + \Delta G = (U + \Delta U) + (P + \Delta P)(V + \Delta V) \\ - (T + \Delta T)(S + \Delta S) \tag{13.96}$$

後者から前者を引くと

$$\Delta G = \Delta U + P\Delta V + V\Delta P + \Delta P \Delta V \\ - T\Delta S - S\Delta T - \Delta T \Delta S \tag{13.97}$$

となる。**もしこの変化が圧力が一定（不変）なおかつ温度も一定（不変）の状態で行われたら**，$\Delta P = 0$ かつ $\Delta T = 0$ なので，上の式は

$$\Delta G = \Delta U + P\Delta V - T\Delta S \tag{13.98}$$

となる。この右辺の第 1 項と第 2 項をあわせたものは P.166 式 (13.34) の左辺と同じだ。したがって

$$\Delta G = Q - T\Delta S \tag{13.99}$$

となる。ここで変化が小さい状況を考える。するとこの式は

$$dG = dQ - TdS \tag{13.100}$$

となる。dQ は外部から系に流れ込む微小な熱である。

このとき外部は dQ という熱を失うが，その過程が可逆過程であるとしよう（**系の内部での変化は不可逆かもしれないが，系を取り囲む外部の変化は可逆過程で行われるものとみなす**）。すると系の外部のエントロピーの変化は $-dQ/T$ である。一方，系の内部のエントロピーの変化は dS である。よって系の内部と系の外部をあわせた系について，エントロピーの変化の総和（あるいは総和の変化と言っても同じこと）は

$$dS - \frac{dQ}{T} \tag{13.101}$$

である。そして「系の内部と系の外部をあわせた系」とは要するに全世界（全宇宙）であるので，ひとつの孤立系とみなすことができる。そこで熱力学第二法則より，これは 0 以上のはずである。したがって

$$dS - \frac{dQ}{T} \geq 0 \tag{13.102}$$

この両辺に T をかける。T は絶対温度（よって 0 より大）なので，これを掛けることで不等号の向きは変わらない：

$$TdS - dQ \geq 0 \tag{13.103}$$
$$\text{したがって} \quad dQ - TdS \leq 0 \tag{13.104}$$

である。これをもとに式 (13.100) は

$$dG \leq 0 \tag{13.105}$$

となる。式 (13.102) に戻って考えれば，この等号が成り立つのは系の中での変化が可逆過程のときだけだ。系の内部での変化が不可逆過程のとき，つまり自発的な変化では等号は成り立たず，不等号になる，すなわち系のギブスの自由エネルギーの変化は負，つまり必ず減っていくのだ。といっても際限なく減っていくわけではなく，ある状態に達したら $dG = 0$ になってしまい，G はそれ以上は減らない。このとき系は平衡状態にあるという。このことは大切なので大きく書いておこう：

系の自発的な変化とギブスの自由エネルギー

圧力と温度が一定の系ではギブスの自由エネルギーが減るように自発的な変化が進行する。平衡状態に達したとき，ギブスの自由エネルギーは一定値（最小値）をとる。

ギブスの自由エネルギーについてはこのくらいにして，理想気体のエントロピーについてもう少し学んでおこう。

以下の 2 つの問題では理想気体分子の物質量を n とする。温度，圧力，体積，エントロピーをそれぞれ T, P, V, S とする。気体定数を R，定圧モル比熱を C_{p}，定積モル比熱を C_{v} とする。変化前の状態を状態 1 とし，変化終了後の状態を状態 2 とする。それぞれの状態での量を下付きの数字で表す。

問 192 状態 1 から状態 2 まで定圧変化（圧力一定の下で変化）するときのエントロピーの変化を求めよう（定圧なので $P_1 = P_2$ である）。定圧過程は可逆過程かどうかまだ不明なので状態 1 から状態 2 までを別の可逆過程でつなごう。すなわち状態 1 か

らまず準静的等温過程で状態 3 という状態に持って
いく。次に状態 3 から準静的断熱過程で状態 2 に
持っていく。このような 2 段階の可逆過程を考える
のだ。

(1)　$P_1 V_1 = P_3 V_3$ であることを示せ。

(2)　$P_3 V_3^\gamma = P_2 V_2^\gamma$ であることを示せ。

(3)　次式が成り立つことを示せ：

$$V_3 = \left(\frac{V_1}{V_2^\gamma}\right)^{\frac{1}{1-\gamma}} \tag{13.106}$$

(4)　次式が成り立つことを示せ：

$$S_3 - S_1 = nR \ln \frac{V_3}{V_1} \tag{13.107}$$

(5)　$S_2 - S_3 = 0$ が成り立つことを示せ。

(6)　次式が成り立つことを示せ（これが定圧過程
のエントロピー変化）：

$$S_2 - S_1 = n C_{\mathrm{p}} \ln \frac{V_2}{V_1} \tag{13.108}$$

(7)　状態 1 から状態 2 へ，直接，定圧過程で変化す
るときに気体に流入する熱を Q とするとき，
次式が成り立つことを示せ：

$$dQ = n C_{\mathrm{p}} \, dT \tag{13.109}$$

(8)　状態 1 から状態 2 へ，直接，定圧過程で変化
するときの，以下の量を計算せよ：

$$\int_{状態\,1}^{状態\,2} \frac{dQ}{T} \tag{13.110}$$

(9)　式 (13.110) の結果を式 (13.108) と比較せよ。

問 193　状態 1 から状態 2 まで定積変化（体積一
定の下で変化）するときのエントロピーの変化を求
めよう（定積なので $V_1 = V_2$ である）。定積過程は
可逆過程かどうかまだ不明なので，状態 1 から状態
2 を別の可逆過程でつなごう。すなわち状態 1 から
まず準静的等温過程で状態 3 という状態に持って
いく。次に状態 3 から準静的断熱過程で状態 2 に
持っていく。このような 2 段階の可逆過程を考える
のだ。

(1)　$P_1 V_1 = P_3 V_3$ であることを示せ。

(2)　$P_3 V_3^\gamma = P_2 V_2^\gamma$ であることを示せ。

(3)　次式が成り立つことを示せ：

$$V_3 = V_1 \left(\frac{P_2}{P_1}\right)^{\frac{1}{\gamma-1}} \tag{13.111}$$

(4)　次式が成り立つことを示せ：

$$S_3 - S_1 = nR \ln \frac{V_3}{V_1} \tag{13.112}$$

(5)　$S_2 - S_3 = 0$ が成り立つことを示せ。

(6)　次式が成り立つことを示せ（これが定積過程
のエントロピー変化）：

$$S_2 - S_1 = n C_{\mathrm{v}} \ln \frac{P_2}{P_1} \tag{13.113}$$

(7)　状態 1 から状態 2 へ，直接，定積過程で変化す
るときに気体に流入する熱を Q とするとき，
次式が成り立つことを示せ：

$$dQ = n C_{\mathrm{v}} \, dT \tag{13.114}$$

(8)　状態 1 から状態 2 へ，直接，定積過程で変化
するときの，以下の量を計算せよ：

$$\int_{状態\,1}^{状態\,2} \frac{dQ}{T} \tag{13.115}$$

(9)　式 (13.115) の結果を式 (13.113) と比較せよ。

　問 192, 193 でわかったように，理想気体の定圧
変化や定積変化におけるエントロピー変化は，それ
らをあたかも可逆過程とみなして計算したエント
ロピー変化に等しい。このことから推測されるよう
に，実は理想気体の定圧変化と定積変化は可逆過程
とみなせるのだ。

13.18　（発展）ヘルムホルツの 自由エネルギー

（発展的話題なので興味のある人だけ読めばよい。）

　熱力学にはヘルムホルツの自由エネルギーという
量（単に「ヘルムホルツエネルギー」ともいう）も
よく出てくるので説明しておこう。定義はこちら：

ヘルムホルツの自由エネルギーの定義 (1)

$$F := U - TS \tag{13.116}$$

ここで F はヘルムホルツの自由エネルギー，
U は内部エネルギー，T は絶対温度，S はエ
ントロピー

これはエンタルピーとギブスの自由エネルギーに似ているので，違いをしっかり認識しよう。すなわち

$$H := U + PV \ \dots \text{エンタルピー} \tag{13.117}$$

$$F := U - TS \ \dots \text{ヘルムホルツ} \tag{13.118}$$

$$G := U + PV - TS \ \dots \text{ギブス} \tag{13.119}$$

である。

問 194 式 (13.116) を 3 回書いて記憶せよ。

　本章でここまで説明してきたのは，熱力学としてはやや古くてオーソドックスな理論体系である。熱力学の理論は別のスタイルでも体系化できる。結果的には同じ自然法則に到達するのだが，何を出発点（基本原理）とするかによって物理学の理論体系は変わるのだ。中でもヘルムホルツの自由エネルギーをエントロピーよりも前に定義することで熱力学を構築できる。その場合はヘルムホルツの自由エネルギーは以下のように定義される：

> **ヘルムホルツの自由エネルギーの定義 (2)**
> 系が等温変化で状態 1 から状態 2 に変わるとき，外界になす仕事が最大であるような等温変化を考え，そのときの仕事を $W_{\max}$ と置くと，状態 1, 2 のそれぞれのヘルムホルツの自由エネルギー $F1, F2$ は，
>
> $$F_1 - F_2 = W_{\max} \tag{13.120}$$
>
> を満たす。

　これにいくつかの付帯的な条件をつけると，それは式 (13.116) と等価になる。その詳細はここでは示さない。

13.19 （発展）ボルツマン分布は熱平衡でのエネルギー分布

（発展的話題なので興味のある人だけ読めばよい。）

P.160 式 (13.1) で，運動エネルギーと温度の間に密接な関係があることがわかった。ではポテンシャルエネルギーと温度の間にはどのような関係があるのだろう？

　それを調べるために単純な例を考えよう。いま，ある気体が地表付近に置かれた固い大きな断熱容器に密閉されていると考えよう。気体を構成する分子は 1 種類で，各分子の質量を m とする。容器は十分に固いので容器内部には外部の大気の圧力は影響しない。

　この容器の内部の気体が温度 T で平衡状態にあるとしよう。気体の各分子は地表面からの高さ h に応じて mgh というポテンシャルエネルギーを持つことは承知の通りである（容器の底面が地面に一致するとしよう）。さて容器内の圧力を P とすると，P は容器内の高さによって変わる。なぜかというと高さ 0 から高さ h までの間に存在する気体には高さ h 以上にある気体の重力がかかっているからだ。したがって下のあたりは上からの荷重を受けて，より高密度になっているはずだ。いま，高さ h における容器内の気体の圧力と密度をそれぞれ $P(h), \rho(h)$ とおく。容器の高さを H，容器の断面積を A とおく。

　高さ h と高さ $h + dh$ の間にある気体層には上から $AP(h + dh)$ という力で下向きに押され，下から $AP(h)$ という力で上向きに押される。それに，その気体層自身に $\rho A\, dh\, g$ という大きさの下向きの重力がかかる。これらの力がつり合ってその気体層は静止するのだから，

$$-AP(h + dh) + AP(h) - \rho A\, dh\, g = 0 \tag{13.121}$$

となる（ここで上向きを正とした）。これを整理すると

$$\frac{P(h + dh) - P(h)}{dh} = -\rho g \tag{13.122}$$

となる。dh を微小量とすると左辺は dP/dh に置き換えられる。すなわち

$$\frac{dP}{dh} = -\rho g \tag{13.123}$$

となる。一方，理想気体の状態方程式から[*23]，

[*23] 理想気体の状態方程式は $PV = Nk_{\mathrm{B}}T$。ここで V は体積，N は分子数。両辺を V で割ると $P = (N/V)k_{\mathrm{B}}T$。右辺の分子と分母に分子の質量 m をかけると $P = (mN/mV)k_{\mathrm{B}}T$。$mN$ は気体の質量だから，mN/V は気体の密度，すなわち ρ と書ける。したがって $P = (\rho/m)k_{\mathrm{B}}T$ となり，式 (13.124) を得る。

$$P = \frac{\rho k_\mathrm{B} T}{m} \tag{13.124}$$

だから,

$$\rho = \frac{mP}{k_\mathrm{B} T} \tag{13.125}$$

となる。これを式 (13.123) に代入すると次式になる:

$$\frac{dP}{dh} = -\frac{mg}{k_\mathrm{B} T} P \tag{13.126}$$

この微分方程式は変数分離法で簡単に解けて, 解は

$$P(h) = P(0) \exp\left(-\frac{mgh}{k_\mathrm{B} T}\right) \tag{13.127}$$

となる。これを式 (13.125) に代入して次式を得る:

$$\rho(h) = \frac{mP(0)}{k_\mathrm{B} T} \exp\left(-\frac{mgh}{k_\mathrm{B} T}\right) \tag{13.128}$$

ここで exp の中に注目しよう。mgh は各分子のポテンシャルエネルギー E である[*24]。つまり密度 $\rho(h)$ は

$$\exp\left(-\frac{E}{k_\mathrm{B} T}\right) \tag{13.129}$$

に比例する。$\rho(h)$ は「高さ h にある分子」つまり「ポテンシャルエネルギー E を持つ分子」の数に比例する量である。すなわち,「ポテンシャルエネルギー E を持つ分子の数は式 (13.129) に比例する」と言えるのだ。

　実はこれはこの特定の例についてだけでなく, 広く一般に成り立つ法則である。すなわち温度 T で平衡状態にある系では, エネルギー E を持つ粒子の数は式 (13.129) に比例する[*25]:このような粒子数分布をボルツマン分布とよぶ。

13.20　（発展）アレニウス型関数

（発展的話題なので興味のある人だけ読めばよい。）

　前節で学んだボルツマン分布には

[*24] 力学ではポテンシャルエネルギーを U と表すことが多いが,この章では既に U は内部エネルギーを表す記号として使われてしまっている。そこでここではポテンシャルエネルギーを E と表すことにする。

[*25] ただし, 量子力学的な効果の顕著な現象ではこれは破綻する。そのような意味ではこれは（特に温度が高い場合に成り立つような）一種の近似である。

$$\exp\left(-\frac{E}{k_\mathrm{B} T}\right) \tag{13.130}$$

という形の関数（式 (13.129)）が現れた。この形の関数をアレニウス型関数とよぶ（E は分子ひとつのエネルギー, T は絶対温度, k_B はボルツマン定数)。この式は化学や生物学で温度が関与する現象に頻出する。そのことを説明しよう。

　その前に式 (13.130) を少し変形しておく。exp の中の分母と分子にアボガドロ定数 N_A をかけて

$$\exp\left(-\frac{N_\mathrm{A} E}{N_\mathrm{A} k_\mathrm{B} T}\right) \tag{13.131}$$

とできる。したがって式 (13.21) より

$$\exp\left(-\frac{E'}{RT}\right) \tag{13.132}$$

とできる（ここで $N_\mathrm{A} E$ を E' と書いた）。アレニウス型関数はこの形式でも頻出する。

　さて, 大学 1 年生で化学を学んだ人は「化学反応速度」の話でアレニウス型関数が出てきたことを覚えているだろうか。そこでは式 (13.130) や式 (13.132) の E, E' は活性化エネルギーに相当する。式 (13.130) は $k_\mathrm{B} T$ が E よりもずっと小さいとほとんど 0 であり, $k_\mathrm{B} T$ が大きくなるに従い, 大きくなってくる。ここで $k_\mathrm{B} T$ はおおざっぱに言えば分子の熱エネルギーの平均値なので, 要するに分子の熱エネルギーが活性化エネルギーを超えたら反応が起きやすくなる, という状況をあらわしている。生化学反応も含め, 様々な反応が高温下でよく進むのはこのためである（ただし触媒となる酵素の構造が壊れてしまうくらいの高温になると, かえって反応は進まなくなる)。

13.21　（発展）飽和水蒸気圧曲線

（発展的話題なので興味のある人だけ読めばよい。）

　水蒸気量（湿度）の把握と管理は, 農業や食品加工, 気象管理, 環境問題などで大切であり, ここで述べるのはその基礎理論である。

　まずエントロピーとギブスの自由エネルギーを復習しよう:

　ある系の 2 つの状態（状態 1 と状態 2）を考え, それぞれのエントロピーを S_1, S_2 とすると, P.171

式 (13.63) より

$$S_2 - S_1 = \int_{\text{状態 1}}^{\text{状態 2}} \frac{dQ_{\text{rev}}}{T} \tag{13.133}$$

である。ここで T は系の絶対温度，dQ_{rev} は系に外界から可逆的に与えられた微小な熱量である。

また，圧力 P，温度 T で平衡状態にある系のギブスの自由エネルギー G は，P.178 式 (13.94) より

$$G = U + PV - TS \tag{13.134}$$

と定義された。ここで U, V, S はそれぞれ，内部エネルギー，体積，エントロピーである

さて，状態が可逆的にわずかに変化したときは式 (13.134) は

$$G + dG = U + dU + (P + dP)(V + dV)$$
$$- (T + dT)(S + dS) \tag{13.135}$$

と変わる。ここで dG, dU, dP, dV, dT, dS はそれぞれギブスの自由エネルギー，内部エネルギー，圧力，体積，温度，エントロピーの，微小変化である。

問 195

(1) 式 (13.134)，式 (13.135) を用いて次式を示せ：

$$dG = dU + VdP + PdV + dPdV$$
$$- TdS - SdT - dTdS \tag{13.136}$$

(2) 2 次の微小量（微小量どうしの積）は十分に小さいとみなして無視することで前小問から次式を導け：

$$dG = dU + VdP + PdV - TdS - SdT \tag{13.137}$$

(3) 前小問と熱力学第一法則を用いて次式を導け

$$dG = VdP - SdT \tag{13.138}$$

これで準備が整った。これから液体の水（液相）と気体の水（気相）が圧力 P，温度 T の平衡状態で存在する系を考える。平衡状態とは液相から蒸発して離脱し，気相（水蒸気）に加わる水分子の数と，気相から離脱し凝結して液相に加わる水分子の数とが等しい状態である。このとき水蒸気は飽和している。したがって P は飽和水蒸気圧でもある。

ここで化学ポテンシャルというものを定義する。それは，1 分子あたりもしくは単位物質量あたり（1 モルあたり）のギブスの自由エネルギーのことである（ここでは後者を採用する）。**平衡状態では液相の化学ポテンシャルと気相の化学ポテンシャルは互いに等しくなくてはならない。**なぜなら，もし液相の化学ポテンシャルの方が大きければ液相から気相にわずかに分子が移動することで，系全体のギブスの自由エネルギーはわずかに下がる。これは系が平衡状態にあることに反する（平衡状態ではギブスの自由エネルギーは極小値をとるはずなので，気相・液相間で分子の移動が多少あってもギブスの自由エネルギーは不変のはずだ）。もし気相の化学ポテンシャルの方が大きいときも同様の考察から不合理である。

すなわち，液相（液体の水）の化学ポテンシャルを $\mu_{\text{液}}$，気相（水蒸気）の化学ポテンシャルを $\mu_{\text{気}}$ とすると，

$$\mu_{\text{液}} = \mu_{\text{気}} \tag{13.139}$$

が成り立っているはずだ。

この状態から，可逆的にわずかに温度と圧力を変化させてみる。その結果，圧力が $P + dP$ になり，温度が $T + dT$ になったとする。このとき水蒸気の飽和状態（つまり平衡状態）は維持されているとする。$\mu_{\text{液}}$ の変化を $d\mu_{\text{液}}$，$\mu_{\text{気}}$ の変化を $d\mu_{\text{気}}$ とすると，式 (13.138) より

$$d\mu_{\text{液}} = V_{\text{液}}dP - S_{\text{液}}dT \tag{13.140}$$

$$d\mu_{\text{気}} = V_{\text{気}}dP - S_{\text{気}}dT \tag{13.141}$$

となる。ここで $V_{\text{液}}, S_{\text{液}}$ はそれぞれ液相の物質量あたりの体積とエントロピーであり，$V_{\text{気}}, S_{\text{気}}$ はそれぞれ気相の水（水蒸気）の物質量あたりの体積とエントロピーである。

変化の後も化学ポテンシャルは液相と気相で等しいはずなので

$$\mu_{\text{液}} + d\mu_{\text{液}} = \mu_{\text{気}} + d\mu_{\text{気}} \tag{13.142}$$

が成り立っているはずだ。式 (13.142)，式 (13.139) を辺々ひくと

$$d\mu_{\text{液}} = d\mu_{\text{気}} \tag{13.143}$$

となる。この両辺に式 (13.140)，式 (13.141) を入れ

ると次式のようになる:

$$V_{液}dP - S_{液}dT = V_{気}dP - S_{気}dT \tag{13.144}$$

問 196 (1) 式 (13.144) から次式を導け:

$$\frac{dP}{dT} = \frac{S_{気} - S_{液}}{V_{気} - V_{液}} \tag{13.145}$$

(2) 液体が蒸発して気体になるときに吸収する,物質量あたり(1 モルあたり)の熱量を潜熱といい,L と表す。次式を示せ。ヒント:式 (13.133) を使う。温度一定の状態で水が液相(状態 1)から気相(状態 2)に変化すると考える。T が一定なので $1/T$ は積分の前に出せる。dQ_{rev} の積分は,与えられた熱量つまり L に等しい。

$$S_{気} - S_{液} = \frac{L}{T} \tag{13.146}$$

(3) 物質量あたり(1 モルあたり)の体積で比べると液体の水は気体の水(水蒸気)よりもはるかに小さいとみなし,式 (13.146) と式 (13.145) から次式を導け:

$$\frac{dP}{dT} = \frac{L}{TV_{気}} \tag{13.147}$$

(4) 水蒸気を理想気体とみなし,状態方程式 $PV_{気} = RT$ を使って($V_{気}$ は 1 モルあたりの体積だったことに注意!)次式を示せ:

$$\frac{dP}{dT} = \frac{PL}{RT^2} \tag{13.148}$$

この式(または式 (13.145))をクラペイロン・クラウジウスの式という。

(5) R, L を定数として微分方程式 (13.148) を解き,次式を導け(C は任意の定数):

$$P = C\exp\left(-\frac{L}{RT}\right) \tag{13.149}$$

式 (13.149) はアレニウス型関数になっている(式 (13.132) で E' を L に置き換えればよい)ではないか!

問 197 ある特定の温度 T_0 で飽和水蒸気圧が P_0 であるとする。すなわち

$$P_0 = C\exp\left(-\frac{L}{RT_0}\right) \tag{13.150}$$

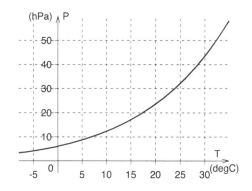

図 13.5 飽和水蒸気圧曲線。横軸は摂氏温度

であるとする。式 (13.149) を式 (13.150) で辺々割ることで次式を導け:

$$P = P_0\exp\left(-\frac{L}{RT} + \frac{L}{RT_0}\right) \tag{13.151}$$

式 (13.151) が飽和水蒸気圧を与える理論式である。ここで $L = 45000$ J/mol, $T_0 = 273$ K(摂氏零度),$P_0 = 6.1$ hPa としてよい。図 13.5 に式 (13.151) のグラフを示す。温度が上がるにつれて急激に飽和水蒸気圧が高くなることがわかる。

「湿度何パーセント」という数値は相対湿度というものであり,それは実際にその空気が含む水蒸気の分圧をこの飽和水蒸気圧で割ったものだ。

問 198 式 (13.151) や図 13.5 を用いて以下の問に答えよ(有効数字は 3 桁でよい):
(1) 20℃ における飽和水蒸気圧を求めよ。ヒント:20℃ は絶対温度では 293 K。
(2) 100℃ における飽和水蒸気圧を求めよ。
(3) 冬に洗濯物が乾きにくい理由を述べよ。
(4) 冬に喉が乾燥しやすい理由を述べよ。

大気圧(標準気圧)のもとでは摂氏 100 度で水は沸騰する。したがって摂氏 100 度では飽和水蒸気は大気圧(1013 hPa)に等しくなるはずである。しかし前問 (2) でみたように式 (13.151) ではそうならない。式 (13.151) は精度があまり良くないのだ。その理由は,蒸発の潜熱 L も少しだが温度に依存するということにある。クラペイロン・クラウジウスの式を解くときに L を一定と仮定したのがまずかったのだ。そこで農業気象学などの分野では飽和水蒸気圧を表す式として式 (13.151) よりももっと

精度の良い経験式（ティーテンスの式という）を使うのが普通である。

問の解答

答175 (1) H_2 の分子量は 2。したがって H_2 の 1 分子の質量 m は $(2 \times 10^{-3}/N_A)$ kg である。ここで N_A はアボガドロ定数（式 (13.19)）。式 (13.4) に代入して $|v_x| = 1.1 \times 10^3$ m s^{-1}。(2) 式 (13.6) より，平均的な v は平均的な $|v_x|$ の $\sqrt{3}$ 倍。したがって $v = 1.9 \times 10^3$ m s^{-1}。(3) 式 (13.6) より，平均的な v は分子量の平方根に反比例する。N_2 の分子量 (28) は H_2 の分子量 (2) の 14 倍。したがって N_2 の平均的な v は H_2 の平均的な v の $1/\sqrt{14} = 0.27$ 倍。したがって $v = 5.2 \times 10^2$ m s^{-1}。

答178 (1) $k_B = 1.38 \times 10^{-23}$ J K^{-1}。(2) $R = 8.31$ J mol^{-1} K^{-1}。(3) $R = N_A k_B$。ここで N_A はアボガドロ定数。

答181 略。ヒント：式 (13.48) に式 (13.42)，式 (13.43) を代入すればよい。

答182 略。ヒント：断熱変化なので熱の出入りは無い。したがって $dQ = 0$。また，式 (13.45) から (2) は明らか。P と dU を消去すれば (3) を得る。積分すると自然対数が出てくる。

答185 12 J K^{-1}。ヒント：式 (13.67)

答187 略。ヒント：式 (13.69) の分母がどうなるか？

答188 室内外の温度差が大きいと効きめが悪くなる。すぐに暖める・すぐに冷やすことができない。等。

答192 略解 (1) $T_1 = T_3$ より導かれる。(2) P.168 式 (13.53) の P_1 と V_1 をこの問にあわせて P_3 と V_3 におきかえる。(3) $P_1 = P_2$ と (1), (2) の式から P_1, P_2, P_3 を消去すればよい。(4) 状態 1 から状態 3 までは等温過程なので式 (13.67) が使える。(5) 状態 3 から状態 2 までは断熱過程なので P.172 右下より，エントロピー変化は 0。(6) 式 (13.107) の V_3 を式 (13.106) でおきかえる。(5) より，$S_2 - S_1 = S_2 - S_3 + S_3 - S_1 = S_3 - S_1$。式 (13.48) にも注意。(7) C_p の定義から明らか。(8) 式 (13.109) を使って式 (13.110) を計算する。結果は式 (13.108) 右辺に一致する。

答195 略解：式 (13.135) をまず展開し，そこから式 (13.134) を辺々ひくと (1) の式を得る。そのあと $dPdV$ と $dTdS$ を無視すれば (2) の式を得る。
(3) 熱力学第一法則は $dU = dW + dQ$ である（dW，dQ はそれぞれ外から系に加えられた仕事と熱）。$dW = -PdV$ であり，また，可逆変化ならば $dQ = TdS$ と書ける。したがって $dU = -PdV + TdS$ である。これを式 (13.137) に代入して与式を得る。

答196 略。

答197 略（超簡単）。

答198 略解：(1) 23.6 hPa (2) 1240 hPa (3) 冬は気温が低いために飽和水蒸気圧が低い。したがって洗濯物から水が蒸発すると，まわりの空気の水蒸気圧はすぐに飽和に近づいてしまう。その結果，洗濯物から蒸発する水蒸気量とまわりの空気から洗濯物に凝結する水蒸気量がほとんど同じになってしまう。そのため乾きにくい。(4) 呼吸で入ってくる外気は摂氏 0 度程度の低温であり，飽和水蒸気圧は低い。そのためたとえ水蒸気で飽和していても水蒸気をほとんど含まない。それが体温で暖められると温度が上がり，飽和水蒸気圧が高くなり，相対湿度は低くなる。その空気と平衡状態になろうとして喉の表面から水分が大量に蒸発する。

受講生の感想 24　この授業を通して，物理学の一貫性や多様性に気づくことが多くいろいろ感動しました。特に基本的な定義から数式を天下り的に計算することで，様々な現象を説明できる法則が見出される様に強い感動を覚えると同時に，式から導き出されることによってその法則の必然性に強く納得しました。

受講生の感想 25　高校時代に物理学に苦手意識を持っていたのは，ほかの学問との繋がりをあまり考えていなかったからではないかと思う。

第**14**章

（発展）量子力学入門

これまで学んだニュートン力学は，農学の研究・教育で現れる物理学的な話題にかなり役立つが，それでもまだ力不足というか全く歯が立たないことがある。というのも，ニュートン力学は分子や原子などの小ささでは効力を失う。そのようなスケールを支配するのは量子力学という全く別の理論だ。

量子力学が重要となる（農学的に）重要な現象はもうひとつある。それは**光**が関与する現象だ。光は光合成を介してほぼ全ての生物資源にエネルギーを与える。また，光は生物の体を損傷したりもする。それらの仕組みを理解し有効活用するには量子力学が必要になることが多い。

一方で量子力学は量子暗号通信や量子計算機などの技術革新の基盤である。

そのようなわけで，農学部を含む全ての大学生は量子力学を多少は学ぶ必要がある。

ところが量子力学はニュートン力学に比べて格段に難しい。直感では理解できない抽象的で不思議な話が多いのと[*1]，**きちんと**理解するにはどうしても高度な数学が必要だからだ。ある物理学者は「神は非常に高度な数学者であり，宇宙を作る時に極めて高級な数学を使ったのだ」と言ったほどだ。我々は神ほど高度な数学者ではないのでどうしようもないが，それでも大学1年次の化学関係の授業で量子力学が出てくるので，そのほんの入り口をここで学ぼう。

ここでは大学1年生の春学期がほぼ終わる段階で理解できる（わかった気になれる）範囲で量子力学の片鱗を解説する。以下の話では「なぜそうなるのか」は説明できない。自然はともかくそのように振る舞うのだ。

14.1 （発展）量子は奇妙な概念

まず，量子力学では物体や現象を「量子」という概念で把える。電子や原子や光はいずれも「量子」として振る舞う。量子は1個2個と数えられるような離散的な存在であり，そのありかたは状態ベクトルという数学的概念で表現される。「ベクトル」というからには「大きさと向きを持つもの」（矢印）を想像しがちだが，状態ベクトルはそのようなものとは**全く違う**，抽象的な概念だ。その「状態ベクトル」を，位置 (x, y, z) と時刻 t の関数として表現したものを波動関数という。

よくある質問203 「ベクトル」が「関数」になるってどういうことですか？… 「関数もベクトルの一種だ」という話を数学（線型代数学）で聞いたことありませんか？[*2] あれです。ここでいうベクトルは和とスカラー倍ができるもの，つまり線型結合ができるものという，抽象的に拡張されたベクトルです。

そして波動関数は，「シュレーディンガー方程式」という微分方程式の解であることがわかっている。

よくある間違い15 波動関数とシュレーディンガー方程式を混同する… 波動関数とシュレーディンガー方程式は互いに関係ありますが別物です。波動関数はシュレーディンガー方程式の解であるような関数のことです。このような混同をする人は「関数」と「方程式」の違いがわかっていないかもしれません。

シュレーディンガー方程式がどういうものかは後述するとして，とりあえず重要なことを述べる：ある量子がある特定のエネルギーを持つ状態にあるとき，その量子のシュレーディンガー方程式は「行列の固有値と固有ベクトルを求める問題」に帰着する[*3]。その「固有値」がエネルギーに，「固有ベクトル」が状態ベクトル（それを位置で表現するなら

[*1] 量子力学は物理現象の捉え方がニュートン力学とはまるきり違う。ニュートン力学では「速度」や「力」が大事な概念だが，量子力学ではそれらにこだわらない。というかこだわっても仕方ないように物体や現象が存在し，振る舞うのだ。量子力学では速度のかわりに運動量，力のかわりにポテンシャルエネルギーがそれぞれ重要な役割を担う。

[*2] 『ライブ講義 大学生のための応用数学入門』第4章参照。

[*3] 『ライブ講義 大学生のための応用数学入門』第11章参照。

ば波動関数とも言える）に対応する。そこでそのような状態とエネルギーをそれぞれ固有状態と固有エネルギーとよぶ。

よくある質問 204　ちょっと待って下さい！　なぜ唐突に行列とか固有値とか固有ベクトルが出てくるのですか？… そう考えるといろいろ辻褄が合うからです（笑）

よくある質問 205　電子や原子の話ですよね。そこに出てくる行列って何なのですか？… 量子の状態に働きかける操作は行列で表すことができるのです。

よくある質問 206　働きかけるとか操作とかって何ですか？　なぜ行列になるのですか？… まあ今はそのくらいにしておいてとりあえず飲み込んで先に進んで下さい。

　このとき状態ベクトルは時刻 t とともに振動するような関数で表されることが数学的に示される。その振動の振動数を ν、角速度を ω とすると、量子の固有エネルギー E は

$$E = h\nu = \frac{h}{2\pi}\omega \tag{14.1}$$

となることが示される（これは P.126 式 (9.59) でも出てきた）。ここで h は以前も出てきたがプランク定数とよばれる定数で

$$h = 6.62607015 \times 10^{-34}\ \text{J s} \tag{14.2}$$

である。これは量子の性質を説明するときになぜかいつも出てくる不思議な定数である[*4]。

よくある質問 207　ここで出てきたエネルギーって運動エネルギーですか？　ポテンシャルエネルギーですか？… 両方をあわせた力学的エネルギーのようなものです。

　$h/(2\pi)$ は量子力学で頻繁に現れるので、物理学者達は 2π をいちいち書くのが面倒になり、それを $\hbar$ と書き表すことにした（これを「エイチバー」と

読む）。すなわち

$$\hbar := \frac{h}{2\pi} \qquad \text{（定義）} \tag{14.3}$$

である。すると式 (14.1) は次式のように書ける：

$$E = \hbar\omega \tag{14.4}$$

よくある質問 208　なんか天下りの話ばかりでしんどいです。… 量子力学を最初に学ぶときはそういうものです。これが大変にうまくできた話であることがいずれわかります。我慢です。

　さて数学的な理由から、波動関数は空間の中を振動しながら広がる性質、つまり波のような性質を持つ。だから量子は「粒子性と波動性の両方を持つ」と言われる[*5]。波[*6]の波長 λ は粒子の運動量 $\mathbf{p}$ と以下の式（P.126 式 (9.58) でも出てきた）で結びつくことが実験事実から確信されている：

$$|\mathbf{p}| = \frac{h}{\lambda} \tag{14.5}$$

　特に光はそもそも電場と磁場の振動が空間を伝わる波なので、そのようなイメージと整合する。実際、光の状態ベクトル（波動関数）の振動の角速度 ω は電場と磁場の振動の角速度 ω そのものだ。光は周期 $2\pi/\omega$ の間に波長 λ だけ進むので、光速を c とすると $(2\pi/\omega)c = \lambda$ という式が成り立つ。この式を使って式 (14.1) の ω を消去すると、光の量子（それを光量子とか光子という）のエネルギーは次式のようになる：

$$E = \frac{hc}{\lambda} \tag{14.6}$$

この式はいろんな本によく出てくるが、注意すべきは**式 (14.6) は光子にしか成り立たない**ということだ。一方、式 (14.1) や式 (14.4)、式 (14.5) は光子も含めてあらゆる量子に成り立つ（電子や陽子などにも）、量子力学の出発点となったとても大切な式である。

よくある質問 209　ということは電子にも角速度 ω

[*4]　プランクは量子力学の建設に多大な貢献をした物理学者の名前。

[*5]　粒子性は「空間的にちんまりまとまって存在する」とか「こいつとそいつを区別できる」という意味ではない。1 つ、2 つのように数えられるということ。

[*6]　厳密にはサインやコサイン（三角関数）であらわされる波、つまり正弦波

や波長 λ があるのですか？… はいそうです。電子などの物質も光と同じような波っぽい性質があり，それを物質波といいます。それを利用するのが電子顕微鏡です。電子顕微鏡は光のかわりに電子の波を使うのです。

よくある質問 210　量子って素粒子のことですか？… 素粒子は量子ですが，素粒子でない量子もあります。原子や原子核，陽子，中性子などは素粒子ではありませんが量子として振る舞う（と考えることで辻褄が合うことが多い）のです。量子は特定のカテゴリの粒子ではなく物体や現象の見方・捉え方（モデル）なのです。

14.2 （発展）光の放出・吸収と量子力学

　我々の身の回りは光に満ち溢れているが，その光はどのように発生するのだろう？ たとえば太陽，白熱電球，蛍光灯，レーザー，発光ダイオードなどはどのような仕組みで光るのだろう？ 素朴な問だがこれに答えるには量子力学が必要だ。

　量子力学によれば，物体を構成する分子や原子には前述したように固有エネルギーというものがある。その元をたどれば，分子・原子・電子等の持つ運動エネルギーやポテンシャルエネルギーだ。そして固有エネルギーは低い値から高い値まで離散的に（階段状に）存在する。それらをエネルギー準位とよぶ。

　個々の分子や原子が異なるエネルギー準位の間で移り変わることがある。これを遷移とよぶ。

　原子や分子が高いエネルギー準位から低い準位に遷移するとき，その差のぶんのエネルギーを何らかの形で放出する（でなければエネルギー保存則が成り立たない）。その「何らかの形」のひとつが光なのだ。遷移に伴うエネルギーの差が E のとき式(14.6)を満たすような波長 λ を持つ光子が放出される[*7]。

　また，光が物質に当たったとき，その波長 λ に（式 (14.6) によって）対応するようなエネルギー差を持つ準位があれば（そして他のもろもろの条件が揃えば），原子や分子はその光（光子）を吸収して高いエネルギー準位に遷移しうる。

　このように，物質が光を放出したり吸収したりする現象には原子や分子の遷移が大きく関わっている。

　そういった中で，特に興味深くて重要なのは太陽や白熱電球の光る仕組みである。それらは「熱エネルギーが光に転化する」という仕組みで光る。P.160 で述べたように，物体を構成する粒子はその絶対温度に応じたエネルギーを平均的に持つ。「平均的」ということは，それよりも高めのエネルギー準位にいたり，低めのエネルギー準位にいたりする粒子が存在する。準位が高い粒子が遷移すると光が放出されて低い準位に移る。そして周囲の粒子と衝突したり光を吸収したりして再び高い準位に戻る。このようなことが無数に発生することでその物体から光が出続けるのだ。この現象を熱放射とよぶ。

　実は，太陽や白熱電球だけでなくほとんど全ての**物体はそれぞれの温度に応じて熱放射している**。君の体も地球も熱放射で自発的に光っているのだ!! ただしその光は人の肉眼では見えない赤外線だ。だから赤外線を検知できるセンサーで人体を調べれば君の体表面の温度がわかるし，気象衛星の赤外線カメラを使えば真っ暗な夜の地球でも雲の分布がわかるのだ（陸は暖かく，雲は冷たいので）。また，夜行性の動物を観察するのにも赤外線カメラをよく使うが，それも同じ事だ。動物は体温が高いため，周囲よりも多くの赤外線を出す。それを検出するのだ。

よくある質問 211　惑星は恒星からの光を反射するだけで自発的に光りはしないと習いました。地球が自発的に光っているというのは矛盾しませんか？… その習った内容が不正確なのです。地球を含めた惑星は，その温度に応じた熱放射によって自発的に光っています。「惑星は恒星からの光を反射するだけ」というのは間違いです。ただ，惑星の熱放射のエネルギー源の大部分は昼の面が吸収した恒星からの光なので，「自発的」がエネルギー源を指すなら，そう言いたい気持ちもわかります。しかしそれでも熱放射は反射ではありません。

　量子統計力学という大学 3 年生レベルの物理学を使えば，熱放射は以下の関数で表されることが証明できる。これをプランクの法則という：

[*7]　このような量子力学的な効果とは別の仕組みで発生する光もある。その一つがシンクロトロン放射だ。それを利用して短波長の強い光を人工的に作ることができ（Spring-8，ナノテラス等），生体分子の動態解明などに使われる。

$$B_\lambda(T) = \frac{2\pi hc^2}{\lambda^5} \frac{1}{\exp\left(\frac{hc}{\lambda k_B T}\right) - 1} \tag{14.7}$$

ここで λ は光の波長，c は光速，k_B はボルツマン定数である。$B_\lambda(T)$ は，絶対温度 T において，波長 λ を中心とする単位波長あたり，熱放射で物体から単位面積あたり単位時間あたりに出ていく光のエネルギーを表す関数である。実際の物体から出てくる熱放射のエネルギーはこの式で表されるよりも小さい。この式のとおりの熱放射を出す物体を黒体（こくたい）とよぶ。その意味で，この式で表される熱放射のことを黒体放射という[*8]。

14.3　（発展）シュレーディンガー方程式をわかったつもりになろう

本書の最後にシュレーディンガー方程式を説明しよう。それはこういうゴツい方程式だ：

$$-\frac{\hbar^2}{2m}\left(\frac{\partial^2 \psi}{\partial x^2} + \frac{\partial^2 \psi}{\partial y^2} + \frac{\partial^2 \psi}{\partial z^2}\right) + V\psi = E\psi \tag{14.8}$$

ここで x, y, z は位置。m は量子の質量。V はポテンシャルエネルギー（別名位置エネルギー。第8章，第10章で出てきた）。h はプランク定数。ψ は波動関数といって，x, y, z という3つの変数（位置）の関数である。

多くの理系大学で1年生はまず化学（物理学ではない！）の授業でこれを目にして心折れるものである（私もそうだった）。この方程式はニュートンの運動方程式 $\mathbf{F} = m\mathbf{a}$ とはレベルが全く違う。多くの人は科学の概念を主にイメージや論理の積み重ねで理解するが，シュレーディンガー方程式ではそれはほとんど通用しない。シュレーディンガー方程式を「理解」するには長い道のりが必要である。

本節はその長い道のりを大胆にスキップして，とりあえず「わかったつもり」になってもらい，心折れずにすむことを目的とする。なお私は物理学の専門家ではないので以下に書いたことの中には（特に歴史認識について）物理学者から見たら的はずれな

 こともあるかもしれない。あらかじめご容赦願う。

よくある質問 212　これは何を表す方程式なのですか？… 量子の運動の法則を表す方程式です。$\mathbf{F} = m\mathbf{a}$ の量子力学版です。

よくある質問 213　波動関数って何ですか？ 何を表すのですか？… 波動関数は量子の性質や状態に関する情報を持っていると思われる数学的な概念です。波動関数が何を表すかは，シュレーディンガー方程式を考えたシュレーディンガーさんさえも最初はわからなかったそうです。

よくある質問 214　何を表すかわからない関数に関する方程式をシュレーディンガーは考えたのですか？… そうです。

よくある質問 215　さっぱりわかりません。シュレーディンガーは何をしたかったのですか？… シュレーディンガーは波動関数そのものに興味があったのではなく，量子のもろもろの現象とうまく辻褄の合う方程式を探していたのです。そのとき，よくわからないけれど，何らかの関数を考えればうまくいきそうだと気づいたのです。それが波動関数です。

よくある質問 216　さっぱりわかりません。それで波動関数がわかったとしても，そもそもそれが何を表すかがわからなかったら無意味じゃないですか？… そこが面白いと言うか変なところで，波動関数を時刻で微分したらエネルギーがわかり，位置で微分したら運動量がわかるというような仕掛けになっているのです（この後で述べます）。波動関数そのものはブラックボックスで，それに何か数学的な操作をしたら意味のある情報を取り出せるというわけです。そういうふうにすればいろんなことが辻褄が合うということにシュレーディンガーは気づいたのです。この時点で既にぶっ飛んでますね。

よくある質問 217　波動関数の絶対値の2乗が量子の位置に関する確率密度関数を表すってどこかで聞きましたが？… シュレーディンガー方程式が発見された後でわかったことで，ボルンという学者が提唱しました。確率解釈と言います。

[*8] 式 (14.7) の分母の $\exp\left(\frac{hc}{\lambda k_B T}\right)$ という項に注意しよう。これは式 (14.6) を使うと $\exp\left(\frac{E}{k_B T}\right)$ となる。これは P.182 の式 (13.130) で出てきたアレニウス型関数（の逆数）である。ここにはボルツマン分布を量子力学に拡張した考え方が入っているのだ。

よくある質問 218　波動関数とシュレーディンガー方程式は同じものですか？… 違います。シュレーディンガー方程式は一種の「微分方程式」です。それを「解く」ことで「関数」が解として求まります。それが波動関数です。

よくある質問 219　なぜ方程式を考えるのですか？波動関数が大事なら，最初から波動関数を考えればよいのでは？… 波動関数はそれぞれの量子が置かれた状況によって違います。状況に応じた波動関数を求めないと意味がありません。シュレーディンガーはその求め方を微分方程式という形で見つけたのです。

よくある質問 220　どうやったらこんな複雑な方程式を導出できるのですか？… まず明言しておきたいのですが，シュレーディンガー方程式を「導出」するには量子力学の根本原理から出発する必要があります。それはとても抽象的で数学的です。その片鱗を述べると「量子の状態は，複素ヒルベルト空間のベクトルとして表現でき，物理量はエルミート作用素の固有値として確定する」というようなものです。さっぱりわかりませんよね。実はシュレーディンガー自身はそのような正攻法でこの方程式を導出したのではなく，それまで知られていた物理学の体系の中で $\mathbf{F} = m\mathbf{a}$ を思いっきり数学的に変換して波っぽく扱えるようにした理論（ハミルトン・ヤコビ方程式というもの）を踏み台にして，そこから飛躍する形でこの方程式を「えいやっ」と提案しました。

その後，シュレーディンガー方程式はいろんな学者によっていろんな見方で検討され，「これはうまく実験事実に合いそうだ」とされて受け入れられ，シュレーディンガーはその発見者としてノーベル賞をもらいました。

だから我々がこの方程式を何らかの直感的・常識的な概念から出発して「導出」するなどは，どだい無理なのです。

よくある質問 221　ではどうすればよいのですか？黙って受け入れ，闇雲に覚えろということですか？… 残念ながらそれに近いです。物理や数学はちゃんと積み上げて理解することが大事で丸暗記は駄目って言われますよね。私もそう思います。でも量子力学については別です。これは本当に手に負えないのです。「理解して覚える」でなく，「覚えてから理解する」の方が早いです。

よくある質問 222　でもシュレーディンガー方程式の導出を他の授業やテキストで見かけますが。… 大学 1 年生にいきなりあの複雑な式を見せるのはあんまりなので，せめて既存の知識になんとかして関連付けてあげようという親心です。そう，導出というより「関連付け」です。ではそれをここでもやってみせましょう。

まず実験事実に基づく前提として文句言わずに受け入れねばならないことを述べる。量子が正弦波として振る舞うとき，そのエネルギー E は $h\nu$ であり（式 (14.4)），運動量の大きさは $|\mathbf{p}| = h/\lambda$ である（式 (14.5)），ということである。ここで，正弦波とはひとつの三角関数（サインやコサインのこと。タンジェントは除外）で表現できる波のことである。具体的にはどのような関数で表されるのだろうか？最も簡単な三角関数は $\cos x$ である（$\sin x$ でもよいのだがここでは $\cos x$ を考える）。その波長（周期）は 2π である。波長を λ にするために，x 方向に $\lambda/(2\pi)$ 倍引き伸ばそう。すると $\cos(2\pi x/\lambda)$ になる（関数 $y = f(x)$ を x 方向に a 倍引き伸ばすと $y = f(x/a)$ になる，と数学の教科書に書いてあるだろう）。この関数を全体的に定数倍してもよいということにして，波動関数として

$$\psi(x) = A \cos \frac{2\pi x}{\lambda} \tag{14.9}$$

というものがあってよいと考える（この A が「定数倍」の定数）。本来，波動関数は y, z にも依存するが，そのことは後で考える。

さてこれを x で微分すると（以後，$\psi(x)$ の (x) は適宜省略）以下のようになる：

$$\frac{\partial \psi}{\partial x} = -\frac{2\pi}{\lambda} A \sin \frac{2\pi x}{\lambda} \tag{14.10}$$

偏微分記号を使ったのは，後で y や z に関する微分（偏微分）も考えるからである。ではもう一回 x で微分してみよう。するとこうなる：

$$\frac{\partial^2 \psi}{\partial x^2} = -\frac{(2\pi)^2}{\lambda^2} A \cos \frac{2\pi x}{\lambda} \tag{14.11}$$

ここで右辺の A 以下はもとの関数 ψ と同じなので

$$\frac{\partial^2 \psi}{\partial x^2} = -\frac{(2\pi)^2}{\lambda^2} \psi \tag{14.12}$$

と書き換えることができる。

ここで先程大事だと言った式 (14.5) を使って右辺を書き換える（λ を消去する）と，

$$\frac{\partial^2 \psi}{\partial x^2} = -\frac{(2\pi)^2 |\mathbf{p}|^2}{h^2}\psi \tag{14.13}$$

となる。これを $|\mathbf{p}|^2 =$ の形に変形すると（なぜそのようなことをするかはすぐ後でわかる）次式になる：

$$|\mathbf{p}|^2 = -\frac{h^2}{(2\pi)^2\psi}\frac{\partial^2 \psi}{\partial x^2} = -\frac{\hbar^2}{\psi}\frac{\partial^2 \psi}{\partial x^2} \tag{14.14}$$

（ここで式 (14.3) を使った。）

ところでニュートン力学では，粒子の運動量 $\mathbf{p}$ は質量 m と速度 $\mathbf{v}$ を使って $\mathbf{p} = m\mathbf{v}$ と定義された。また，粒子の運動エネルギー T は $T = m|\mathbf{v}|^2/2$ だった。これらから $|\mathbf{v}|^2$ を消去すれば $T = |\mathbf{p}|^2/(2m)$ となる。ここに上の式の $|\mathbf{p}|^2$ を入れると，

$$T = \frac{|\mathbf{p}|^2}{2m} = -\frac{\hbar^2}{2m\psi}\frac{\partial^2 \psi}{\partial x^2} \tag{14.15}$$

となる。これを力学的エネルギー保存則

$$T + V = E \tag{14.16}$$

（V はポテンシャルエネルギー，E は力学的エネルギーつまり全エネルギー）に代入してみよう。するとこうなる：

$$-\frac{\hbar^2}{2m\psi}\frac{\partial^2 \psi}{\partial x^2} + V = E \tag{14.17}$$

この両辺に ψ を掛けると

$$-\frac{\hbar^2}{2m}\frac{\partial^2 \psi}{\partial x^2} + V\psi = E\psi \tag{14.18}$$

となる。なんと‼ これは式 (14.8) に似ているではないか‼ 実際これは式 (14.8) の「1 次元バージョン」の方程式である。ここで関数 $\psi(x)$ を (x, y, z) の 3 つの変数をとる関数 $\psi(x, y, z)$ に形式的に拡張してみよう。とはいうものの，実質的には x にだけしか依存しないという場合，つまり

$$\psi(x, y, z) = A\cos\frac{2\pi x}{\lambda} \tag{14.19}$$

という波動関数 ψ もあってもよいと考えよう。このとき，

$$\frac{\partial^2 \psi}{\partial y^2}, \quad \frac{\partial^2 \psi}{\partial z^2} \tag{14.20}$$

はいずれも 0 である（定数の微分は 0 だから）。したがって式 (14.18) を 3 次元に拡張した

$$-\frac{\hbar^2}{2m}\left(\frac{\partial^2 \psi}{\partial x^2} + \frac{\partial^2 \psi}{\partial y^2} + \frac{\partial^2 \psi}{\partial z^2}\right) + V\psi = E\psi \tag{14.21}$$

を式 (14.19) は満たすのだ。これは式 (14.8) と全く同じ方程式だ。

ここまででわかったように，式 (14.21) は量子力学の大切な原理の一つである式 (14.5) と，物理学全般の大切な原理であるエネルギー保存則すなわち式 (14.16) に目配りをしながら，文字通り「波っぽい」関数である波動関数を解に持つことに成功しているのだ。

よくある質問 223　なんかこじつけっぽくていまいち納得できません。… そりゃそうですよ。こじつけですから。言ったでしょ？ シュレーティンガー方程式をちゃんと理解するのは簡単ではないって。普通の大学1 年生のレベルでは「分かったつもり」が精一杯です。

さて，物理学では

$$\frac{\partial^2 \psi}{\partial x^2} + \frac{\partial^2 \psi}{\partial y^2} + \frac{\partial^2 \psi}{\partial z^2} \tag{14.22}$$

を $\triangle\psi$ と書いて（$\triangle$ はラプラシアンとよぶ），

$$-\frac{\hbar^2}{2m}\triangle\psi + V\psi = E\psi \tag{14.23}$$

と書くことも多い。さらに，

$$-\frac{\hbar^2}{2m}\triangle\psi + V\psi \tag{14.24}$$

を $H\psi$ と書いて（この H はハミルトニアンとよぶ），

$$H\psi = E\psi \tag{14.25}$$

と書くことも多い。これら式 (14.21)，式 (14.23)，式 (14.25) はいずれも同じ方程式であり，「定常状態のシュレーティンガー方程式」とよぶ。

よくある質問 224　式 (14.25) が成り立つなら結局 $H = E$ ですか？… 違います。$H\psi$ はあくまで式 (14.24) を意味しますから，ψ を「約分」したりはできません。

よくある質問 225　式 (14.9) という簡単な関数をわざわざ変にいじくり回してそれを解として持つような方程式をこしらえたのはなぜですか？… ざっくりいうと物理学者は方程式を探すのが仕事なのです。物理法則は方程式で記述されるはずだ！ という思い込みにも似た信念を物理学者は持っているのです。関数は 1 つ

の特定の現象を表すにすぎないけれど，その関数の背後
にその関数を単なる 1 例として解に持つような方程式が
あって，そいつにもっと普遍的・一般的な法則が隠され
ているはずだ！ と信じているのです。要するに方程式
を見つけることが彼らにとって「現象を理解する」とい
うことなのです。学生は，先生や教科書から方程式が与
えられ，それを解いて答を出すのが学問だと思っていま
すが，物理学者は，答（現象）をもとにその背後にある
方程式（基本法則）を遡って探すのが学問だと思ってい
るのです。よく知られている現象たちを関数で表し，そ
れらを矛盾なく解に持つ方程式を探す。それが見つかる
とその方程式を別の条件で解いたり数学的に変形し，未
知の現象を予測する。それを実験や観測で確かめる。そ
れが物理学の基本法則の発見のプロセスなのです。

　君がよく知っている $\mathbf{F} = m\mathbf{a}$ もそうです。ペスト禍
で大学が閉鎖され，実家に帰ってヒマになったニュー
トンが惑星の運動（ケプラーの法則）を解として持つよ
うな方程式を探っているうちに $\mathbf{F} = m\mathbf{a}$ にたどり着い
たのです。そして $\mathbf{F} = m\mathbf{a}$ を解けばたくさんの現象を
矛盾なく説明できるということは君は本書で学んだで
しょう。

　ところが 19 世紀の終わり頃に，$\mathbf{F} = m\mathbf{a}$ では説明で
きない現象がたくさん見つかったのです。特に原子や電
子や光の現象です。とりわけ，原子が吸収・放出する光
の波長を説明するには $\mathbf{F} = m\mathbf{a}$ では駄目だとわかって
きました。それが量子力学の幕開けであり，新たな方程式
探しの幕開けだったのです。そのひとつのゴールがシュ
レーディンガー方程式だったのです。

よくある質問 226　定常状態ってどういうことです
か？…　波動関数の位置依存性と時刻依存性を分離して
（別々の関数の積として）表現できるということです。そ
の場合，量子の位置に関する確率密度関数は時刻によっ
て変わらなくなります。エネルギーが確定する状態とも
言えます。このあたりは『ライブ講義 大学生のための応
用数学入門』の第 11 章を読んで下さい。

よくある質問 227　量子力学の大事な原理のもうひ
とつである式 (14.1)，つまり $E = \hbar\omega$ はどうなった
のですか？ 上の話では結局出てきませんでしたが。
…　定常状態のシュレーディンガー方程式（式 (14.21)，
式 (14.23)，式 (14.25)）の右辺の E が $\hbar\omega$ に等しくなる
はずです。それは波動関数を時刻 t に依存させることで

実現します。以下で説明しましょう：

　ではシュレーディンガー方程式に時刻を含ませて
みよう。まず量子の波動関数を空間を 3 次元にして
時間も含むようにするには，式 (14.19) を拡張して
以下のように表現するのが具合がよいということが
わかっている：

$$\psi(x, y, z, t) = Ae^{i(k_x x + k_y y + k_z z - \omega t)} \quad (14.26)$$

ここで i は虚数単位である。つまり波動関数が複素
数になるのだ!!　(k_x, k_y, k_z) を波数とよび，$\mathbf{k}$ と表
す。波数と波長 λ には $|\mathbf{k}| = 2\pi/\lambda$ という関係があ
り，運動量 $\mathbf{p}$ とは

$$\mathbf{p} = \hbar\mathbf{k} \quad (14.27)$$

という関係がある（実は P.187 式 (14.5) はここか
ら出てくる）。

　式 (14.26) を解に持つように式 (14.21) を拡張す
るには，右辺の $E\psi$ を $i\hbar\partial\psi/\partial t$ に取り替えて

$$-\frac{\hbar^2}{2m}\left(\frac{\partial^2\psi}{\partial x^2} + \frac{\partial^2\psi}{\partial y^2} + \frac{\partial^2\psi}{\partial z^2}\right) + V\psi = i\hbar\frac{\partial\psi}{\partial t}$$
$$(14.28)$$

とすればよい。実際，式 (14.28) に式 (14.26) を代
入してみると（$i^2 = -1$ に注意），左辺は

$$\frac{\hbar^2}{2m}(k_x^2 + k_y^2 + k_z^2)\psi + V\psi = \frac{\hbar^2}{2m}|\mathbf{k}|^2\psi + V\psi$$
$$= \frac{|\hbar\mathbf{k}|^2}{2m}\psi + V\psi = \left(\frac{|\mathbf{p}|^2}{2m} + V\right)\psi \quad (14.29)$$

となり（式 (14.27) を使った），右辺は

$$i\hbar\frac{\partial\psi}{\partial t} = \hbar\omega\psi \quad (14.30)$$

となる。これらは

$$\frac{|\mathbf{p}|^2}{2m} + V = \hbar\omega \quad (14.31)$$

であれば互いに等しくなる。実際，左辺は力学的
エネルギー，右辺は量子のエネルギー（P.187 式
(14.1)）だから，これらが等しいということは辻褄
が合っている。

　式 (14.28) を式 (14.25) に寄せて簡略的に書けば，

$$H\psi = i\hbar\frac{\partial\psi}{\partial t} \quad (14.32)$$

となる。実はシュレーディンガー方程式といえば式

(14.28) や式 (14.32) が「本物」である。

P.187 式 (14.1)（$E = \hbar\omega$）をシュレーディンガー方程式に組み込むには，波動関数が角速度 ω を含むように，つまり ωt の三角関数になるようにしたいのです。ところが $\cos(k_x x + k_y y + k_z z - \omega t)$ の形で t を波動関数に組み込むと，ω を引っ張り出すために t で微分したら，$\omega \sin(k_x x + k_y y + k_z z - \omega t)$ となって，サインに比例します。一方，運動エネルギーは運動量の 2 乗に比例し，それは $|\mathbf{k}|^2$ に比例するので，$\mathbf{k}$ を 2 回引っ張り出すために波動関数を位置で 2 階微分する必要があります。コサインの 2 階微分はコサインに比例します。片方はサイン，もう片方はコサインに比例してしまい，イコールにならないのです。これを三角関数の複素数版であるオイラーの公式が解決するのです。式 (14.26) のような指数関数なら t で 1 回微分しても位置で 2 階微分してももとの関数に比例するので，係数を調整すればイコールになるのです。その調整のところにエネルギー保存則を押し込んでしまえば辻褄が合うのです。

こうすると形式が整うとか辻褄が合うとか，そんなテキトーなこじつけでよいのですか？… 言ったでしょ？ こじつけだって。ここではシュレーディンガー方程式を「わかったつもり」になってもらうためにこじつけ満載で説明しました。1 年生の間はとりあえずそれで我慢してください。それで量子力学を使った化学とかの話が進みますから。

困りましたね。量子力学を 1 年生の授業で扱うのは正直，無茶だと思うのですが，大学のカリキュラムはどこでもそうだから仕方ないのです。少しでも量子力学を 1 年生にわかってもらうために『ライブ講義 大学生のための応用数学入門』の第 11 章を書きました。よかったら読んでみてください。それと次の本もお薦めです：松浦壮『量子とはなんだろう』講談社ブルーバックス。本気でシュレーディンガー方程式を理解するには数学と物理をよく勉強して，取り組む必要があります。なかなか険しいですが，驚きと興奮に満ちた知的冒険が待っています。

14.4　（発展）前期量子論とボーア模型

さて，シュレーディンガー方程式を使うと原子の性質や構造を大変にうまく説明できるのだが，その考え方は非常に抽象的であり，数学的にも高度である。量子力学はそのレベルに到達する前に，もっと素朴で体系性を欠いた黎明期とも言える時期があった。その頃の量子力学を前期量子論という[*9]。

前期量子論は P.189 式 (14.7) で述べた熱放射の研究が契機となって始まった。そしてその著しい成果は，ニールス・ボーアという物理学者が考案した原子の構造を説明する理論であり，ボーア模型という。これは実際はいろいろ不合理なことがあるので非現実的でダメな理論であり，シュレーディンガー方程式にとって代わられてしまった。しかし歴史的・教育的に今も大事にされるので（シュレーディンガー方程式よりもずっと簡単だからだろう），ここで説明しておこう。

ボーアは，原子の中では原子核を中心として電子が等速円運動をしていると考えた。実際はこれは間違っているのだが，ここではボーアの考え方をたどるためにともかくそう考えよう。正の電荷を持つ原子核と負の電荷を持つ電子とが静電気力で互いに引き合う。その引力が向心力となり電子は等速円運動すると考えるのだ。

今，陽子 1 個が原子核であるような水素原子を考える。すると原子核の電荷は q_e，電子の電荷は $-q_e$ である（q_e は電荷素量）。原子核の中心と電子の距離を r（それは電子の円運動の半径でもある）とすると，電子が原子核に引っ張られる力（静電気力）の大きさは kq_e^2/r^2 である。一方，電子の質量を m，速さを v とすると，電子の等速円運動の向心力は mv^2/r である。したがって

$$\frac{kq_e^2}{r^2} = \frac{mv^2}{r} \tag{14.33}$$

が成り立つ。ところが r や v はどのくらいの値なのかよくわからない。

ここで量子力学の考え方をつまみ食い的に使う。電子が円周上を波のように広がって回っていると考えるのだ。波は円周をぐるっとひと回りして元の位

[*9]　量子力学と量子論は同義語である。したがって前期量子論を前期量子力学と言ってもよいのだが，慣習的には前期量子論ということが多い。

置に戻って来たときにそこでつながっていなければ
ならないから，円周の長さは波の波長 λ の整数倍で
なくてはならない，と考える。すなわち，n を 1 以
上の整数として

$$2\pi r = n\lambda \tag{14.34}$$

と考えるのだ！（なんか納得できないと思っても
構わず進めるのだ！）ところで P.187 式 (14.5)
より，$\lambda = h/|\mathbf{p}|$ である。ニュートン力学では
運動量 $\mathbf{p}$ の大きさは mv である。したがって
$\lambda = h/(mv)$ となる。これを式 (14.34) に代入す
ると，$2\pi r = nh/(mv)$，すなわち

$$n\hbar = rmv \tag{14.35}$$

が成り立つ（P.187 式 (14.3) を使った）*10。式
(14.33) と式 (14.35) を連立させて r を消去する
と，v が次式のように決まる：

$$v = \frac{kq_e^2}{n\hbar} \tag{14.36}$$

以上が準備である。ここで電子の力学的エネルギー
E を求めよう。それは運動エネルギー $mv^2/2$ とポ
テンシャルエネルギー $-kq_e^2/r$ の和なので，

$$E = \frac{mv^2}{2} - \frac{kq_e^2}{r} \tag{14.37}$$

である。ところが式 (14.33) より，$kq_e^2/r = mv^2$ だ
から

$$E = \frac{mv^2}{2} - mv^2 = -\frac{mv^2}{2} \tag{14.38}$$

となる。この右辺の v に式 (14.36) を入れると

$$E_n = -\frac{mk^2q_e^4}{2n^2\hbar^2} \tag{14.39}$$

となる。ここで右辺を見るとエネルギーは整数 n に
依存することが明らかなので，E を改めて E_n と
書いた。式 (14.39) は実際の水素原子の中の電子の
とりえるエネルギー（エネルギー準位）に一致する
のだ。

　さて，前期量子論は P.187 式 (14.4) や式 (14.27)

---

*10 式 (14.35) は以下のように「導出」することもできる：円運動
　　の角運動量（の円に垂直な成分）を L とすると，式 (11.32)
　　を思い出せば $L = n\hbar$ である（n は何らかの整数）。ニュー
　　トン力学では $L = rmv$ である。これを上式に代入すれば
　　式 (14.35) を得る。

や P.147 式 (11.32)，すなわち

$$E = \hbar\omega \tag{14.40}$$

$$\mathbf{p} = \hbar\mathbf{k} \tag{14.41}$$

$$L = n\hbar \tag{14.42}$$

という式で粒子（量子）のエネルギー，運動量，角
運動量といった量をプランク定数を介して波の性
質（角速度，波数，波の個数）に結びつけることで
波の性質を取り込んで物理学を拡張することを試み
た。それはボーアモデルなどの一定の成果を収めた
のだが，場当たり的で体系性を欠いており，多くの
矛盾や限界にぶつかった。それを解決するためには
人類はニュートン力学を捨て，前期量子論を捨て，
大きく発想を変えて自然観・世界観を刷新し，線型
代数という数学に全面的に依存する理論を作る必要
があった。それがシュレーディンガー方程式に代表
される新しい（といっても 20 世紀前半に作られた）
量子力学であり，それが現代の量子計算機や量子暗
号などの最新技術の基礎になっている*11。

受講生の感想 26　電子は原子核の周りを円運動し
てないというのはおどろきました。これがまさに思
い込みというか雰囲気で理解してるってことなんだ
なと思いました。

学びのアップデート

原子の中で原子核のまわりを電子たちが同心
円状に回っているというのは正しくない。

よくある質問 231　「電子は電子雲の中でだるまさ
んがころんだをしている」という説明を聞いたこと
があります。どういうことですか？… 電子状態の表
現法である波動関数を空間的に表すと，ぼわっと広がっ

---

*11 量子力学の普通の教育は，まず前期量子論から入り，そこから
　　シュレーディンガー方程式へ至る発想を説明していく。しか
　　し本書はそのアプローチはとらなかった。なぜならば，シュ
　　レーディンガー方程式とその背後にある新しい量子力学の発
　　想の本質は，ニュートン力学や前期量子論とはほとんど関係
　　ない（と私は思う）からである。それを結びつけて語るのは
　　こじつけのようなものであり，かえって初学者は混乱するの
　　ではないかと思う。ものの見方を刷新し，全く新しい別物を
　　学ぶつもりで向き合うほうが，量子力学は頭に入りやすいと
　　私は思う。

た雲のようなイメージになります。それを電子雲といいます。電子はその中のどこかにいるけど，どこにいるかはあえて見ないのです。それを無理に「見る」と「だるまさんが転んだ」の鬼が振り返った時の子のように電子の位置はどこか1箇所にぴたっと決まるのですが，それがどこなのかはあらかじめ予想できないし，ぴたっと決まったときは電子の状態は以前とは違うものになってしまうのです。

受講生の感想 27　ボーアモデルが非現実的でダメな理論と知って驚いた。高校で学んだ理論の中には最新の物理で否定されているものもあるということに気づいた。

受講生の感想 28　「そう考えるとうまくいく」という事柄が何度も出てきて，「なぜそうなるのか」を追究しすぎないことも大切であると学んだ。例えば「量子力学において電子の位置は聞かない」ことでつじつまを合わせることができる。分からないことを何でもかんでも「なぜ」と言っていても仕方がないこともあるということを学んだ。

おわりに

　大学初年次物理学の教科書は世の中に多数ある中，農学部教員の私が本書を作った動機を記しておきます。端的に言えば，農学部の初年次物理学教育は，農学部のカリキュラムにフィットするような「特注品」であるべきだと考えたのです。

　農学部は扱う範囲が広いため，多種多様な科目がカリキュラムに並びます。そのため物理学に割り振られる授業時間数は理学・工学系の半分以下なのです。しかも学生の中には高校で生物学との二者択一で物理学を「切った」人が多いのです。物理学が苦手・物理学に無関心な学生が多く，物理学の有用性を疑う学生もいます。そのような状況で，学生のキャリアに繋がる物理学の題材と水準を設定し，実質的な理解・成長を伴った教育を実現するには，物理学担当教員も腹を括って「農学教育」と「農学部生」に向き合う必要があるのです。

　私は当初，多くの理系学部でやるようなオーソドックスな物理学の授業をやっていました。それでも学生の反応は悪くはありませんでしたが，じっくり観察すると，心折れてしまう学生や，その場しのぎで根本がわかっていない学生などが見えてきました。それには学生のキャリア意識，好奇心の方向・広さ・深さ，自我の確立具合，世界観，学習観，学習スキルなどが関わっていたのです。すなわち，多くの学生はオーソドックスな初等物理学教育を受け入れるには動機と準備が不足していました。そこに歩み寄らないと教育効果は上がらないのです。当然ですが，学生をよく知り理解することが教育には不可欠なのです。また，同僚教員と話す中で，農学部の専門教育や研究で必要な物理学の題材の中で，オーソドックスな物理学カリキュラムでは不足・欠落していることも見えてきました。

　その中で試行錯誤を重ねた結果が本書です。とはいえ，物理学の理論体系に寄り過ぎたオーソドックスな書き方が若干残っています。たとえば運動の三法則を元に各種の保存則を質点と質点系のそれぞれについて淡々と導出する部分です。多くの農学部生が歓迎する書き方をもっと突き詰めたかったと思います。

　工夫したこととして，まず学生の精神面の成長や学習スキルのアップデートを促す記述をできるだけ取り入れ

ました。「学びのアップデート」「よくある質問」「受講生の感想」などです。物理学を学ぶ理由や方法は，人生の生き方に通じると思います。物理学を通して成長し，良い人生を送って頂きたいと思います。

　慣性力は早い段階で丁寧に扱いました。農学部では遠心分離機や慣性航法装置の理解に慣性力が必要であり，農業に関係の深い気象学でも慣性力（コリオリ力）は重要です。それ以上に大事なのは，学生は電車や自動車やエレベーターの中で慣性力を身近に感じており，彼らの直感的な物理観は慣性力に大きく影響されていることです。たとえば学生の多くは円運動を向心力ではなく遠心力で捉えています。これはまずいです。そのため，2次元平面ではありますが，回転座標系の慣性力を正面から扱いました。2次元の回転は行列やベクトルより複素数が便利です。オイラーの公式さえ理解すれば計算はシンプルです。複素数の有用性が実感でき，電気工学や量子力学（いずれも農学で必要な場面があります）の数学的手法への肩慣らしにもなるでしょう。

　やや中途半端な扱いになってしまいましたが，仮想仕事の原理を扱ったのは，構造力学・材料力学の重要な基礎であり，土木構造物（農業・砂防）や農業施設・機械を扱う農学部では重要だからです。

　角運動量保存則や慣性モーメントは駆け足か割愛されることが多いですが，本書ではこだわりました。回転運動は人間の直感を裏切る場面が多いのでニュートン力学の威力を実感しやすいのです。また，農学部では化学計測技術（赤外分光法やNMR）で回転運動が重要です（そのため量子論的な角運動量にも少し踏み込みました）。

　全般的に数学の導入的な説明が少ないですが，実際の現場では私は数学の授業も担当しており，物理学に密接に関連付けた数学教育を心がけました。その様子は『ライブ講義 大学1年生のための数学入門』『ライブ講義 大学生のための応用数学入門』に出ています。物理量の単位や有効数字の扱いは前者に載せています。数学でひとつこだわったのは，自然対数を $\ln x$ と書くことです。自然対数を $\log x$ と書く慣習は危険です。農学部では常用対数も使うのです。実際，レポートに $\log x$ と書いた学生に「底は何ですか？」と聞いて答えられなかったこと

はたびたびあります。これも「農学部の物理学教育」が必要な理由のひとつです。

農学に具体的に結びつく題材をもっと取り入れたかったのですが，間に合いませんでした。それでも取り入れたのは，たとえばジオイド（地球の形状モデル）です。ジオイドは地形測量の基礎ですが，きっちり理解できる学生は少ないです。それはポテンシャルエネルギーの理解が必要であり，多くの測量学の教科書ではそこを諦めて曖昧にしているからでしょう。ICT によって精密・自動的な農地・森林管理技術が発展する中，測量技術の重要性は増しています。

熱力学に踏み込んだのは主に初年次の化学教育に連携するためですが，それだけではありません。農学部は土や土砂の熱・温度に興味を持つことがあるため，固体の比熱に関するデュロン・プティの法則を扱いました。飽和水蒸気圧の理論（クラペイロン・クラウジウスの式）は農業気象学・森林気象学で必要なので取り上げました。農業は温室効果気体を大量に排出する産業であり，それを少しでも抑制する重要な技術としてヒートポンプに触れました。作物や食品の温度管理の基礎であり，気象学や地球温暖化を理解するために不可欠な概念として熱放射（プランクの法則）に触れました。農学に限らず，現代社会で熱放射に関する理解・教育は甚だ不十分だと私は考えます。

相対論や量子論にも少し踏み込みました。光速不変の原理は多くの学生が知りませんが，農学では森林や農地を観測する合成開口レーダーの基礎（光のドップラー効果）の入り口です。質量とエネルギーの等価性（$E = mc^2$）は原発や核融合発電の基礎です。これらは現代人の教養・世界観としても不可欠であり，学生のトータルな知的成長の機会でもあります。量子論的なエネルギー，運動量，角運動量，シュレーディンガー方程式に触れたのは，熱放射や光合成に光子が登場するからでもありますが，初年次化学教育で出てくるからです。まともにやるには線型代数と偏微分方程式の教育が必要ですが，それが無理でも断片的に量子力学の基本的な考え方といくつかの公式に免疫をつけておくことは重要です。

一方で，ニュートン力学の基礎の理解・納得にはこだわりました。質量と重さの違いや慣性の法則を理解していない学生や運動方程式を知らない学生は少なくありません。彼らは中学校・高校でそれらに触れたとき，十分に内面化することなく，単なる教科書的知識としてやり過ごしてきたのです。それに気づかせ，向き合わせ，理解させることをしないのなら物理学教育は何にもなりません。私は実際に「わかっていない」学生を呼び出し，研究室で一対一で対話して，理解・納得させることを繰り返しました。結局，その部分において教科書の自習だけでできることは限られている気がします。

物理学は「わかり始めた頃」が危険です。たとえば自由落下の速度は物体の質量や形状によらないと知った学生は，坂道を転がり落ちる運動もそうだろうと思い込みます。実際，ガリレイが斜面に球を転がした実験の歴史を学ぶので，そう思い込むのも仕方ありません。しかし現実は，慣性モーメントの違いによって「転がり落ちる速度」は大きく違います。また，エネルギー保存則を学ぶと，暖房の効率は投入するエネルギーが全て熱になるときに最大値 100% になると思い込みがちです。しかしヒートポンプは暖房効率が 100% を超え，エネルギー保存則にも矛盾しません。このような誤った思い込みは，むしろ物理学を全く学ばない人には起きにくいものです。「生兵法は大怪我の基」という諺を心に留めて，どんなに勉強しても自分の知らない・気付いていないことがいくらでもあるということを学生の皆さんには忘れないで頂きたいと思います（自戒も込めて）。

謝辞

本書は筑波大学生物資源学類 1 年次春学期授業「物理学」のテキストとして 2007 年度に作り始め，以来 2023 年度まで（中断をはさみつつ）開発・更新してきました。同学類からは多くの支援を頂きました。職員の前田智子さんには多くの事務的なサポートを頂きました。各年度の 1 年生とティーチング・アシスタントの諸君からは，質問や誤植，間違いの指摘，リアクションペーパーによる感想など，多くの貢献を頂きました。特に山崎一磨さんには 2011 年に多くの貢献を頂きました。

同僚の内田太郎先生，九州工業大学の安永卓生先生には貴重なご助言を頂きました。脱稿直前の原稿は大和佳裕さん，井上心さん，金居新大さんに多くの誤植・改善点をご指摘いただきました。山根快斗さん，藤澤幸大さん，小田澤祥優さん，熊谷敬太さん，伊藤壮太さん，安東純平さん，神山天我さん，入政貴志さん，橋本義輝先生，奈佐原優子さんにも誤植の指摘を頂きました。片山摂子さんには「洞窟の影の比喩」のイラストを描いて頂きました。講談社サイエンティフィクの慶山篤さんには大変おせわになりました。

みなさんと一緒に「農学部の物理学教育」に取り組めたことを幸せに思っています。ありがとうございました。

著者

索引

著者紹介

奈佐原顕郎　博士（農学）

1969年生まれ。岡山県立岡山一宮高等学校，東京大学工学部計数工学科卒業。北海道大学大学院理学研究科地球物理学専攻（修士），京都大学大学院農学研究科森林科学専攻（博士）修了。モンタナ大学客員研究員を経て，現在，筑波大学生命環境系准教授。専門は人工衛星を用いた地球環境観測と，農学系大学生の数学・物理学基礎教育。著書に『入門者のLinux』『ライブ講義 大学1年生のための数学入門』『ライブ講義 大学生のための応用数学入門』（いずれも講談社）がある。

NDC423　　　207p　　　26cm

ライブ講義 大学1年生のための力学入門
物理学の考え方を学ぶために

2024年4月9日　第1刷発行

著　者　奈佐原顕郎

発行者　森田浩章

発行所　株式会社 講談社
　　　　〒112-8001　東京都文京区音羽2-12-21
　　　　　　販売　（03）5395-4415
　　　　　　業務　（03）5395-3615

KODANSHA

編　集　株式会社 講談社サイエンティフィク
　　　　代表　堀越俊一
　　　　〒162-0825　東京都新宿区神楽坂2-14　ノービィビル
　　　　　　編集　（03）3235-3701

本文データ制作　株式会社 ＫＰＳプロダクツ

印刷・製本　株式会社 ＫＰＳプロダクツ

Printed in Japan

ISBN978-4-06-535488-9